职业院校教学用书（电子类专业）

电力拖动
（第5版）

主　编　尚艳华
主　审　杜德昌
编　者　李圣军　李效梅
　　　　赵素霞　段　梅

电子工业出版社
Publishing House of Electronics Industry
北京·BEIJING

内 容 简 介

本书的主要内容包括电力拖动的基础知识，常用低压电器的结构、原理及故障修理方法，三相异步电动机的基本控制线路，直流电动机及其电力拖动，常用生产机械控制线路和典型的机床控制线路及自动控制等。

本书适合作为职业院校电子类专业教材，也可供技术维修人员自学使用。

本书配有电子教学参考资料包（包括教学指南、电子教案和习题答案），详见前言。

未经许可，不得以任何方式复制或抄袭本书的部分或全部内容。
版权所有，侵权必究。

图书在版编目（CIP）数据

电力拖动 / 尚艳华主编．—5 版．—北京：电子工业出版社，2011.7
职业院校教学用书. 电子类专业
ISBN 978-7-121-14020-4

Ⅰ．①电… Ⅱ．①尚… Ⅲ．①电力传动－中等专业学校－教材 Ⅳ．①TM921

中国版本图书馆 CIP 数据核字（2011）第 132431 号

策划编辑：杨宏利
责任编辑：杨宏利
印　　刷：北京盛通商印快线网络科技有限公司
装　　订：北京盛通商印快线网络科技有限公司
出版发行：电子工业出版社
　　　　　北京市海淀区万寿路 173 信箱　邮编　100036
开　　本：787×1 092　1/16　印张：15　字数：384 千字
版　　次：2002 年 9 月第 1 版
　　　　　2011 年 7 月第 5 版
印　　次：2022 年 3 月第 26 次印刷
定　　价：35.00 元

凡所购买电子工业出版社图书有缺损问题，请向购买书店调换。若书店售缺，请与本社发行部联系，联系及邮购电话：(010) 88254888，88258888。

质量投诉请发邮件至 zlts@phei.com.cn，盗版侵权举报请发邮件至 dbqq@phei.com.cn。

本书咨询联系方式：(010) 88254592，bain@phei.com.cn。

前　　言

本教材是依据实用电子技术专业（3 年制）教学计划编写的。由全国中等职业学校电子信息类教材编审委员会实用电子技术编审组评审、推荐出版，作为中等职业学校实用电子技术等专业"电力拖动"课程的教材。

该教材由山东医学高等专科学校尚艳华担任主编，山东省教委教学研究室杜德昌担任主审。本课程主要讲述交流电动机的启动、单向运行、可逆运行、调速、制动等控制线路的组成以及工作原理和故障的查找方法；直流电动机的启动、调速、制动控制线路的组成、工作原理；典型机床控制线路、常用生产机械控制线路的组成、工作原理及故障原因分析、维修方法等。本次再版，是根据几年来教材使用情况征求了广大师生的意见，使教材更注重了实用性及基础知识、基本技能的培养。因此，教材在内容上做了多处改动。

该教材全部采用国家最新"电气图形、符号"标准，考虑到职业学校学生的实际情况，参考部颁中级技术工人等级标准。内容由浅入深，突出实用性，注重学生动手能力的培养。本书既可供职业学校学生使用，也可供技术维修人员自学。本课程建议教学时数为 92 学时，各部分教学内容的课时分配建议如下：

序　号	教学内容	学时分配（学时）		
		理论教学	实践教学	合　计
1	绪论　常用低压电器	14	6	20
2	三相异步电动机的基本控制线路	20	10	30
3	直流电动机及其电力拖动	10	6	16
4	常用生产机械控制线路	6	4	10
5	典型机床控制线路	12	4	16
	合　计	62	30	92

本教材由山东医学高等专科学校尚艳华担任主编，参加编写的济南信息工程学校赵素霞、李效梅、段梅；山东医学高等专科学校李圣军。山东省教育厅杜德昌担任主审。

本书配有电子教学参考资料包，请登录华信教育资源网（www.hxedu.com.cn）免费注册并下载获取。

由于编者水平有限，书中难免存在缺点和错误，殷切希望广大师生、读者批评指正。

编　者

2011-02-30

目 录

绪论 ··· 1
　知识小结 ·· 3
　习题 ·· 3
第1章　常用低压电器 ··· 5
　1.1　低压开关 ·· 5
　　1.1.1　刀开关 ·· 5
　　1.1.2　组合开关 ·· 8
　　1.1.3　自动空气开关 ·· 10
　1.2　主令电器 ··· 13
　　1.2.1　按钮开关 ··· 13
　　1.2.2　位置开关 ··· 16
　　1.2.3　万能转换开关 ·· 19
　1.3　熔断器 ·· 19
　　1.3.1　熔断器的结构与主要参数 ·· 20
　　1.3.2　常用熔断器 ·· 20
　　1.3.3　熔断器的选择 ·· 23
　　1.3.4　故障分析与处理 ··· 23
　1.4　接触器 ·· 24
　　1.4.1　交流接触器 ·· 24
　　1.4.2　直流接触器 ·· 27
　　1.4.3　接触器的技术数据及选用 ·· 30
　　1.4.4　接触器的常见故障及排除 ·· 31
　1.5　继电器 ·· 32
　　1.5.1　电磁式电流、电压和中间继电器 ·· 32
　　1.5.2　热继电器 ··· 37
　　1.5.3　时间继电器 ·· 41
　　1.5.4　速度继电器 ·· 44
　　1.5.5　压力继电器 ·· 45
　1.6　常用低压电器故障及排除 ··· 46
　　1.6.1　触头的故障与维修 ·· 46
　　1.6.2　电磁系统的故障与维修 ··· 47
　　阅读教材 ··· 48
　知识小结 ··· 52

习题 · 53

第2章　三相异步电动机的基本控制线路 · 55

2.1　三相异步电动机的结构和原理 · 55
- 2.1.1　三相异步电动机的原理 · 55
- 2.1.2　三相异步电动机的结构 · 58
- 2.1.3　三相异步电动机的类型 · 60
- 2.1.4　三相异步电动机的供电电源 · 61

2.2　三相异步电动机的正转控制线路 · 61
- 2.2.1　刀开关控制线路 · 61
- 2.2.2　点动控制线路 · 62
- 2.2.3　自锁正转控制线路 · 63
- 2.2.4　连续控制与点动控制 · 65
- 2.2.5　单向运行电路的保护环节 · 68

2.3　三相异步电动机正反转控制线路 · 70
- 2.3.1　倒顺开关正反转控制线路 · 71
- 2.3.2　接触器正反转控制线路 · 72
- 2.3.3　接触器联锁的正反转控制线路 · 73
- 2.3.4　复合按钮联锁的正反转控制线路 · 75
- 2.3.5　按钮、接触器双重联锁的正反转控制线路 · 76
- 2.3.6　带有点动运行控制的可逆控制线路 · 77

2.4　三相异步电动机的顺序控制线路和多地控制线路 · 79
- 2.4.1　顺序控制线路 · 79
- 2.4.2　多地控制线路 · 81

2.5　三相异步电动机降压启动控制线路 · 82
- 2.5.1　串电阻降压启动 · 82
- 2.5.2　Y-△形降压启动 · 89
- 2.5.3　自耦变压器降压启动 · 93
- 2.5.4　延边三角形降压启动控制线路 · 99
- 2.5.5　三相异步电动机降压启动方式选择 · 100

2.6　三相异步电动机的行程控制与自动往返控制 · 101
- 2.6.1　行程控制（位置控制） · 101
- 2.6.2　自动往返控制 · 102

2.7　三相绕线式异步电动机的启动、调速 · 104
- 2.7.1　转子绕组串联电阻启动控制线路 · 105
- 2.7.2　用凸轮控制器控制的绕线式转子异步电动机串联电阻启动 · 108

2.8　三相异步电动机的制动 · 110
- 2.8.1　机械制动 · 110
- 2.8.2　电气制动 · 113

2.9　三相异步电动机的调速控制线路 · 122
- 2.9.1　变更极对数的原理 · 123
- 2.9.2　双速电动机的控制线路 · 124

2.10	三相异步电动机的选择及保护	126
	2.10.1 电动机功率的选择	126
	2.10.2 电动机种类的选择	128
	2.10.3 电动机结构形式和防护形式的选择	129
	2.10.4 电动机的保护	130
	阅读教材	130
知识小结		131
习题		132

第3章 直流电动机及其电力拖动 ··· 138

- 3.1 直流电动机的结构与原理 ··· 138
  - 3.1.1 直流电动机的基本结构 ··· 139
  - 3.1.2 直流电动机的工作原理 ··· 140
  - 3.1.3 直流电动机的分类 ··· 141
- 3.2 他励直流电动机的基本控制线路 ··· 142
  - 3.2.1 他励直流电动机的启动控制线路 ··· 142
  - 3.2.2 他励直流电动机的正反转控制线路 ··· 145
  - 3.2.3 他励直流电动机的制动控制线路 ··· 146
  - 3.2.4 他励直流电动机的调速控制线路 ··· 149
- 3.3 并励直流电动机的基本控制线路 ··· 154
  - 3.3.1 并励直流电动机的启动控制 ··· 154
  - 3.3.2 并励直流电动机的正反转控制线路 ··· 155
  - 3.3.3 并励直流电动机的调速控制线路 ··· 155
  - 3.3.4 并励直流电动机能耗制动控制线路 ··· 156
- 3.4 串励直流电动机的基本控制线路 ··· 157
  - 3.4.1 串励直流电动机的启动控制线路 ··· 157
  - 3.4.2 串励直流电动机的正反转控制线路 ··· 158
  - 3.4.3 串励直流电动机的调速控制线路 ··· 158
  - 3.4.4 串励直流电动机的制动控制线路 ··· 159
- 3.5 直流电动机的保护 ··· 161
  - 3.5.1 短路保护 ··· 161
  - 3.5.2 过载保护 ··· 161
  - 3.5.3 零励磁保护 ··· 162
  - 3.5.4 零压和欠压保护 ··· 162
  - 3.5.5 超速保护 ··· 162
  - 阅读教材 ··· 163
- 知识小结 ··· 164
- 习题 ··· 165

第4章 常用生产机械控制线路 ··· 167

- 4.1 电动葫芦控制线路 ··· 167

		4.1.1 主要组成及运动形式	167
		4.1.2 工作原理	167
	4.2	皮带输送机控制线路	168
		4.2.1 电气要求	169
		4.2.2 控制线路分析	169
	4.3	桥式起重机控制线路	170
		4.3.1 桥式起重机的结构及运动形式	170
		4.3.2 桥式起重机对电力拖动的要求	171
		4.3.3 电气控制线路分析	172
		4.3.4 电气线路故障及维修	179
		阅读教材	181
	知识小结		184
	习题		184

第5章 典型机床控制线路 ... 185

5.1	普通卧式车床电气控制线路	185
	5.1.1 主要结构及运动形式	185
	5.1.2 电气控制线路的特点	186
	5.1.3 电气控制线路分析	186
	5.1.4 电气线路故障分析与维修	188
	5.1.5 车床安全操作规则流程	189
	阅读材料	190
5.2	摇臂钻床电气控制线路	191
	5.2.1 主要结构及运动形式	191
	5.2.2 电气控制线路的特点	191
	5.2.3 电气控制线路分析	192
	5.2.4 电气线路故障分析与维修	194
	5.2.5 钻床的安全操作规则流程	195
	阅读材料	196
5.3	万能铣床电气控制线路	196
	5.3.1 主要结构及运动形式	196
	5.3.2 电气控制线路的特点	197
	5.3.3 电气控制线路分析	198
	5.3.4 电气线路故障分析与维修	201
	5.3.5 铣床安全操作规则流程	202
	阅读材料	203
5.4	卧式镗床电气控制线路	203
	5.4.1 主要结构及运动形式	204
	5.4.2 电气控制线路的特点	204
	5.4.3 电气控制线路分析	205
	5.4.4 常见故障及排除方法	207
	5.4.5 钻床安全操作规则流程	208

  阅读材料 209
5.5 机床电气控制线路的安装与维修 210
  5.5.1 机床对电气控制线路的基本要求 211
  5.5.2 机床电气控制线路的安装步骤 211
  5.5.3 机床电气控制线路的试车 212
  5.5.4 机床电气控制线路的维护 212
  5.5.5 机床电气控制线路故障分析和维修 213
知识小结 213
习题 214
实训一 组合开关的拆装与维修 214
实训二 交流接触器的拆装与维修 215
实训三 三相异步电动机的直接启动和点动控制 217
实训四 三相异步电动机的正反转控制 218
实训五 三相异步电动机的Y-△降压启动控制 220
实训六 三相异步电动机的反接制动控制 222
实训七 直流电动机的正反转控制 224
实训八 直流电动机的启动控制 226

绪　　论

电能是现代应用最广泛的一种能量形式。这种能量形式具有许多优点，它的产生、变换比较经济，传输和分配比较容易，使用和控制比较方便。因此，以电动机为原动力拖动各类生产机械的方式被大量采用。

现代工业企业中所应用的各类机床、电铲、轧钢机、吊车、抽水机、鼓风机等各种生产机械，均以电动机为原动机，加上各种电气机械，实际上就是一个最基本的电力拖动系统。简单地说电力拖动系统就是用电能去驱动控制生产机械的一门专业技术。

1. 电力拖动系统的应用

电力拖动系统的主要拖动对象是各类生产机械，如起重机、通风机、空气压缩机、机械泵以及各种生产线等。机床设备是机械制造业中的主要生产设备，机床质量、自动化程度的状况直接反应了机械工业的发展水平，机床自动化程度对提高生产产品的质量、减轻劳动强度、提高生产率起着重要的作用。机床设备的电力拖动控制系统是最典型的代表，因此我们将对工厂中常用的典型机床设备的电力拖动及自动控制线路进行重点介绍。不同的机床设备的功能不同，对电力拖动系统的要求也不同，但最终不外乎是对各类交流、直流电动机的控制。电动机的控制也就是对电动机的启动、制动、调速、正反转等各种工作状态的控制，其中包括控制线路的结构、原理及各种控制电器的作用等。

2. 电力拖动的发展史

18 世纪末，电力拖动代替了蒸汽或水力的拖动。当时电动机拖动生产机械的方式是通过天轴实现的，称为"成组拖动"，由一台电动机拖动一组生产机械，从电动机到各生产机械的能量传递以及在各生产机械之间的能量分配完全用机械的方法，靠天轴及机械传动系统来实现。这种能量传递方式存在很多缺点，生产的灵活性小，不适应大生产的需要。

自 19 世纪 20 年代以来，生产机械上出现了采用一台生产机械用一台单独的电动机拖动的形式。即"单电动机拖动系统"。这样，电动机与生产机械在结构上配合密切，机械结构进一步简化，灵活性大大增加，易于实现生产机械的自动化。

如果一台电动机拖动具有多个工作机构的生产机械，机械的传动机构将十分复杂。例如，T68 型卧式镗床，它需要有主轴的旋转运动，工作台的前、后、左、右运动，主轴箱的上、下运动，镗杆的进、出八个方向的多种运动状态。用一台电动机拖动这种具有多种运动的机械，其机械传递机构不能满足生产工艺上的要求，因此出现了由多台电动机分别拖动各运动机械的"多电动机拖动"。多电动机拖动的出现简化了机床本身的机械构造，提高了传动效率，也便于分别控制，促进了机床的自动化。

随着生产的发展，对上述单电机拖动和多电动机拖动提出了各种要求：如快速启动、制动及逆转、实现在较宽范围内的调速及其整个生产过程的自动化等。完成这些任务除电动机外，必须有自动控制设备组成自动化的电力拖动系统。

最初采用的控制系统是继电器—接触器型的，属有触点断续控制系统，称为继电器—接触器自动控制系统。19世纪30年代初，出现了发电机—电动机组，在直流电动机拖动系统中得到了广泛应用，随着电动机、电器、自动化元件及功率电子器件的不断更新与发展，直流电动机拖动系统发展成为采用交磁放大器、磁放大器、可控离子整流器及可控硅整流器等组成。目前交流电动机可控硅自动调整系统受到了应有的重视，越来越广泛地得到应用。

近几年来，随着电子技术和计算机技术的发展以及现代控制理论的应用，自动化电力拖动系统正向着计算机控制的自动化方向迈进。

3．电力拖动系统的特点

电力拖动系统自产生就得到了广泛应用，这是因为电力拖动系统具有以下优点：

（1）电能的输送方便：电能可远距离输送，既简单经济，又便于分配，同时还具有检测方便、价格低廉等特点。

（2）效率高：由于电动机与生产机械的连接简单，能量损耗小，因此效率高，同时拖动性能好，控制方便。

（3）易于实现生产过程的自动化：电力拖动控制系统可以做到远距离控制及测量，便于实现自动化。

（4）适应能力强：由于电动机的种类和类型繁多，且各自具有不同的特点，因此能适应各种不同生产机械的控制要求。又由于电动机的启动、制动、调速、反转的控制简单迅速，所以可达到理想的控制要求。

（5）有发展前途：由于电子技术的发展，大功率半导体器件和集成电路等电子器件的出现，使得电气控制线路简单、体积小，自动程度不断提高。所以，电力拖动形式比其他形式的拖动越来越受到欢迎。

4．电力拖动系统的主要组成部分

如图绪-1所示为普通车床加工示意图。由图中可看出，它由四个基本部分组成：生产机械——车床，原动机——电动机，控制装置——控制电动机运转的电气部分和传动装置——机械变速箱。

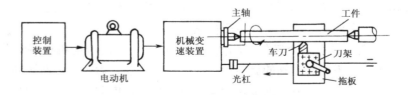

图绪-1 普通车床加工示意图

（1）控制装置：控制设备是为了满足一定的加工工艺或运动的要求，使电动机完成启动、制动、反向、调速等运动状态自动控制的电气操作部分。一般电气控制部分是由各种控制电器如按钮、开关、熔断器、接触器、继电器等组成。对生产机械设备进行自动操作，包括自动启动、制动、正反转、调速、自动调节转速、自动维持功率或转矩恒定、按给定加工程序或事先不知道的规律改变速度、改变转向和工作机构位置以及工作自动循环，等等。由于数控技术的发展，电子计算机和微处理器的广泛应用，使电气控制发展到更新更高的水平，自动控制的电气系统可以不断地处理大规模复杂生产过程中的大量数据，计算出最佳运行参数，并且通过控制装置使之始终保持在最合理的运动状态，从而能使系统高效率、高质量地运行。

（2）电动机：电动机是电力拖动的原动机，它是将电能转换成机械能的部件，通过对电动机的控制，得到所需要的转矩、转向及转速。电动机有交流电动机和直流电动机之分，且具有很多的类型和型号，可以满足不同运动机械的需求。用户可根据生产机械的实际要求，合理选择电动机的类型及型号。

（3）传动装置：传动装置是电动机与生产机械之间的能量传递机械，常见的有减速箱、皮带、联轴节等。传递装置的选择要根据生产机械的具体要求而定。选择合理的传动机构，可以使生产机械达到理想的工作状态。

（4）生产机构：生产机械是直接进行生产、加工的机械设置，如车床、印刷机、纺织机、吊车，等等。它们是电动机的负载，其种类繁多，对电力拖动系统的要求也有很大差异。机床设备特别是精密机床要有精度很高的拖动。大型镗床要求具有较宽的调整范围。各种生产线要求实现自动联锁和集中控制，多数机械要求可逆运行，自动往返，等等。因此，选用电力拖动的电动机种类及控制线路，要根据生产机械的工作特点及具体要求合理选择。

知识小结

本章概要介绍了电力拖动系统的组成、发展史以及电力拖动系统的作用和电力拖动的基础知识。

（1）电力拖动系统的应用：①电力拖动的概念。②电力拖动系统的组成、对象。

（2）电力拖动的发展史：①成组拖动。②单电动机拖动系统。③多电动机拖动系统。④继电器、接触器自动控制系统。⑤自动化电力控制拖动系统。

（3）电力拖动系统的特点：从电能的输送方便、高效率、易于实现自动化、适应能力强、有发展前途等方面，说明电力拖动系统的特点和发展前景。

（4）电力拖动系统的主要组成：①控制装置——使电动机完成启动、制动、正反转、调速等各种运动状态的电气操作部分。②电动机——电力拖动的原动力。③传动装置——电动机与生产机械之间的能量传递机构。④生产机械——电力拖动的对象。

习　题

1．什么是电力拖动？电力拖动系统的主要组成部分是什么？
2．什么是电力拖动的控制线路？其组成是什么？
3．交流电力拖动的发展方向如何？
4．电力拖动中控制设备的功能是什么？

5. 电力拖动的发展经历了哪些阶段？电力拖动控制方式的发展过程如何？
6. 电力拖动的传动装置是什么？它的作用有哪些？主要有哪几种？
7. 学习电力拖动时，应对电动机有哪些了解？
8. 举例说明电力拖动的实际应用。
9. 机械制造业中的常用生产机械有哪些？
10. 电力拖动与其他形式的拖动相比，有哪些特点？

第1章　常用低压电器

凡是根据外界指定的信号或要求，自动或手动接通和分断电路，断续或连续地实现对电路或非电对象转换、控制、保护和调节的电工器械都属于电器的范围。

低压电器通常是指工作在交流 1000V 及以下与直流 1200V 及以下电路中的电器。

按照电器动作性质不同，低压电器可分为**手控电器**和**自控电器**两大类。手控电器是指依靠人力直接操作的电器，如闸刀开关、铁壳开关、转换开关、按钮等。自控电器是指按照指令信号或物理参数（如电流、电压、时间、速度等）的变化而自动动作的电器，如各种型式的接触器、继电器等。

低压电器还可分为**有触点电器**和**无触点电器**两大类。由有触点控制电器组成的控制电路又称为继电—接触控制，是最基本、最常用的控制。在现代化的电力拖动系统中，也应用了无触点电器和新的控制元件，如晶体管无触点逻辑元件、电子程序控制、数字控制系统及计算机控制系统等。这些现代电器元件在实现对电动机的控制时，最终也要与接触器、继电器相配合才能完成较高质量的控制。

低压电器主要包括十三大类产品：刀开关及刀形转换开关、低压熔断器、主令电器、电磁铁、低压断路器、接触器、控制器、启动器、控制继电器、电阻器、变阻器、调整器及其他。本章仅介绍最常用的几种低压电器，包括控制电器和保护电器，如低压开关、主令电器、熔断器、按钮、接触器和常用继电器等。

1.1　低压开关

常见的低压开关有刀开关、转换开关、自动空气开关及主令控制器等。它们的作用主要是实现对电路进行接通或断开的控制。多数作为机床电路的电源开关，有时也用来直接控制小容量电动机的通断工作。

1.1.1　刀开关

刀开关又称闸刀开关，它是非自动切换开关中结构最简单，应用最广泛的一种低压电器。其代表产品有 HK 系列瓷底胶盖开关及 HH 系列铁壳开关等。

刀开关又可分为两极和三极两种。两极开关适用于交流 50Hz、500V 以下的小电流电路，主要作为一般电灯、电阻和电热等回路的控制开关用；三极开关适当降低容量后，可作为小型电动机的手动不频繁操作控制开关使用，并具有短路保护作用。

1. 瓷底胶盖刀开关

瓷底胶盖刀开关又称开启式负荷开关，其结构及符号见图 1-1。

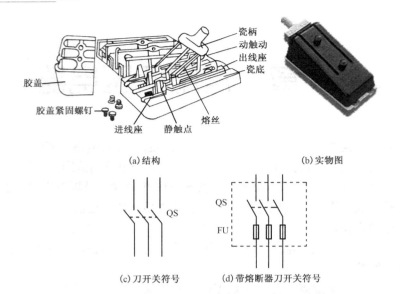

图 1-1　HK 系列瓷底胶盖刀开关及符号

HK 系列刀开关不设专门的灭弧设备，用胶木盖防止电弧灼伤人手。操作者在拉闸和合闸时，要求动作迅速，使电弧较快熄灭，以减轻电弧对刀片和触座的灼伤。闸刀开关因其内部装设了熔丝，当它所控制的电路发生短路故障时，可通过熔丝的熔断迅速切断故障电路，从而保护电路中的其他电气设备。

HK 系列瓷底胶盖刀开关的型号意义如下：

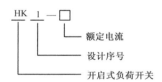

HK1 系列瓷底胶盖刀开关基本技术参数见表 1-1。

表 1-1　HK1 系列瓷底胶盖刀开关基本技术参数

型　号	极　数	额定电流（A）	额定电压（V）	可控电动机最大容量（kW）		熔丝线径 ϕ（mm）
				220V	380V	
HK1—15	2	15	220	1.5	—	1.45～1.59
HK1—30	2	30	220	3.0	—	2.30～2.52
HK1—60	2	60	220	4.5	—	3.36～4.00
HK1—15	3	15	380	—	2.2	1.45～1.59
HK1—30	3	30	380	—	4.0	2.30～2.52
HK1—60	3	60	380	—	5.5	3.36～4.00

工程应用

- 实际应用中,用于普通照明电路,作为隔离或负载开关时,一般选择开关的额定电压大于或等于220V、额定电流大于或等于电路最大工作电流的两极开关。
- 用于电动机控制时,如果电动机功率小于 5.5kW,可直接用于电动机的启动、停止控制;如果电动机功率大于 5.5kW,则只能作为隔离开关使用。选用时,应选择开关的额定电压大于或等于380V、额定电流大于电动机额定电流3倍的三极开关。

安全贴示

- 在安装开启式负荷开关时,应注意将电源进线装在静触座上,将用电负荷接在闸刀开关的下出线端上。这样当开关断开时,闸刀和熔丝均不带电,保证更换熔丝安全。
- 闸刀在合闸状态时,手柄应向上,不可倒装或平装,以防止误合闸。

2. 铁壳开关

铁壳开关又称封闭式负荷开关,常用 HH 系列铁壳开关的结构及外形如图 1-2 所示。

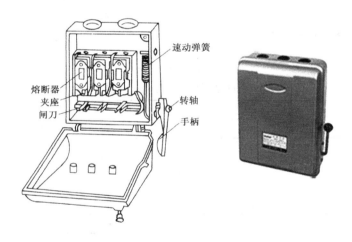

图 1-2　HH 系列铁壳刀开关

铁壳开关的手柄转轴与底座之间装有一个速断弹簧,用钩子扣在转轴上,当扳动手柄分闸或合闸时,开始阶段 U 形双刀片并不移动,只拉伸了弹簧,储蓄了能量,当转轴转到一定角度时,弹簧力使 U 形双刀片快速从夹座拉开或将刀片迅速嵌入夹座,电弧被很快熄灭。为了保证用电安全,铁壳上装有机械联锁装置,当箱盖打开时,不能合闸;闸刀合闸后,箱盖不能打开。

HH 系列铁壳开关适应于作为机床的电源开关和直接启动与停止 15kW 以下电动机的控制,同时还可作为工矿企业电器装置、农村电力排灌及电热照明等各种配电设备的开关及短路保护之用。

HH 系列铁壳开关的型号意义如下:

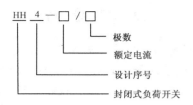

工程应用

- 铁壳开关用来控制照明电路时,开关的额定电流可按该电路的额定电流选择。
- 用来控制启动不频繁的小型电动机时,可按表1-2进行选择,但不适宜用60A以上的开关来控制电动机,否则可能发生电弧烧手等事故。

安全贴示

- 铁壳开关不允许随意放在地面上使用。
- 安装时金属外壳应可靠接地或接零,防止意外漏电而发生触电事故。
- 接线时,应将电源线接在静触座的接线端上,负荷接在熔断器一端。
- 操作时,操作者应在铁壳开关的手柄侧面,不要面对开关,以免造成意外伤人事故。
- 运行时应注意检查机械联锁是否正常,速断弹簧有无锈蚀变形,压线螺钉是否完好,发现问题应及时修复或更换。

表1-2 HH系列与可控电动机容量的配合

额定电流(A)	可控电动机最大容量(kW)		
	220V	380V	500V
10	1.5	2.7	3.5
15	2.0	3.0	4.5
20	3.5	5.0	7.0
30	4.5	7.0	10
60	9.5	15	20

1.1.2 组合开关

组合开关又称转换开关,属于刀开关类型,其结构特点是用动触片代替闸刀,以左右旋转操作代替刀开关的上下分合操作,有单极、双极和多极之分。

组合开关有许多系列,如HZ1、HZ2、HZ4、HZ5和HZ10等。其中HZ1至HZ5是已淘汰产品,HZ10系列是全国统一设计产品,具有寿命长,使用可靠,结构简单等优点。

1. 结构及工作原理

HZ10—10/3型组合开关外形、结构与符号如图1-3所示。这种组合开关有三对动、静触片组成,每一静触片的一端固定在绝缘垫板上,另一端伸出盒外,并附有接线柱,以便和电源线及用电设备的导线相连接。三个动触片由两个磷铜片或硬紫铜片和消弧性能良好的绝缘钢板铆合而成，和绝缘垫板一起套在附有手柄的绝缘杆上，手柄能沿任何一个方向每次旋转90°，带动三个动触片分别与三个静触片接通或断开，顶盖部分由凸轮、弹簧及手柄等构成操作机构，这个机构由于采用了弹簧储能使开关快速闭合及分断，保证开关在切断负荷电流时所产生的电弧能迅速熄灭，其分断与闭合的速度和手柄旋转速度无关。

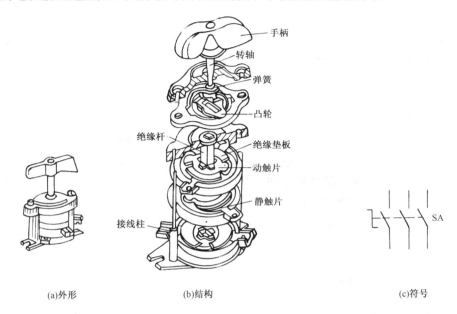

(a)外形　　　　　　(b)结构　　　　　　(c)符号

图 1-3　HZ10－10/3 型组合开关外形、结构与符号

2．技术参数及应用

HZ10 系列组合开关额定电压为直流 220V、交流 380V，额定电流有 6A、10A、25A、60A、100A 等 5 个等级。表 1-3 给出了 HZ10 系列组合开关的额定电压及额定电流，选用时要根据电源种类、电压等级、所需触头数、电动机的容量进行选择，开关的额定电流一般取电动机额定电流的 1.5～2.5 倍。

表 1-3　HZ10 系列组合开关的额定电压及额定电流

型　　号	极　　数	额定电流（A）	额定电压（V）	
HZ10－10	2，3	6，10	直流	交流
HZ10－25	2，3	25		
HZ10－60	2，3	60	220	380
HZ10－100	2，3	100		

HZ 系列组合开关的型号意义如下：

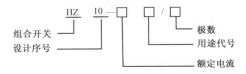

工程应用

> 普通型的组合开关，可以用于各种低压配电设备中，不频繁地接通和切断电路，如用于交流电压380V以下或直流220V以下的电路中。作为电源引入开关，可用来控制5kW以下小容量电动机的启动、停车和正反转，也可以作为机床照明电路的控制开关。当用于电动机控制时，其启动、停止的操作频率应小于（15～20）次/时；用于控制电动机正反转时，必须使电动机先经过完全停止的位置，然后才能接通反向运转电路，否则会因为反转启动电流较大而损坏开关。

3．故障及维修

组合开关在使用过程中，由于开关固定螺钉松动，旋转操作频繁，引起导线压接松动，造成外部连接点放电、打火、灼烧或断路。此时应紧固螺钉，保证导线连接完好。如打火烧坏，应及时更换。开关内部的转轴上扭簧松软或断裂，使开关动触片无法转动，改变了接点位置，此时应修复或更换扭簧。开关内部的动、静触片接触不良，或开关额定电流小于负荷回路电流，造成内部接点被电弧灼烧，此时应检查排除动、静触片的接触不良，开关额定电流不符的及时更换。

1.1.3 自动空气开关

自动空气开关又称自动开关或自动空气断路器，它是一种既可接通分断电路，又能对负荷电路进行自动保护的低压电器。当电路发生严重的过载、短路以及失压等故障时，能够自动切断故障电路（俗称自动跳闸），有效地保护串接在它后面的电气设备。因此，自动空气开关是低压配电网路中非常重要的一种保护电器。在正常条件下，也用于不频繁接通和断开的电路以及控制电动机等。

自动空气开关具有操作安全、动作值可调整、分断能力较高的优点，可具有短路保护和过载保护功能，且一般不需要更换零部件，因此得到广泛的应用。

自动空气开关种类很多，本书仅介绍用于电力拖动自动控制线路中的塑料外壳式自动空气开关。

1．结构及工作原理

（1）主要结构。常用的塑壳式自动空气开关有DZ5—20型，属于容量较小的一种，额定工作电流为20A。如图1-4所示为DZ5—20型自动空气开关的外形和结构图，它由动、静触头、灭弧室、操作机构、电磁脱扣器、热脱扣器、手动操作机构以及外壳等部分组成。

电磁脱扣器是一个电磁铁，其电磁线圈串接在主电路中。当发生短路故障时，短路电流超过整定值，吸合衔铁，使操作机构动作，将主触头断开，可用于短路保护，起熔断器的作用。电磁脱扣器带有调节螺钉，用来调节脱扣器整定电流的大小。

热脱扣器是一种双金属片热继电器，发热元件串接在主电路中。当电路发生过载时，过载电流流过发热元件，使双金属片受热弯曲，操作机构动作，断开主触头，可用于过载保护。其顶端也有调节螺钉，用以调整各极的同步。

手动脱扣操作机构采用连杆机构，通过尼龙支架与接触系统的导电部分连接在一起。在操作机构上,有过载脱扣电流调节盘,用以调节整定电流。如需手动脱扣,则按下红色按钮,使操作机构动作,断开主触头。

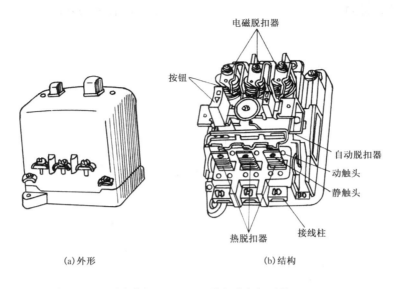

图 1-4　DZ5－20 型自动空气开关

有些自动空气开关,如 DZ10—250～600 系列带有欠压脱扣器,当电源电压在额定值时,欠压脱扣器线圈吸合衔铁,使开关保持合闸状态。当电源电压低于整定值或降为零时,衔铁释放,切断电源。

（2）工作原理。如图 1-5（a）所示为自动空气开关的原理图。

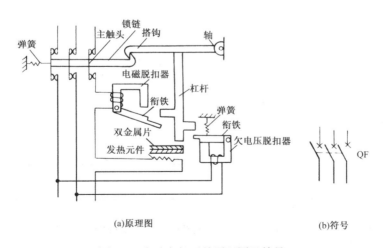

图 1-5　自动空气开关原理图及符号

图 1-5（a）中开关的三对主触头串接在被保护的三相主电路中,当按下绿色按钮时,主电路中的三对主触头由锁链钩住搭钩,克服弹簧的拉力,保持闭合状态,搭钩可绕轴转动。当开关控制的线路正常工作时,电磁脱扣器的线圈产生的吸力不能将衔铁吸合。如果线路发生短路和产生较大过电流时,电磁脱扣器的吸力增加,将衔铁吸合,并撞击杠杆,将搭钩顶

上去，切断主触头，起到保护作用。如果线路上电压下降或失去电压时，欠电压脱扣器的吸力减小或者失去吸力，衔铁被弹簧拉开，撞击杠杆，将搭钩顶开，切断主触头。当线路发生过载时，过载电流流过发热元件，使双金属片受热弯曲，将杠杆顶开，切断主触头。

2．技术参数及选用

（1）自动空气开关型号意义如下：

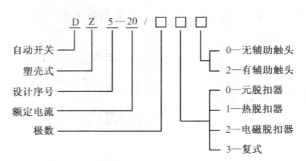

（2）DZ5-20 型自动空气开关的技术参数如表 1-4 所示。

表 1-4　DZ5－20 型自动空气开关技术参数

型　号	额定电压（V）	额定电流（A）	极　数	脱扣器型式	热脱扣器额定电流（A）	电磁脱扣器瞬时动作电流（A）
DZ5—20/330	交流380 直流220	20	3	复式	0.15（0.10～0.15）	为热脱扣器额定电流的8～12倍（出厂时整定于10倍）
DZ5—20/330			2		0.20（0.15～0.20）	
DZ5—20/320			3	电磁式	0.30（0.20～0.30）	
DZ5—20/220			2		0.45（0.30～0.45）	
DZ5—20/310			3	热脱扣器式	0.65（0.45～0.65） 1（0.65～1） 1.5（1～1.5） 2（1.5～2） 3（2～3） 4.5（3～4.5） 6.5（4.5～6.5） 10（6.5～10） 15（10～15） 20（15～20）	
DZ5—20/210			2			
DZ5—20/300			3	无脱扣器式		
DZ5—20/200			2			

（3）选用。自动空气开关的选用应保证其额定电压和额定电流不小于电路的正常工作电压和工作电流；热脱扣器的整定电流应与所控制电动机的额定电流或者负载额定电流一致；电磁脱扣器的瞬时脱扣电流应大于负载电路正常工作时的峰值电流。

对于单台电动机来说，DZ 型自动空气开关电磁脱扣器的瞬时脱扣整定电流 I_z 可按下式计算：

$$I_z \geqslant K \cdot I_q$$

式中，K 为安全系数，一般取 1.7；I_q 为电动机的启动电流。

对于多台电动机来说，可按下式计算：

$$I_z \geq K \cdot I_{qmax} + 电路中其他电器的工作电流$$

式中，K 一般取 1.7；I_{qmax} 为最大一台容量的电动机的启动电流。

例 1.1 某机床电动机额定功率为 5.5kW，额定电压为 380V，额定电流为 11.25A，启动电流为额定电流的 7 倍。请选择自动空气开关的型号和规格。

解：根据电动机的额定电流为 11.25A，由表 1-4 查出，热脱扣器的额定电流应选 15A，相应的热脱扣器的整定电流调节范围为 10～15A。

电磁脱扣器的瞬时动作整定电流为额定电流的 10 倍，即 10×15=150A。

根据公式 $I_z \geq K \cdot I_q$=1.7×7×11.25=134A，所以选择 150A 符合要求。

由于控制三相电动机，且有电磁脱扣器和热脱扣器进行保护，根据电动机电压、电流和脱扣器的型式，由表 1-4 可确定选用 DZ5—20/330 型自动空气开关。

3．常见故障及排除

自动空气开关三对主触头中有一个触头不能闭合，应检查自动空气开关的相连杆，如有断裂，应更换连杆；失压脱扣器不能自动开关分断，应检查反力弹簧，如弹力变小，则需重新调整弹簧，还需检查是否存在机构卡死，如有则排除卡死原因；启动电动机时，自动空气开关立即分断，应检查电磁脱扣器，由于瞬时动作整定电流太小，应调整瞬时整定弹簧；自动空气开关闭合一定时间后自行分断，是由于电磁脱扣器长延时整定值不对或者热元件变值造成的，应调整或更换；自动空气开关温升过高，应检查触头压力，如较低则应调整压力或更换弹簧；检查触头表面，如磨损较重或接触不良，应更换触头或更换自动空气开关。

1.2 主令电器

主令电器是一种非自动切换的小电流开关电器，它在控制电路中的作用是发布命令去控制接触器、继电器或其他电器执行元件的电磁线圈，使电路接通或分断，从而达到控制电力拖动系统的启动与停止以及改变系统的工作状态，如正转与反转等，实现生产机械的自动控制。由于它专门发送命令或信号，故称为"主令电器"，也称"主令开关"。

主令电器应用很广泛，种类繁多。常用的主令电器有按钮开关、位置开关、接近开关、万能转换开关和主令控制器等。

1.2.1 按钮开关

按钮开关也叫按键，是一种手按下即动作，手释放即复位的短时接通的小电流开关电器。它适用于交流电压 500V 或直流电压 440V，电流为 5A 及以下的电路中。一般情况下它不直接操纵主电路的通断，而是在控制电路中发出"指令"，通过接触器、继电器等电器去控制主电路；也可用于电气联锁等线路中。

其型号意义如下：

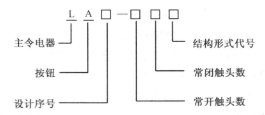

其中结构形式代号有 K、S、J、X、H、F、Y 等。

1．结构及工作原理

按钮开关一般由按钮帽、复位弹簧、桥式动触头、静触头和外壳等组成，其外形、结构及符号如图 1-6 所示。

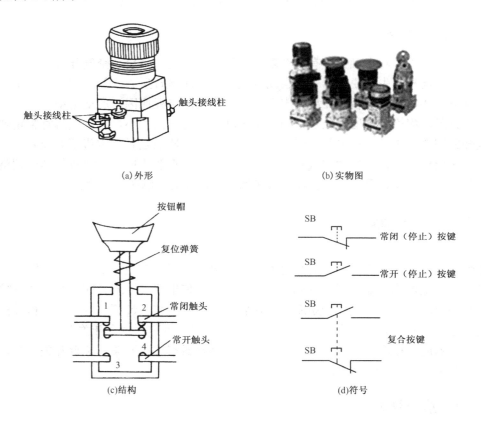

图 1-6 按钮开关

按钮开关按照用途和触头的结构不同分为停止按钮（常闭按钮）、启动按钮（常开按钮）及复合按钮（常开常闭组合按钮）。

常开按钮：手指未按下时，即正常状态，触头是断开的，如图 1-6（c）的 3、4。当手指按下钮帽时，触头的 3、4 被接通；而手指松开后，按钮在复位弹簧的作用下自动复位。常开按钮可作为电动机的启动按钮。

常闭按钮：手指未按下时，即正常状态下触头是闭合的，如图 1-6（c）中 1、2。当手指按下时，触头 1、2 断开；当手指松开后，在复位弹簧作用下，按钮复位闭合。常闭按钮可作为电动机的停止按钮。

复合按钮：当手指未按下时，即正常状态下触头 1、2 是闭合的，而 3、4 是断开的；当手指按下时，触头 1、2 首先断开，而后 3、4 再闭合，有一个很小的时间差；当手指松开后，触头全部恢复原状态。

按钮开关的种类很多，指示灯式按钮内可装入信号灯显示信号；紧急式按钮装有蘑菇形钮帽，以便于紧急操作；旋钮式按钮用于扭动旋钮来进行操作，等等。常见按钮的外形如图 1-7 所示。

图 1-7 常见按钮外形

2．技术数据及应用

在机床控制线路中，常用的按钮开关有 LA2、LA10、LA18 和 LA19 系列。表 1-5 列出了部分常用控制按钮开关的技术数据。

表 1-5 常用按钮开关技术数据

型 号	规 模	结构形式	触点对数 常 开	触点对数 常 闭	按 钮 数	用 途
LA2		元件	1	1	1	作为独立元件用
LA10－2K		开启动 保护式	2	2	2	用于电动机启动、停止控制
LA10－2H			2	2	2	
LA10－3A		开启动 保护式	3	3	3	用于电动机倒、顺、停控制
LA10－3H	500V 5A		3	3	3	
LA18－22J		紧急式	2	2	1	特殊用途
LA18－22Y		钥匙式	2	2	1	
LA18－44J		紧急式	4	4	1	
LA18－44Y		钥匙式	4	4	1	
LA19－11D		带指示灯	1	1	1	

在选用按钮开关时，要根据所需触头数、使用场合及颜色标注进行选择。各系列额定电压为 500V，额定电流为 5A。其中 LA18 系列采用了积木式结构，触头数量可以按照需要拼装，一般是二常开、二常闭，特殊情况下可分别拼成一常开、一常闭至六常开、六常闭形式。LA19 系列只有一对常开和一对常闭触头，按钮内装信号灯，受另一对常闭触头的控制。LA20 系列除带有信号灯以外，还有两个或三个元件组合为一体的开启式或保护式产

品。该系列有一常开一常闭、二常开二常闭和三常开三常闭三种形式。

工程应用

- 实用中，为了避免误操作，通常在按钮上作出不同标记或涂以不同的颜色加以区分，其颜色有红、黄、蓝、白、绿、黑等。一般红色表示停止按钮；绿色表示启动按钮；急停按钮必须用红色蘑菇按钮。
- 按钮必须有金属的防护挡圈，且挡圈要高于按钮帽，防止意外触动按钮而产生误动作。
- 安装按钮的按钮板和按钮盒的材料必须是金属，并与机械的总接地母线相连。

1.2.2 位置开关

在电力拖动系统中，有时要求根据生产机械部件位置的变化而改变电动机的工作情况。例如，当运动部件移动到某一位置时，要求能自动停止、反向或改变移动速度等，用户可以用位置开关来达到这些要求，如建筑工地的吊车，机工车间的行车等。

位置开关又称行程开关或限位开关，其作用和按钮开关相同，都是对控制线路发出接通、断开和信号转换等指令的电器。但与按钮开关不同的是，位置开关不靠手按而是利用生产机械某些运动部件的碰撞而使触头动作、接通和断开控制线路，达到一定的控制要求。

由于工作条件不同，位置开关有很多构造形式，常用的有 LX19 系列和 JLXK1 系列。各种系列的位置开关的基本构造相同，都是由操作头、触头系统和外壳组成。操作头是开关的感测部分，它按受机械设备发出的动作信号，并将此信号传递到触头系统。触头系统是开关的执行部分，它将操作头传来的机械信号，通过本身的转换动作变成电信号，输出到有关控制回路，使之作出必要的反应。位置开关由于动作的传动装置不同，又分为按钮式和旋转式等。

位置开关的型号意义如下：

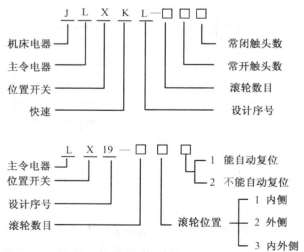

图 1-8 是位置开关的符号。下面我们分别分析两种常用系列的位置开关。

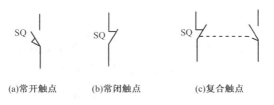

(a)常开触点　　(b)常闭触点　　(c)复合触点

图 1-8　位置开关的符号

1．JLXK1 系列

JLXK1 系列位置开关有按钮式、单轮旋转式和双轮旋转式，其外形如图 1-9 所示。

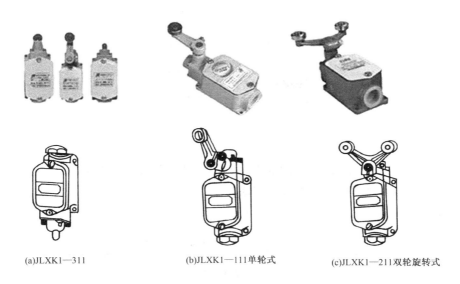

(a)JLXK1—311　　(b)JLXK1—111单轮式　　(c)JLXK1—211双轮旋转式

图 1-9　JLXK1 系列位置开关

现以单轮旋转式位置开关为例，分析其内部结构及工作原理。如图 1-10 所示为 JLXK1－111 型位置开关的动作原理图。当运动机械的挡铁压到位置开关的滚轮上时，由于滚轮的移动，带动传动杠杆连同转轴一起转动，使凸轮推动撞块，当撞块被压到一定位置时，动触头推动微动开关快速动作，使其常闭触头断开，常开触头闭合；当滚轮上的挡铁移开后，复位弹簧使位置开关的各部分恢复到原始位置，常闭触头闭合，常开触头断开。这种位置开关依靠本身的复位弹簧复位。由于能够自动复位，所以在生产机械的自动控制中应用很广泛。图 1-9（c）所示的双轮旋转式位置开关，是不能自动复位的，而是靠运动机械反向移动时，挡铁碰撞另一个滚轮时才能复原。这种位置开关的最大优点是运行可靠，但价格较高。

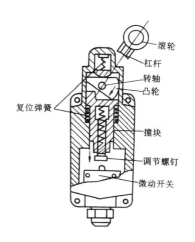

图 1-10　JLXK1－111 型位置开关

2. LX19 系列

如图 1-11 所示为 LX19K 型位置开关的结构图。当外界机械挡铁碰压顶杆时，顶杆向下移动，压迫触头弹簧，并通过该弹簧使接触桥离开常闭静触头，转为同常开静触头接触，即动作后，常开触头闭合，常闭触头断开。当外界机械挡铁离开顶杆后，在恢复弹簧的作用下，接触桥重新自动恢复原来的位置。

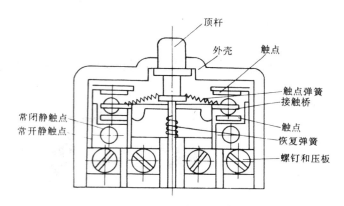

图 1-11 LX19K 型位置开关结构图

LX19 系列的位置开关是以 LX19K 型元件为基础，增设不同的滚轮和传动杆，可得到各种不同的产品，如直动式、单滚轮式或双滚轮式。

常用位置开关的技术数据见表 1-6 所示。

表 1-6 常用位置开关技术数据

型 号	规 格	结 构 特 点	触点对数	
			常 开	常 闭
LX19K		按钮式	1	1
LX19—111		内侧单轮，自动复位	1	1
LX19—121		外侧单轮，自动复位	1	1
LX19—131		内外侧单轮，自动复位	1	1
LX19—212	额定电压：380V	内侧双轮，不能自动复位	1	1
LX19—222	额定电流：5A	外侧双轮，不能自动复位	1	1
LX19—232		内外侧双轮，不能自动复位	1	1
LX19—001		无滚轮，反径向传动杆，自动复位	1	1
JLXK1		快速位置开关	1	1
LXW1—11		微动开关	1	1

在选用位置开关时，要根据使用场合和线路要求进行选择，并且要满足额定电压和额定电流。

1.2.3 万能转换开关

万能转换开关是一种多挡式、控制多回路的主令电器，一般可作为多种配电装置的远距离控制，也可作为电压表、电流表的换相开关，还可作为小容量电动机的启动、制动、调速及正反向转换的控制。其触头挡数多、换接线路多、用途广泛，故有"万能"之称。

万能转换开关主要由操作机构、面板、手柄及数个触点座等部件组成，并用螺栓组装成为一个整体，如图 1-12（a）所示。万能转换开关的图形符号及文字符号如图 1-12（b）所示。图中水平方向的数字 1～3 表示触点编号，垂直方向的数字及文字"左"、"0"、"右"表示手柄的操作位置（挡位），虚线表示手柄操作的联动线。在不同的操作位置，各对触点的通、断状态的表示方法为：在触点的下方与虚线相交位置有黑色圆点表示在对应操作位置时触点接通，没涂黑色圆点表示在该操作位置不通。

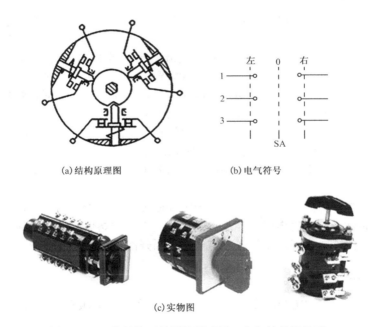

图 1-12 万能转换开关结构原理图、电气符号及外形

1.3 熔断器

熔断器是低压电路及电动机控制线路中一种最简单的过载和短路保护电器。熔断器内装有一个低熔点的熔体，它串联在电路中，正常工作时，相当于导体，保证电路接通。当电路发生过载或短路时，熔体熔断，电路随之自动断开，从而保护了线路和设备。熔断器作为一种保护电器，它具有结构简单，价格低，使用维护方便，体积小、质量小等优点，所以得到了广泛应用。

1.3.1 熔断器的结构与主要参数

1. 熔断器的结构

熔断器主要由熔体（俗称保险丝）和安装熔体的熔管（或熔座）两部分组成。熔体是熔断器的主要组成部分，常作成片状或丝状。熔管是熔体的保护外壳，在熔体熔断时兼有灭弧作用。

熔体的材料必须具有下列性质：熔点低，易于熔断，导电性能好，不易氧化和易于加工。一般制作熔体的材料有两种：一种是低熔点材料如铅、锡、锌以及铅锡合金等制成的不同直径的熔丝，俗称保险丝，由于熔点低，不易熄弧，一般用于小电流电路中。另一种是高熔点材料如银、铜等，灭弧较容易，但会引起熔断器发热，一般用于大电流电路中，但对过载时保护作用较差，所以只能作短路保护用。

2. 熔断器的主要参数

每一种熔体都有额定电流和熔断电流两个参数。额定电流是指长时间通过熔体而不熔断的电流值。通过熔体的电流小于其额定电流值时，熔体不会熔断；当超过额定电流并达到熔断电流时，熔体才会发热熔断；当超过额定电流但小于熔断电流时，熔体在 1h 左右才熔断，或更长一些时间熔断。熔断电流一般是熔体额定电流的 2 倍，通过熔体的电流越大，熔体熔断越快。一般有如下规定：当通过熔体的电流为额定电流的 1.3 倍时，熔体应在 1h 以上熔断；通过熔体的电流为额定电流的 1.6 倍时，熔体应在 1h 以下熔断；通过熔体的电流为额定电流的 2 倍时，熔体应在 30～40s 后熔断；当达到 6～10 倍额定电流时，熔体应在瞬间熔断。

需要指出的是，熔断器对于过载反应是不灵敏的，当电气设备轻度过载时，熔断器熔断时间很长，甚至不熔断。因此熔断器在机床电器控制线路中不作为过载保护用，只用做短路保护，而在照明电路中用做短路保护和严重过载保护。

熔管有三个参数：额定工作电压、额定电流和断流能力。若熔管的工作电压大于额定电压时，在熔体熔断时就可能发生电弧不能熄灭的危险。熔管内熔体的额定电流必须小于或等于熔管的额定电流。断流能力是表示熔管在额定电压下断开故障电路所能切断的最大电流值。

1.3.2 常用熔断器

常用熔断器有瓷插式 RC1A 系列、螺旋式 RL1 系列、无填料封闭管式 RM10 系列及快速熔断器 RLS 系列和 RS 系列等。

常用低压熔断器的技术数据见表 1-7。

表 1-7 常用低压熔断器技术数据

类别	型号	额定电压（V）	额定电流（A）	熔体额定电流等级（A）
插入式熔断器	RC1A	380	5	2，4，5
			10	2，4，6，10
			15	6，10，15
			30	15，20，25，30
			60	30，40，50，60
			100	60，80，100
			200	100，120，150，200

续表

类 别	型 号	额定电压（V）	额定电流（A）	熔体额定电流等级（A）
螺旋式熔断器	RL1	500	15	2，4，5，6，10，15
			60	20，25，30，35，40，50，60
			100	60，80，100
			200	100，125，150，200
快速熔断器	RLS	500	10	3，5，10
			50	15，20，25，30，40，50
			100	60，80，100

1．瓷插式熔断器

RC1A 系列瓷插式熔断器是由瓷盖、瓷底、动触头、静触头和熔体等部分组成。其外形及结构如图 1-13（a）所示，图 1-13（b）是熔断器的符号。

瓷底和瓷盖均用电工瓷制成，电源线及负载线分别接在瓷底两端的静触头上。瓷底座中间有一空腔，与瓷盖突出部分构成灭弧室。额定电流为 60A 以上的熔断器，在灭弧室中还垫有石棉带，用来灭弧。熔丝接在瓷盖内的两个动触头上，使用时，将瓷盖合于瓷座上即可。

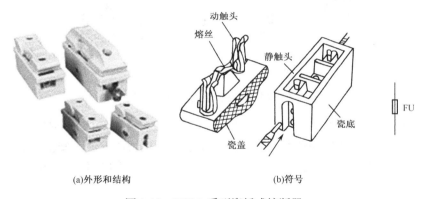

(a)外形和结构　　　(b)符号

图 1-13　RC1A 系列瓷插式熔断器

RC1A 系列瓷插式熔断器的额定电压为 380V，额定电流有 7 个等级，其技术数据见表 1-7。

RC1A 系列熔断器具有价格便宜、尺寸小、更换方便等优点，广泛用于民用、工业和机床的照明以及小容量电动机的短路保护。

瓷插式熔断器的型号意义：

2. 螺旋式熔断器

RL1 系列螺旋式熔断器主要由瓷帽、熔断管、瓷套、上接线端、下接线端及瓷座等部分组成。其外形与结构如图 1-14 所示。

熔断管是一个瓷管，除了装熔丝外，在熔丝周围填满石英砂，用于熄灭电弧。熔断管的上端有一个小红点，熔丝熔断后，红点自动脱落，显示熔丝已熔断。使用时将熔断管有红点的一端插入瓷帽，瓷帽上有螺纹，将螺帽连同熔管一起拧进瓷底座，熔丝便接通电路。在装接时，用电设备的连接线接到连接金属螺纹壳的上接线端，电源线接到瓷底座上的下接线端，保证更换熔丝时，旋出瓷帽后，螺纹壳上不带电。

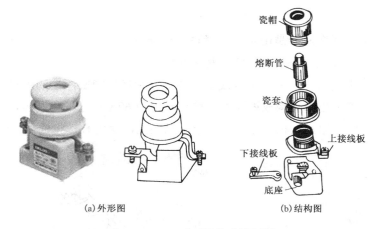

图 1-14　RL1 系列螺旋式熔断器

RL1 系列螺旋式熔断器额定电压为 500V，额定电流有 4 个等级。其技术数据见表 1-7。

RL1 系列螺旋式熔断器的体积小，安装面积小，更换熔丝方便，安全可靠，熔丝熔断后有显示，一般用于额定电压 500V、额定电流 200A 以下的交流电路或电动机控制电路中作为过载或短路保护。

螺旋式熔断器的型号意义：

3. 快速熔断器

快速熔断器主要用于半导体功率元件或变流装置的短路保护。由于半导体元件的过载能力很低，只能在极短时间内承受较大的过载电流，否则半导体元件将迅速被烧坏。因此，要求短路保护装置能快速熔断。

快速熔断器主要有 RLS 和 RS 系列。RLS 系列是螺旋式快速熔断器，用于小容量硅整流元件的短路保护和某些过载保护。其技术数据见表 1-7。

注意：快速熔断器的熔体不能用普通的熔体代替，因为普通的熔体不具有快速熔断特性。

1.3.3 熔断器的选择

熔体和熔断器只有经过正确地选择，才能起到保护作用。一般根据被保护电路的需要，首先选择熔体的规格，再根据熔体的规格去确定熔断器的规格。

1．熔体额定电流的选择

（1）对于照明和电热设备等阻性负载电路的短路保护，熔体的额定电流应稍大于或等于负载的额定电流。

（2）由于电动机的启动电流很大，必须考虑启动时，熔丝不能断，因此熔体的额定电流选得较大。

单台电动机：熔体额定电流=（1.5～2.5）×电动机额定电流。

多台电动机：熔体额定电流=（1.5～2.5）×容量最大的电动机额定电流+其余电动机额定电流之和。

降压启动电动机：熔体额定电流=（1.5～2.0）×电动机额定电流。

直流电动机和绕线式电动机：熔体额定电流=（1.2～1.5）×电动机额定电流。

2．熔断器的选择

熔断器的额定电压和额定电流应不小于线路的额定电压和所装熔体的额定电流。熔断器的类型根据线路要求和安装条件而定。

安 全 贴 示

- 熔断器的插座与插片的接触要保持良好。若发现插口处过热或触头变色，则说明插口处接触不良，应及时修复。
- 熔体烧断后，应首先查明原因，排除故障。一般在过载电流下熔断时，响声不大，熔体仅在一两处熔断，管子内壁没有烧焦的现象，也没有大量的熔体蒸发物附在管壁上；若在分段极限电流时熔断的，情况与上述的相反。
- 更换熔体或熔管时须断电，尤其不允许在负载未断开时带电更换，以免发生电弧烧伤。
- 安装熔体时不要把它碰伤，也不要将螺钉拧得太紧，使熔体轧伤。若连接处螺钉损坏而拧不紧，则应更换新螺钉。
- 安装熔丝时，熔丝应顺时针方向弯一圈，不要多弯。

1.3.4 故障分析与处理

熔断器在电流正常时，熔体出现熔断现象，一般有三种情况。一是由于熔体规格选择不当造成的。选择熔体时，必须根据被保护电路的需要，合理选择熔体的电流等级。二是由于运行中，熔断器的动、静触头，触片与插座，熔体与底座等存在着接触不良引起过热，使熔体温度过高，出现正常运行下的熔断。这时必须对以上部位进行检修，保证接触良好。三是由于熔体氧化腐蚀或安装时有机械损伤，使熔体的截面变小造成的。此时必须更换熔体，在更换或检修时，应细心操作，避免损伤。

1.4 接触器

接触器是一种用来接通或切断交、直流主电路和控制电路,并且能够实现远距离控制的电器。大多数情况下其控制对象是电动机,也可用于其他电力负载。如电阻炉、电焊机等。接触器不仅能自动地接通和断开电路,还具有控制容量大、欠电压释放保护、零压保护、频繁操作、工作可靠、寿命长等优点。而刀开关虽然也能接能和切断电路,但不具有欠电压释放保护,又不能远距离操作,因此接触器在电气控制系统中应用广泛。

接触器的种类很多,按照驱动力的不同可分为电磁式、气动式和液压式,以电磁式应用最为广泛;按接触器主触头通过电流的种类,可分为交流接触器和直流接触器两种;按冷却方式又分为自然空气冷却、油冷和水冷三种,以自然空气冷却的为最多;按主触头的极数,还可以分为单极、双极、三极、四极和五极等多种。

1.4.1 交流接触器

交流接触器是用于远距离接通和分断电压至 380V,电流至 600A 的 50Hz 或 60Hz 的交流电路,以及频繁启动和控制的交流电动机。常用的交流接触器有 CJ0,CJ10 和 CJ12 等系列的产品。近年来还生产了由晶闸管组成的无触点接触器,主要用于冶金和化工行业。

1. 交流接触器的结构

交流接触器的结构主要由触头系统、电磁系统、灭弧装置三大部分组成,另外还有反作用力弹簧、缓冲弹簧、触头压力弹簧和传动机构等部分。如图 1-15(a) 所示为 CJ0-20 型交流接触器的外形及结构图,图 1-15(b) 所示为接触器的电路符号,图 1-15(c) 所示为交流接触器的实物图。

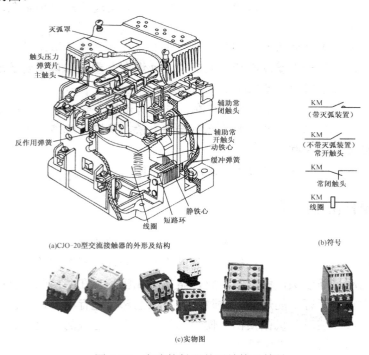

图 1-15 交流接触器外形结构及符号

（1）触头系统。接触器的触头用来接通和断开电路，是接触器的执行部分，因此要求它的工作必须绝对可靠。为了保证接触可靠工作和有足够长的寿命，触头必须满足以下要求：连续工作时，不应超过规定的允许温升，接触良好，耐弧耐磨，有足够的电动稳定性和热稳定性，价格便宜，便于制造和维修，使用寿命长。

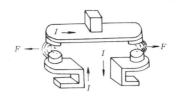

图 1-16 双断点桥式触头

交流接触器的触头一般采用双断点桥式触头，如图 1-16 所示。

触头是用紫铜片制成的，由于铜的表面容易氧化而生成一层不易导电的氧化铜，故在触头接触点部分镶上银块，而银的接触电阻小，且银的黑色氧化物对接触电阻影响不大。接触器的触头系统分为主触头和辅助触头。主触头用在通断电流较大的主电路中，一般由三对常开触头组成，体积较大。辅助触头用以通断小电流的控制电路，体积较小，它由常开触头和常闭触头组成。"常开"、"常闭"是指电磁系统未通电动作前触头的状态。常开触头（又叫动合触头）是指在线圈未通电时，其动、静触头是处于断开状态的；当线圈通电后就闭合。常闭触头（又叫动断触头）是指在线圈未通电时，其动、静触头是处于闭合状态的，当线圈通电后，则断开。

接触器的常闭和常开触头是连同动作的，即线圈通电时，常闭触头先断开，常开触头随即接通，中间有一个很短的时间间隔；线圈断电时，常开触头先恢复断开，随即常闭触头恢复原来的接通状态，同样中间也存在一个很短的时间间隔，在分析电路时，应注意这个时间间隔。

（2）电磁系统。电磁系统是用来操纵触头的闭合和断开的，它包括静铁心、动铁心（又叫衔铁）和吸引线圈三部分。交流接触器电磁系统的结构形式主要取决于铁心形状和衔铁运动方式，通常用两种基本形式，如图 1-17 所示。

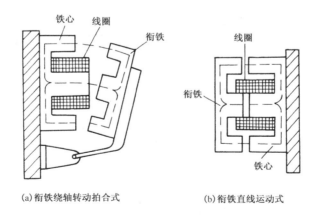

(a) 衔铁绕轴转动拍合式   (b) 衔铁直线运动式

图 1-17 交流接触器电磁系统结构图

图 1-17（a）所示是衔铁绕轴转动的拍合式（CJ12B 交流接触器），图 1-17（b）所示是衔铁作直线运动的螺管式（如 CJ0、CJ10 系列交流接触器）。

交流接触器的铁心一般用硅钢片叠压后铆成，以减少交变磁场在铁心中产生的涡流与磁滞损耗，防止铁心过热。交流接触器线圈的电阻较小，所以铜损引起的发热较小。为了增加铁心的散热面积，线圈一般做成短而粗的圆筒状。E 形铁心的中柱较短，铁心闭合时上下中柱间形成很小的空隙，以减少剩磁，防止线圈断电后铁心粘连。

交流接触器的铁心上有一个短路铜环，称为短路环，如图 1-18 所示。短路环的作用是减少交流接触器吸合时产生的震动和噪声。当线圈中通以交流电流时，铁心中产生的磁通也是交变的，对衔铁的吸力也是变化的。当磁通经过最大值时，铁心对衔铁的吸力最大；当磁通经过零值时，铁心对衔铁的吸力也为零，衔铁受复位弹簧的反作用力有释放的趋势，这时衔铁不能被铁心吸牢，造成铁心震动，发出噪声，使人感到疲劳，并使衔铁与铁心磨损，造成触头接触不良，产生电弧灼伤触头。为了消除这种现象，在铁心上装有短路铜环。

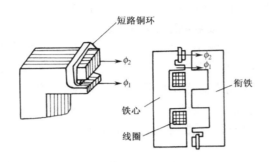

图 1-18　交流接触器铁心的短路环

当线圈通电后，产生线圈电流的同时，在短路环中产生感应电流，两者由于相位不同，各自产生的磁通的相位也不同，在线圈电流产生的磁通为零时，感应电流产生的磁通不为零而产生吸力，吸住衔铁，使衔铁始终被铁心吸牢，这样会使震动和噪声显著减小。气隙越小，短路环的作用越大，震动和噪声也越小。

（3）灭弧装置。交流接触器在断开大电流电路时，往往会在动、静触头之间产生很强的电弧。电弧是触头间气体在强电场作用下产生的放电现象，它一方面发光发热造成触头灼伤，另一方面会使电路的切断时间延长，影响接触器的正常工作。因此对容量较大的交流接触器（一般在 20A 以上的）往往采用灭弧栅来灭弧，其原理图如图 1-19 所示。

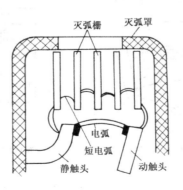

图 1-19　灭弧栅灭弧原理

灭弧栅由镀铜的薄板片组成，安装在石棉水泥制成的灭弧罩内或陶土耐弧塑料等绝缘材料上，各片之间是相互绝缘的。

当动触头与静触头分开时，在电弧的周围产生磁场。由于薄铁片的磁阻比空气小得多，因此电弧上部的磁通容易通过灭弧栅而形成闭合磁路，在电弧上部的磁通非常稀疏，而电弧下部的磁通却非常稠密,这种上稀下密的磁通产生向上的运动力,把电弧拉到灭弧栅片当中去,栅片将电弧分割成很多短弧,每个栅片就成为短电弧的电极,栅片间的电弧电压低于燃弧电压,同时栅片将电弧的热量散发,促使电弧熄灭。

对于容量较小的(10A 以下)交流接触器,一般采用双断口触头灭弧和电动力灭弧方法。这种方法是利用双断点桥式触头分断后将电弧分割成两段,同时利用两段电弧相互间的电动力使电弧向外侧拉长,在拉长过程中电弧受到空气迅速冷却而很快熄灭。

(4)其他部分。交流接触器的其他部分有反作用弹簧、缓冲弹簧、触头压力弹簧、传动机构和接线柱等。反作用弹簧的作用是当吸引线圈断电时,迅速使主触头和常开辅助触头复位分断;缓冲弹簧的作用是缓冲动、静铁心吸合时对静铁心及外壳的冲击力;触头压力弹簧的作用是增加动、静触间之间的压力,增大接触面以降低接触电阻,避免触头由于接触不良而造成的过热灼伤,并有减振作用。

2.交流接触器的工作原理

如图 1-20 所示为交流接触器的工作原理图。当接触器电磁系统中的线圈 6、7 间通电后,铁心 8 被磁化,产生足够的电磁吸力,克服反作用弹簧 10 的弹力,将衔铁 9 吸合,使常闭辅助触头(4 和 5 处)首先断开,常开主触头 1、2 和 3 闭合,接通主电路,接着常开辅助触头(4 和 5 处)闭合。当线圈断电或外加电压太低时,在反作用弹簧 10 的作用下,衔铁释放,常开主触头断开,切断主电路;常开辅助触头首先断开,接着常闭辅助触头恢复闭合。图中 11~17 和 21~27 为各触头的接线柱。

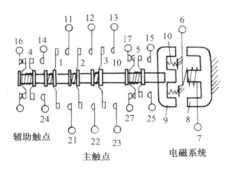

图 1-20 交流接触器工作原理图

交流接触器的型号意义如下:

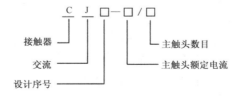

1.4.2 直流接触器

直流接触器主要用于远距离接通或分断额定电压至 440V,额定电流至 600A 的直流电路,或频繁地操作和控制直流电动机的一种控制电器。常用的有 CZ0 系列,另外还有

CZ1、CZ2、CZ3、CZ5~11 等系列产品，广泛应用于冶金、机械和机床的电气控制设备中。如图 1-21 所示为直流接触器实物图。

图 1-21 直流接触器实物图

1．直流接触器的结构

直流接触器的结构和工作原理与交流接触器的基本相同，但直流接触器用于控制直流设备，所以具体结构与交流接触器也有些不同。

直流接触器是由触头系统、电磁系统和灭弧装置三大部分组成。如图 1-22 所示为直流接触器的结构原理图。

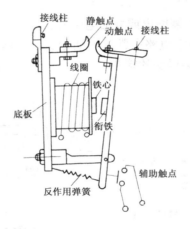

图 1-22 直流接触器的结构原理图

（1）触头系统。直流接触器有主触头和辅助触头。主触头由于通断电流较大，故采用滚动接触的指形触头。辅助触头的通断电流较小，故采用点接触的双断点桥式触头。

（2）电磁系统。直流接触器的电磁系统由铁心、线圈和衔铁等组成。由于线圈中通的是直流电，在铁心中不会产生涡流，所以铁心可用整块铸铁或铸铜制成，并且不需要短路环。由于铁心没有涡流故不发热，但线圈的匝数较多，电阻大，铜损大，所以线圈本身发热是主要的。为了使线圈散热良好，通常将线圈做成长而薄的圆筒状。

（3）灭弧装置。直流接触器的主触头在断开较大直流电流电路时，会产生强烈的电弧，容易烧坏触头而不能连续工作。为了迅速使电弧熄灭，直流接触器一般采用磁吹式灭弧装置，其结构如图 1-23 所示。

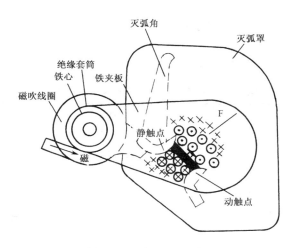

图 1-23 磁吹式灭弧装置

磁吹式灭弧装置主要是由磁吹线圈、灭弧罩和灭弧角等组成。磁吹线圈由扁铜条弯成，中间装有铁心，它们之间有绝缘套筒相隔。铁心的两端装有两片铁夹板，夹持在灭弧罩的两边。动触头和静触头位于灭弧罩内，处在两块铁夹板之间。灭弧罩是由石棉水泥板或陶土制成的。

图 1-23 所示的工作状态是直流接触器的动、静触头已分断并形成了电弧的状态。因为磁吹线圈、主触头和电弧形成了串联电路，所以流过触头的电流就是磁吹线圈的电流，当电流的方向如图 1-23 箭头所示时，电弧电流在它的四周形成一个磁场，根据右手螺旋定则可以判定，电弧上方的磁场方向离开纸面指向读者，用"⊙"表示，电弧下方的磁场方向是进入纸面即背离读者的，用"⊗"表示；在电弧周围还有一个由磁吹线圈中的电流所产生的磁场，它在铁心中产生磁通，再从一块铁夹板穿过夹板间的空隙进入另一块铁夹板，形成闭合磁路。根据右手螺旋定则可以判定这个磁场的方向是进入纸面的，用"⊗"表示。由此可见，在电弧的上方，磁吹线圈电流和电弧电流所产生的磁通方向是相反的，两者相互削弱，而在电弧下方两磁通方向相同，磁场增强，所以电弧将从强磁场的一边被拉向弱磁场的一边，迫使电弧向上方运动，由于灭弧角和静触头相连接，静触头上的电弧便逐渐转移到灭弧角上，引导电弧向上运动，使电弧迅速拉长。当电源电压不足以维持电弧继续燃烧时，电弧便自行熄灭。由此可见，磁吹灭弧装置的灭弧是依靠磁吹力的作用，使电弧拉长，在空气中很快冷却，从而使电弧迅速熄灭。

直流接触器由于通的是直流电，没有冲击启动电流，所以不会产生铁心猛烈撞击的现象，因此它的寿命长，适用于频繁启动的场合。

2．直流接触器的型号意义

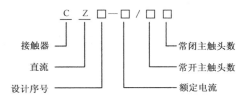

1.4.3 接触器的技术数据及选用

常用的 CJ0 和 CJ10 系列交流接触器的技术数据见表 1-8 所示。

表 1-8 CJ0 和 CJ10 系列交流接触器技术数据

型　号	触点额定电压（V）	主触点额定电流（A）	辅助触点额定电流（A）	线圈功率（V·A）	可控制三相异步电动机的最大功率（kW）		额定操作频率（次/h）
					220V	380V	
CJ0—10	500	10	5	14	2.5	4	≤600
CJ0—20		20		33	5.5	10	
CJ0—40		40		33	11	20	
CJ0—75		75		55	22	40	
CJ10—10		10		11	2.2	4	
CJ10—20		20		22	5.5	10	
CJ10—40		40		32	11	20	
CJ10—60		60		70	17	30	
CJ10—100		100			29	50	

常用 CZ0 系列直流接触器技术数据见表 1-9 所示。

表 1-9 CZ0 系列直流接触器技术数据

型　号	额定电压（V）	额定电流（A）	额定操作频率（次/h）	主触点		最大分断电流值（A）	辅助触点		吸引电压（V）	吸引线圈消耗功率值（W）
				常开	常闭		常开	常闭		
CZ0—40/20	440	40	1200	2	0	160	2	2	24 48 110 220	22
CZ0—40/02		40	600	0	2	100	2	2		24
CZ0—100/10		100	1200	1	0	400	2	2		24
CZ0—100/01		100	600	0	1	250	2	1		24
CZ0—100/20		100	1200	2	0	400	2	2		30
CZ0—150/10		150	1200	1	0	600	2	2		30
CZ0—150/01		150	600	0	1	375	2	2		25
CZ0—150/20		150	1200	2	0	600	2	2		40
CZ0—250/10		250	600	1	0	1000	5（其中一对为固定常开，另 4 对可任意组合成常开或常闭）			31
CZ0—250/20		250	600	2	0	1000				40
CZ0—400/10		400	600	1	0	1600				28
CZ0—400/20		400	600	2	0	1600				43
CZ0—600/10		600	600	1	0	2400				50

为了保证接触器的正常工作，必须根据以下原则正确选择，使接触器的技术数据满足被控制电路的要求。

1. 接触器的类型

接触器的类型应根据电路中所控制的电动机及负载电流类型来选择，即交流负载应选用交流接触器，直流负载应选用直流接触器。如果控制系统中主要是交流电动机，而直流电动机或直流负载的容量比较小时，也可全都选用交流接触器进行控制，但触头的额定电流应选得大一些。

2. 接触器主触头的额定电压和额定电流

CZ0 系列直流接触器技术数据见表 1-9。

被选用接触器主触头的额定电压应大于或等于负载的额定电压。主触头的额定电流不小于负载电路的额定电流，也可根据所控制的电动机的最大功率参照表 1-8 进行选择。

3. 接触器吸引线圈电压的选择

接触器吸引线圈的电压一般直接选用一相对地电压 220V 或直接选用 380V。如果控制线路比较复杂，使用的电器又比较多，为安全起见，线圈额定电压可选低一些，但需要加一个控制变压器。

例 1.2 某电动机型号为 JO2－31－6，额定功率 1.5kW，额定电压 380V，额定电流 3.92A，试选择接触器型号。

解：由于接触器用来控制交流电动机，所以首先确定类型是交流接触器。

根据接触器所控制电动机的额定功率为 1.5kW，由表 1-8 可知，CJ0－10 可控电动机最大功率为 4kW，其额定电流为 10A，大于电动机的额定电流，所以根据接触器的类型、额定电压和额定电流，应选用 CJ0－10 型交流接触器。

1.4.4 接触器的常见故障及排除

交流接触器的触头及电磁系统的故障与维修在本章第 1.6 节中详细分析，在此我们分析其他方面的故障。

1. 接触器通电后不能吸合

交流接触器是利用电磁吸力及弹簧反作用力配合动作使触头闭合与断开的。通电后不能吸合的原因是多方面的，当发生故障时，应首先测试电磁线圈两端是否有额定电压。若无电压，说明故障发生在控制回路，应根据具体电路检查处理，若有电压且低于线圈额定电压，致使电磁线圈通电后产生的电磁力不足以克服弹簧的反作用力，则可更换线圈。若有额定电压，则应检查线圈是否断线，螺丝是否松脱。另外，机械机构及动触头发生卡阻，都可造成接触器通电后不能吸合。

2. 接触器吸合不正常

接触器吸合不正常是指接触器吸合过于缓慢、触头不能完全闭合、铁心吸合不紧等现象。产生该类故障的原因通常有电源电压过低、触头弹簧压力不合适、动静铁心间隙过大、机械卡阻以及转轴生锈、歪斜等。当接触器吸合不正常时，应查明原因，排除故障。如果弹簧压力不合适时，应调整弹簧压力，必要时进行更换；如果动、静铁心间隙过大，应重新装配；如果轴部有问题，应清洗轴端及支承杆，必要时应调换部件。

3．触头断相

发生触头断相时，电动机仍能转动，但启动很慢，同时发出嗡嗡声，此时应立即停车，否则将烧毁电动机。产生触头断相的原因是由于某相触头接触不良或连接螺钉松脱。排除的方法是检查触头的连接处，应保证可靠连接，螺钉必须拧紧，不得松动。

4．相间短路

由于接触器的正反转联锁控制失灵，或因误动作，致使两台接触器同时投入运行而造成相间短路，或因接触器动作过快，转换时间太短，在转换过程中发生电弧短路。为了避免发生相间短路，应定期检查接触器各部件的工作情况，要求可动部件不卡阻，接线处无松脱，零部件如有损坏应及时修换，灭弧罩应完好，如有破碎，要及时更换。

1.5 继电器

继电器是一种根据电气量（如电压、电流等）或非电气量（如热、时间、压力、转速等）的变化接通或断开控制电路，以实现自动控制和保护电力拖动装置的电器。继电器一般由感测机构、中间机构和执行机构三个基本部分组成。感测机构把感测到的电气量或非电气量传递给中间机构，将它与额定的整定值进行比较，当达到整定值（过量或欠量）时，中间机构便使执行机构动作，从而接通或断开被控电路。

接通和分断电路是继电器的根本任务，就这一点来说，它与接触器的作用是相同的，但它们仍有不同之处，主要区别是：继电器一般用于控制小电流电路，触头额定电流不大于5A，所以不加灭弧装置。而接触器一般用于控制大电流电路，主触头额定电流不小于5A，有的加灭弧装置。不同的继电器可以在相应的各种电量或非电量的作用下动作，而接触器一般只是在一定的电压下动作。

继电器的种类很多，按用途可分为控制继电器和保护继电器；按输入信号的性质可分为电压继电器、电流继电器、时间继电器、速度继电器、压力继电器和温度继电器等；按工作原理可分为电磁式继电器、感应式继电器、热继电器和电子式继电器等；按动作时间可分为瞬时继电器和延时继电器等。

1.5.1 电磁式电流、电压和中间继电器

电磁式继电器是电气控制设备中应用较多的一种继电器，其结构和工作原理与电磁式接触器相似，也是由电磁机构和触头系统组成。如图1-24所示为电磁性继电器典型结构图。铁心和铁轭为一整体，减少了非工作气隙。极靴为一圆环，套在铁心端部；衔铁制成板状，绕棱角（或绕轴）转动；线圈不通电时，衔铁靠反力弹簧的作用而打开。衔铁上垫有非磁性垫片，装设不同的线圈后，可分别制成电流继电器、电压继电器和中间继电器。这种继电器的线圈有交流和直流两种，其中直流的继电器加装铜套后可以构成电磁式时间继电器。

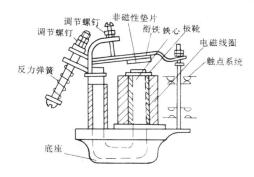

图 1-24 电磁式继电器典型结构图

1. 电流继电器

根据线圈中电流的大小而接通或断开电路的继电器称为电流继电器。电流继电器的线圈串接在电路中，为了不影响电路工作情况，电流继电器吸引线圈匝数少，导线粗。当线圈电流高于整定值动作的继电器称为过电流继电器；低于整定值时动作的继电器称为欠电流继电器。

过电流继电器在正常工作时，电流线圈通过的电流为额定值，所产生的电磁力不足以克服反作用弹力，常闭触头仍保持闭合状态；当通过线圈的电流超过整定值后，电磁吸力大于反作用弹簧拉力，铁心吸引衔铁，使常闭触头断开，常开触头闭合。

欠电流继电器是当线圈电流降到低于整定值时释放的继电器，所以线圈电流正常时，衔铁处于吸合状态。

图 1-25 所示为电流继电器的符号。图 1-26 所示为电流继电器实物图。

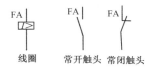

图 1-25 电流继电器符号

过电流继电器主要用于频繁、重载启动场合，作为电动机或主电路的短路和过载保护。欠电流继电器常用于直流电动机和电磁吸盘的失磁保护。

工程应用

- 在选用过电流继电器时，对于小容量直流电动机和绕线式异步电动机，继电器线圈的额定电流一般可按电动机长期工作的额定电流来选择。
- 对于频繁动的电动机，由于动电流的发热效应，继电器线圈的额定电流应选择大一些。
- 过电流继电器的整定值，可按电动机启动电流的 1.2 倍左右调定。调节反作用弹簧弹力，可调定继电器的动作电流值。

常用的过电流继电器有 JT4、JL12 及 JL14 系列。其中 JT4 和 JL14 为通用继电器。
电流继电器型号意义：

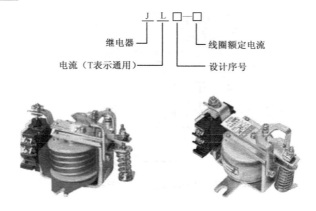

图 1-26 电流继电器实物图

表 1-10 所列为 JL14 系列交直流继电器的技术数据。

表 1-10 JL14 系列交直流电流继电器技术数据

电流种类	型号	吸引绕圈额定电流值（A）	吸合电流调整范围	触头组合形式	用途	备注
直流	JL14—Z JL14—ZS	1, 1.5, 2.5, 5, 10, 15, 25, 40, 60, 100, 150, 300, 600, 1200, 1500	70%~300%的 I_N	三常开，三常闭	在控制电路中过电流或欠电流保护用	可取代 JT3—1 JT4—1 JT4—S JT3 JT3—J JT3—S 等老产品
				二常开，一常闭		
	JL14—ZO		30%~65%的 I_N 或释放电流在 10%~20% I_N 范围	一常开，二常闭		
				一常开，一常闭		
交流	JL14—J JL14—JS		110%~400% 的 I_N	二常开，二常闭		
				一常开，一常闭		
	JL14—JG			一常开，一常闭		

2．电压继电器

根据线圈两端电压大小而接通或断开电路的继电器称为电压继电器。这种继电器并联在主电路中，线圈的导线粗，匝数多，阻抗大，刻度表上标出的数据是继电器的动作电压。

电压继电器有过电压继电器和欠电压（或零压）继电器之分。常用的欠电压继电器的外形结构及动作原理与电流继电器相似。一般情况下，过电压继电器在电压为（1.1~1.15）倍额定电压以上时动作，对电路进行过电压保护；欠电压继电器在电压为（0.4~0.7）倍额定电压时动作，对电路进行欠电压保护；零压继电器在电压降为（0.05~0.25）倍额定电压时动作，对电路进行零压保护。

电压继电器在电气原理图中的符号如图 1-27 所示。

图 1-27 电压继电器符号

电压继电器的型号意义：

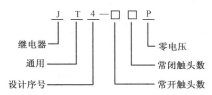

常用的 JT4P 系列欠电压继电器的技术数据如表 1-11 所示。

表 1-11 JT4P 系列欠电压继电器技术数据

型号	吸引线圈规格（V）	消耗功率（V·A）	触点数目	复位方式	动作电压	返回系数
JT4P	110，127，220，380	75	2 常开 2 常闭 1 常开 1 常闭	自动	吸引线圈电压在线圈额定电压的 60%～85% 范围内调节，释放电压在线圈额定电压的 10%～35% 之间	0.2～0.4

3．中间继电器

中间继电器是用来转换控制信号的中间元件，将一个输入信号变换成一个或多个输出信号，其输入信号为线圈的通电或断电，输出信号为触头的动作。

常用的中间继电器有 JZ7 系列和 JZ8 系列两种。JZ7 系列继电器的结构和实物图如图 1-28 所示，与小型接触器相似。它由线圈、静铁心、动铁心、触头系统、反作用弹簧和复位弹簧组成。它的触头较多，一般有 8 对，可组成 4 对常开、4 对常闭；6 对常开、2 对常闭或 8 对常开三种形式。多用于交流控制电路。

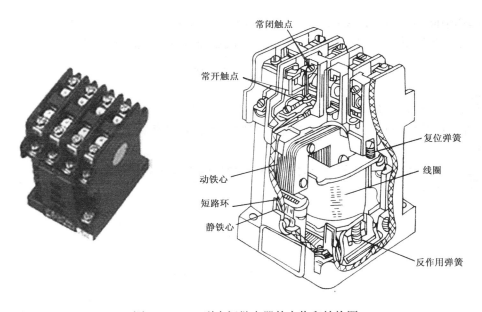

图 1-28 JZ7 型中间继电器的实物和结构图

中间继电器的动作原理与接触器完全相同，只是中间继电器的触头对数较多，且没有主、辅之分，各对触头允许通过的电流大小相同，其额定电流多为5A，小型的多为3A。对于额定电流不超过5A的电动机也可以用中间继电器代替接触器使用。如图1-29所示为中间继电器的符号。

图1-29 中间继电器的符号

JZ8系列为交直流两用的中间继电器，其线圈电压有交流110V、127V、220V、380V和直流12V、24V、48V、110V、220V，触头有2常开、6常闭；4常开、4常闭和6常开、2常闭等。如果把触头簧片反装便可使常开与常闭触头相互转换。

JZ7系列中间继电器的技术数据如表1-12所示。

表1-12 JZ7系列中间继电器技术数据

型号	触点额定电压（V）		触点额定电流（A）	触点数量		额定操作频率（次/h）	吸引线圈电压（V）		吸引线圈消耗功率（V·A）	
	直流	交流		常开	常闭		50Hz	60Hz	启动	吸持
JZ7-44	440	500	5	4	4	1200	12，24，36，48，110，127，220，380，420，440，500	12，36，110，127，220，380，440	75	12
JZ7-62	440	500	5	6	2	1200			75	12
JZ7-80	440	500	5	8	0	1200			75	12

在选择中间继电器时，要保证线圈的电压或电流应满足电路的要求，触头的数量与额定电压和额定电流应满足被控制电路的要求，电源也应满足控制电路的要求。

工程应用

工程中，中间继电器的用途有两个：
1. 当电压或电流继电器的触头容量不够时，可借助中间继电器来控制，用中间继电器作为执行元件。
2. 当其他继电器触头数量不够时，可利用中间继电器来切换复杂电路。

中间继电器型号意义：

1.5.2 热继电器

热继电器是一种利用电流的热效应来切换电路的保护电器，它在电路中用做电动机的过载保护。

电动机在运行过程中，如果长期过载、频繁启动、欠电压运行或者断相运行等都可能使电动机的电流超过它的额定值。如果电流超过额定值的量不大，熔断器在这种情况下不会熔断，这样会引起电动机过热，损坏绕组的绝缘，缩短电动机的使用寿命，严重时甚至烧坏电动机。因此必须对电动机采取过载保护措施，最常用的是利用热继电器进行过载保护。

热继电器的型号意义：

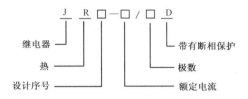

1. 热继电器的结构

热继电器的外形及结构如图 1-30 所示。它主要由热元件、触头系统、动作机构、复位按钮、整定电流装置和温升补偿元件等组成。

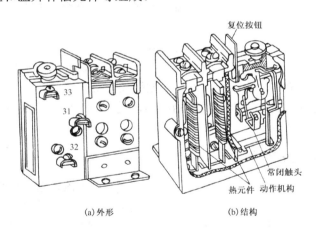

图 1-30 热继电器的外形结构

如图 1-31 所示为 JR15 系列热继电器的结构原理图及符号。

（1）热元件：有三块或两块之分，它是热继电器的主要部分，由主双金属片及围绕在双金属片外面的电阻丝组成。双金属片是由两种热膨胀系数不同的金属片焊接而成的，如铁镍铬合金和铁镍合金。电阻丝一般由康铜、镍铬合金等材料制成。使用时将电阻丝直接串接在异步电动机的三相或两边相电路中，这样安装，维修时不易碰触。

（2）触头系统：触头有两对，由公共动触头、常闭静触头和常开静触头组成。

（3）动作机构：由导板、温度补偿双金属片、推杆、动触头连杆和弹簧等组成。

（4）复位按钮用于继电器动作后的手动复位。

（5）整定电流装置由带偏心轮的旋钮来调节整定电流值。

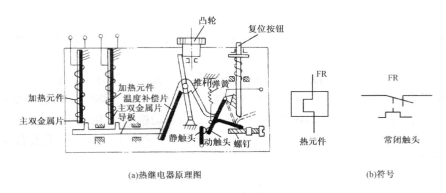

图1-31　JR15系列热继电器的结构原理图及符号

2．热继电器的工作原理

当电动机绕组因过载引起过载电流时，发热元件所产生的热量足以使主双金属片弯曲，推动导板向右移动，又推动了温度补偿片，使推杆绕轴转动，推动动触头连杆，使动触头与静触头分开，从而使电动机线路中的接触器线圈断电释放，将电源切断，起到了保护作用。

温度补偿片用来补偿环境温度对热继电器动作精度的影响，它是由与主双金属片同类型的双金属片制成的。当环境温度变化时，温度补偿片与主双金属片都在同一方向上产生附加弯曲，因而补偿了环境温度的影响。

热继电器动作后的复位有手动复位和自动复位两种。

手动复位：将调节螺钉拧出一段距离，使触头的转动超过一定角度，当双金属片冷却后，动触头不能自动复位，这时必须按下复位按钮使动触头复位，与静触头闭合。

自动复位：切断电源后，热继电器开始冷却，过一段时间双金属片恢复原状，触头在弹簧的作用下自动复位与触头闭合。

3．热继电器的整定电流

热继电器的整定电流是指热继电器长期不动作的最大电流，超过此值就会动作。

整定电流的调整如下：热继电器中凸轮上方是整定旋钮，刻有整定电流值的标尺；旋动旋钮时，凸轮压迫支撑杆绕交点左右移动，支撑杆向左移动时，推杆与连杆的杠杆间隙加大，热继电器的热元件动作电流增大，反之动作电流减小。

当过载电流超过整定电流的1.2倍时，热继电器便要动作。过载电流越大，热继电器开始动作所需时间越短。其过载电流的大小与动作时间关系如表1-13所示。

表1-13　过载电流与热继电器开始动作的时间关系

整定电流倍数	动 作 时 间	起 始 状 态
1.0	长期不动作	从冷态开始
1.2	小于20min	从热态开始
1.5	小于2min	从热态开始
6	大于5s	从冷态开始

4．三相结构及带断相保护的热继电器

上述的热继电器只有两个热元件，属于两相结构热继电器。一般情况下，电源的三相电压均衡，电动机的绝缘良好，电动机的三相线电流必相等，所以两相结构的热继电器对电动机的过载能进行保护。当三相电流严重不平衡时，或者电动机的绕组内部发生短路故障时，就有可能使电动机的某一相的线电流比其余的两相线电流高；当恰巧该相线路中没有热元件时，就不可能可靠地起到保护作用，应选用三相结构的热继电器。其结构、动作原理与二相结构的热继电器类似。

热继电器所保护的电动机，如果是星形接法的，当线路上发生一相断线（即缺相）时，另外两相发生过载，此时流过热元件的电流也就是电动机绕组的相电流，普通的热继电器二相或三相结构的都可起到保护作用。如果是三角形接法，发生一相断线时，局部严重过载，而线电流大于相电流，普通的二相或三相结构的热继电器还不能起到保护作用，此时必须采用三相结构带断相保护的热继电器。如 JR16 系列热继电器，它具有一般热继电器的保护性能，且当三相电动机一相断线或三相电流严重不平衡时，能及时动作起到断相保护作用。

5．热继电器的技术数据及选用

常用的热继电器有 JR0 和 JR16 系列，其技术数据如表 1-14 所示。

表 1-14　JR0 和 JR16 系列热继电器技术数据

型　号	额定电流（A）	热元件等级		主　要　用　途
		额定电流（A）	刻度电流调节范围（A）	
JR0—20/3		0.35	0.25～0.3～0.35	
JR0—20/3D		0.50	0.32～0.4～0.5	
JR16—20/3		0.72	0.45～0.6～0.72	
JR16—20/3D		1.1	0.68～0.9～1.1	
	20	1.6	1.0～1.3～1.6	
		2.4	1.5～2.0～2.4	
		3.5	2.2～2.8～3.5	
		5.0	3.2～4.0～5.0	
		7.2	4.5～6.0～7.2	
		11	6.8～9.0～11.0	供交流 500V 以下的电气回路中作为电动机的过载保护之用。D 表示带有断相装置
		16	10.0～13.0～16.0	
		22	14.0～18.0～22.0	
JR0—40/3		0.64	0.4～0.64	
JR16—40/3D		1.0	0.64～1.0	
		1.6	1.0～1.6	
	40	2.5	1.6～2.5	
		4.0	2.5～4.0	
		6.4	4.0～6.4	
		10	6.4～10	
		16	10～16	
		25	16～25	
		40	25～40	

在选用热继电器时，应根据电动机额定电流来确定热继电器的型号及热元件的电流等级。

（1）一般情况下，可选用两相结构的热继电器。当电网电压的均衡性较差，工作环境恶劣或较少有人照管的电动机，可选用三相结构的热继电器。当电动机定子绕组是三角形接法时，应采用有断相保护装置的三相结构的热继电器。

（2）热元件的额定电流等级一般略大于电动机的额定电流。热元件选定后，再根据电动机的额定电流调整热继电器的整定电流，使之等于电动机的额定电流。

对于过载能力较差的电动机，所选用的热继电器的额定电流应适当小一些，一般为电动机额定电流的 60%～80%。

如果电动机拖动的是冲击性负载（如冲床、剪床等）或电动机启动时间较长的情况下，选择的热继电器的整定电流要比电动机额定电流高一些。

（3）双金属片式热继电器一般用于轻载、不频繁启动电动机的过载保护。对于重载、频繁启动的电动机，可采用过电流继电器作过载和短路保护。

6．热继电器常见的故障及排除

热继电器的故障主要有热元件烧断、热继电器误动作和不动作三种情况。

（1）热继电器接入后电路不通。由于电阻丝是串联到主电路中的，常闭触头串接在控制电路中，所以该故障与发热元件、常闭触头的运行状况有关。

热元件烧断或热元件进出线头脱焊，造成热继电器接入后主电路不通，可用万用表进行通路测量，也可打开热继电器的盖子进行外观检查，但不得随意拆下热元件。对于烧断的热元件需要更换同规格的元件，但要重新调整整定电流值。对脱焊的线头则应重新焊牢。

整定电流调节凸轮（或调节螺钉）转到不合适的位置上，使常闭触头断开；或者由于常闭触头烧坏，以及复位弹簧失灵，使常闭触头不能接触，造成热继电器接入后控制电路不通，应给予调整或更换。

（2）热继电器误动作。热继电器误动作是指电动机未过载时就动作，影响了电动机的正常运行。

由于电动机频繁启动，热元件频繁地受到启动电流的冲击，或者电动机启动时间过长，热元件较长时间通过启动电流，均会造成热继电器动作。此时应限制电动机的频繁启动，对于后者可按电动机启动时间的要求，从控制电路上采取措施，在启动过程中短接热继电器，启动后再接入。

热继电器整定值偏小，造成未过载就动作，此时应重新合理调整。如果使用场合有强烈的冲击及振动，使热继电器动作机构松动而造成误动作，此时应尽量减小冲击和振动，定期检查热继电器的动作机构，避免误操作。

（3）热继电器不动作。由于热继电器电流整定值偏大，当电动机过负荷运行时，虽然热元件温度升高，双金属片弯曲，但不足以推动导板和温度补偿双金属片，使电动机长时间过载运行而烧毁，此时应重新调整整定值。

由于动作机构卡死，导板脱出，或者由于热元件通过过载电流，双金属片产生永久性变形，电动机过载时热继电器无法动作，此时应检查动作机构，排除卡死故障，如双金属片产生永久变形，则应更换并重新调整。

另外，热继电器触头有灰尘，接触不良，电路接不通等原因，也会使热继电器不动作，应分别予以排除。

1.5.3 时间继电器

时间继电器是一种利用电磁原理或机械动作原理来延迟触头闭合或断开的自动控制电器，在电路中起控制动作时间的作用，它的种类很多，有电磁式、电动式、空气阻尼式（又称气囊式）和晶体管式等。

电磁式时间继电器结构简单，价格也便宜，但延时较短，只能用于直流电路的断电延时，且体积和重量较大；空气阻尼式时间继电器的结构简单，延时范围较大，有通电延时和断电延时两种，但延时误差较大；电动式时间继电器的延时精度较高，延时可调范围大，但价格较贵；晶体管式时间继电器的延时可达几分钟到几十分钟，比空气阻尼式长，比电动式短，延时精度比空气阻尼式好，比电动式略差，随着电子技术的发展，它的应用也日益广泛。

时间继电器的型号意义：

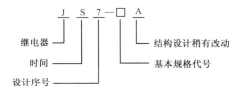

其中，基本规格代号：
1——通电延时，无瞬时触头；
2——通电延时，有瞬时触头；
3——断电延时，无瞬时触头；
4——断电延时，有瞬时触头。

时间继电器的符号如图 1-32 所示。

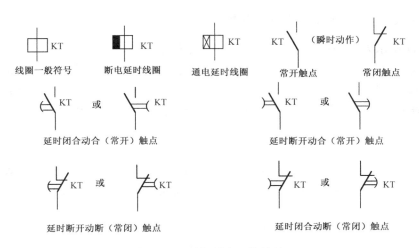

图 1-32 时间继电器的符号

空气阻尼式时间继电器是利用气囊中空气通过小孔节流的原理来获得延时动作的。经常使用的是 JS7－A 系列，分为通电延时型（如 JS7－2A 型）和断电延时型两种。

1. JS7-A 系列时间继电器的结构

JS7-A 系列时间继电器的外形及结构见图 1-33 所示。它是由电磁系统、触头系统、气室及传动机构等部分组成。

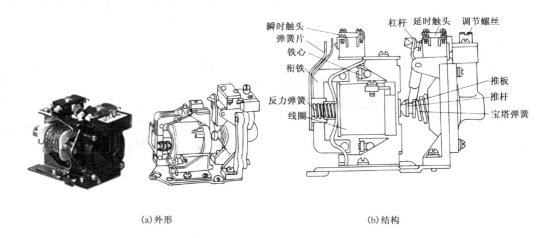

(a) 外形　　　　　　　　　　　　(b) 结构

图 1-33　JS7-A 系列时间继电器

（1）电磁系统：由线圈、铁心、衔铁、反力弹簧及弹簧片等组成。

（2）触头系统：由两对瞬时触头（一对瞬时闭合，另一对瞬时断开）及两对延时触头组成。

（3）气室：气室内有一块橡皮薄膜，随空气的增减而移动。气室上面有调节螺钉，可调节延时的长短。

（4）传动机构：由推板、活塞杆、杠杆及宝塔弹簧等组成。

2. JS7-A 系列时间继电器的工作原理

如图 1-34 所示为 JS7-A 系列时间继电器的工作原理图。

（1）通电延时型。如图 1-34（a）所示，它的主要功能是线圈通电后，触头不立即动作，而要延长一段时间才动作；当线圈断电时，触头立即复位。动作过程如下：当线圈通电时，衔铁克服反力弹簧的阻力，与固定的铁心吸合，活塞杆在宝塔弹簧 11 的作用下向上移动，空气由进气孔进入气囊。经过一段时间后，活塞才能完成全部行程，到达最上端，通过杠杆压动微动开关 XK_4，使常闭触头延时断开，常开触头延时闭合。延时时间的长短取决于节流孔的节流程度，进气越快，延时越短。延时时间的调节是通过旋动节流孔螺钉，改变进气孔的大小。微动开关 XK_3 在衔铁吸合后，通过推板立即动作，使常闭触头瞬时断开，常开触头瞬时闭合。

当线圈断电时，衔铁在弹簧的作用下，通过活塞杆将活塞推向最下端，这时橡皮膜下方气室内的空气通过橡皮膜，弱弹簧和活塞的局部所形成的单向阀，很迅速地从橡皮膜上方气室缝隙中排掉，使微动开关 XK_4 的常闭触头瞬时闭合，常开触头瞬时断开，而 XK_3 的触头也瞬时动作，立即复位。

（2）断电延时型。如图 1-34（b）所示，它和通电延时型的组成元件是通用的，只是电磁铁翻转 180°。当线圈通电时，衔铁被吸合，带动推板压合微动开关 XK_1，使常闭触头瞬时断开，常开触头瞬时闭合，同时衔铁压动推杆，使活塞杆克服弹簧的阻力向下移动，通过拉杆使微动开关 XK_2 也瞬时动作，常闭触头断开，常开触头闭合，没有延时作用。

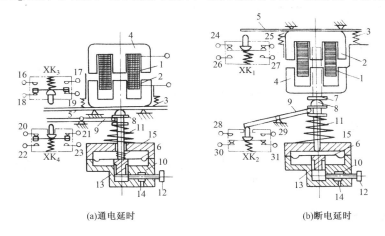

(a)通电延时　　　　　(b)断电延时

图 1-34　JS7－A 系列时间继电器工作原理图

1—绕组；2—衔铁；3—反力弹簧；4—铁心；5—推板；6—橡皮膜；7—推杆；8—活塞杆；9—杠杆；10—节流孔；11—宝塔弹簧；12—节流孔螺钉；13—活塞；14—进气孔；15—弱弹簧；16～31—触点

当线圈断电时，衔铁在反力弹簧的作用下瞬时断开，此时推板复位，使 XK_1 的各触头瞬时复位，同时使活塞杆在塔式弹簧及气室各元件作用下延时复位，使 XK_2 的各触头延时动作。

3．时间继电器的技术数据及选用

时间继电器用于需要延时的场合，在机床电气自动控制系统中，作为实现按时间原则动作的控制元件。常用的有 JS7－A 系列时间继电器，其技术数据如表 1-15 所示。

表 1-15　JS7－A 系列空气式时间继电器技术数据

型　号	触头容量		吸引线圈电压（V）	有延时的触头数量				瞬时动作触头数		延时整定范围（s）	操作频繁（次/h）
	额定电压	额定电流		通电延时		断电延时					
				常开	常闭	常开	常闭	常开	常闭		
JS7—1A	380V	5A	24，36，110，220，127，380，420	/	/	—	—	/	/	0.4～60 及 0.4～180	600
JS7—2A				/	/	—	—	/	/		
JS7—3A				—	—	/	/	/	/		
JS7—4A				—	—	/	/	/	/		

在选用时间继电器时，主要根据控制回路中所需要的延时触头的延时方式是通电延时还是断电延时，瞬时触头的数目，吸引线圈的电压等级等。

4．时间继电器常见的故障及排除

在机床电气控制中，经常使用的时间继电器是空气阻尼式时间继电器，其电磁系统和触头部分的故障在下节分析，在此分析由空气室造成的延时不准问题。

故障原因：由于气室经过拆卸再重新装配时，密封不严或者漏气，使动作延时缩短，甚至不延时，此时应重新装配气室，检查漏气的地方。如果橡皮膜损坏或老化，应予以更换，如果在拆卸过程中或其他原因有灰尘进入空气通道，使之受阻，继电器的动作延时就会变得很长，此时应清除气室内的灰尘，故障即可排除。

1.5.4 速度继电器

速度继电器是当转速达到规定值时动作的继电器，其作用是与接触器配合实现对电动机的制动，所以又称为反接制动继电器。

1．速度继电器的结构

速度继电器的结构如图 1-35 所示，由转子、定子及触头三部分组成。转子是一块永久磁铁，能绕轴旋转，使用时应装在被控制电动机的同一根轴上，随电动机一起转动。定子的结构与鼠笼异步电动机的转子相似，由硅钢片叠成并装有鼠笼型短路绕组，能移围绕转轴转动。

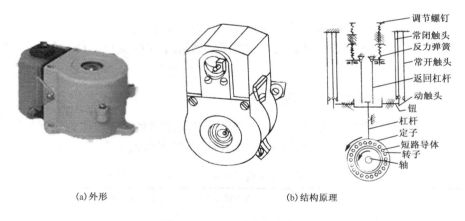

图 1-35　JFZ0 型速度继电器

2．工作原理

当电动机旋转时，速度继电器的转子随之转动，产生旋转磁场，在定子绕组上，产生感应电流，此电流在永久磁铁的旋转磁场作用下，产生电磁转矩。转子速度越高，电磁转矩越大。当转速达到一定速度时，定子随着转子转动。当定子转动一个不大的角度时，带动杠杆，推动触头，使常闭触头断开，常开触头闭合，同时杠杆通过返回杠杆，压缩反力弹簧，使定子不能继续转动。当电动机转速下降时，速度继电器的转子速度也下降，定子转矩减小。当减小到一定程度后，反力弹簧通过返回杠杆使杠杆返回到原来位置，常开触头断开，常闭触头闭合，恢复原状态。调节螺钉，可以调整反力弹簧的弹力，从而调节触头动作时所需转子的速度。

速度继电器常用于铣床和镗床的控制电路中，转速在 120r/min 以上时，速度继电器能动作并完成其控制功能。在 100r/min 以下时，其触头会复原。

3．型号意义及技术数据

速度继电器的型号意义：

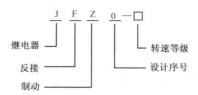

常用的速度继电器有 JY1 和 JFZ0 型，其技术数据如表 1-16 所示。

表 1-16　JY1 和 JFZ0 型速度继电器技术数据

型　号	触头额定电压（V）	触头额定电流（A）	触　头　数　量		额定工作转速（r/min）	允许操作频率（次/h）
			正转时动作	反转时动作		
JY1	380	2	1 组转换触头	1 组转换触头	100～3600	<30
JFZ0					300～3600	

1.5.5　压力继电器

压力继电器常用于机床的气压、水压和油压等系统中，它能根据风动或液压系统的压力变化决定触头的断开与闭合，以便对机床进行保护和控制。

压力继电器的结构如图 1-36 所示，它由缓冲器、橡皮薄膜、顶杆、压缩弹簧、调节螺母和微动开关等组成。微动开关和顶杆距离一般大于 0.2mm，压力继电器装在气路（或水路、油路）的分支管路中。当管路压力超过整定值时，通过缓冲器，橡皮薄膜抬起顶杆，使微动开关动作，触头 129 和 130 断开，触头 129 和 131 闭合。若管路中压力低于整定值后，顶杆脱离微动开关，使触头恢复原位。

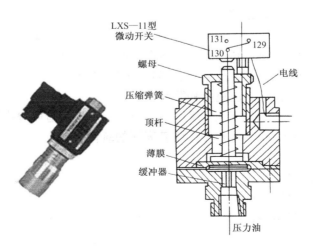

图 1-36　压力继电器

压力继电器的调整非常方便，只须放松或拧紧调整螺母即可改变控制压力。

常用压力继电器有 YJ 系列，其技术数据见表 1-17。

表 1-17　YJ 系列压力继电器技术数据

型　号	额定电压（V）	长期工作电流（A）	分断功率（V·A）	控制压力（Pa）	
				最大控制压力	最小控制压力
YJ-0	交流 380	3	380	6.0795×10^5	2.0265×10^5
YJ-1				2.0265×10^5	1.01325×10^5

1.6　常用低压电器故障及排除

各种低压电器元件经长期使用，由于自然磨损或者频繁动作或者日常维护不及时，在运行中都会产生故障而影响正常工作，因此必须及时做好维修工作。

由于低压电器种类很多，结构繁简程度不一，产生故障的原因是多方面的，主要集中在触头和电磁系统。本节对一般低压电器所共有的部分，即触头和电磁系统的常见故障与维修进行分析。

1.6.1　触头的故障与维修

触头是接触器、继电器及主令电器等设备的主要部件，由于起着接通和断开电路电流的作用，所以是电器中比较容易损坏的部件。触头的故障一般有触头过热、磨损和熔焊等情况。

1．触头过热

触头通过电流会发热，其发热的程度与触头的接触电阻有关。动、静触头之间的接触电阻越大，触头发热越厉害，有时甚至将动、静触头熔在一起，从而影响电器的使用，甚至不能使用。因此，对于触头发热必须查明原因，及时处理，保护电器的正常工作。造成触头发热的原因主要有以下几个方面：

（1）触头接触压力不足，造成过热。电器使用天长日久，或由于受到机械损伤和高温电弧的影响，使弹簧产生变形、变软而失去弹性，造成触头压力不足；当触头磨损后变薄，使动、静触头完全闭合后触头间的压力减小。这两种情况都会使动、静触头接触不良，接触电阻增大，引起触头过热。处理的方法是调整触头上的弹簧压力，用以增加触头间的接触压力。如调整后仍达不到要求，则应更换弹簧或触头。

（2）触头表面接触不良，触头表面氧化或积有污垢，也会造成触头过热。对于银触头氧化后，影响不大；对于铜触头，需用小刀将其表面的氧化层刮去。触头表现的污垢，可用汽油或四氯化碳清洗。

（3）触头接触表面被电弧灼伤烧毛，使触头过热。此时要用小刀或什锦锉修整毛面，修整时不宜将触头表面锉得过分光滑，因为过分光滑会使触头接触面减小，接触电阻反而增大，同时触头表现锉得过多也影响了使用寿命。不允许用砂布或砂纸来修整触头的毛面。

此外由于用电设备或线路产生过电流故障，也会引起触头过热。此时应从用电设备和线路中查找故障并排除，避免触头过热。

2．触头磨损

触头的磨损有两种：一种是电磨损。由触头间电弧或电火花的高温使触头产生磨损。另一种是机械磨损。由于触头闭合时的撞击、触头接触面的相对滑动摩擦等造成的。触头在使用过程中，其厚度越来越薄，这是由于磨损造成的。若发现触头磨损过快，则应查明原因，排除故障。如果触头磨损到原厚度的 2/3～1/2 时，需要更换触头。

3．触头熔焊

触头熔焊是指动、静触头表面被熔化后焊在一起而断不开的现象。熔焊是由于触头闭合时，撞击和产生的振动在动、静触头间的小间隙中产生短电弧，电弧的温度很高，可使触头表面被灼伤以致烧熔，熔化后的金属使动、静触头焊在一起。当发生触头熔焊时，要及时更换触头，否则会造成人身或设备的事故。产生触头熔焊的原因大都是触头弹簧损坏，触头的初压力太小，此时应调整触头压力或更换弹簧。有时因为触头容量过小，或因电路发生过载，当触头闭合时通过的电流太大，而使触头熔焊。

1.6.2 电磁系统的故障与维修

许多电器触头的闭合或断开是靠电磁系统的作用而完成的，电磁系统一般是由铁心、衔铁和吸引线圈等组成。电磁系统的常见故障有衔铁噪声大、衔铁吸不上及线圈故障等。

1．衔铁噪声大

电磁系统在工作时发出一种轻微的"嗡嗡"声，这是正常的。若声音过大或异常，这说明电磁系统出现了故障，其原因一般有以下几种情况。

（1）衔铁与铁心的接触面接触不良或衔铁歪斜。电磁系统工作过程中，衔铁与铁心经过多次碰撞后，接触面变形或磨损，以及接触面上积有锈蚀、油污，都会造成相互间接触不良，产生震动及噪声。衔铁的震动将导致衔铁和铁心的加速损坏，同时还会使线圈过热，严重的甚至烧毁线圈。通过清洗接触面的油污及杂质，修整衔铁端面，来保持接触良好，排除故障。

（2）短路环损坏。铁心经过多次碰撞后，短路环会出现断裂而使铁心发出较大的噪声，此时应更换短路环。

（3）机械方面的原因。如果触头弹簧压力过大，或因活动部分受到卡阻而使衔铁不能完全吸合，都会产生较强烈的震动和噪声。此时应调整弹簧压力，排除机械卡阻等故障。

2．线圈的故障及排除

线圈的主要故障是由于所通过的电流过大，使线圈过热，甚至烧毁。如果线圈发生匝间短路，应重新绕制或更换；如果衔铁和铁心间不能完全闭合，有间隙，也会造成线圈过热。电源电压过低或电器的操作超过额定操作频率，也会使线圈过热。

3．衔铁吸不上

当线圈接通电源后，衔铁不能被铁心吸合时，应立即切断电源，以免线圈被烧毁。导致衔铁吸不上的原因有线圈的引出线连接处发生脱落；线圈有断线或烧毁的现象；此时衔铁没有震动和噪声。活动部分有卡阻现象，电源电压过低等也会造成衔铁吸不上，但此时衔铁有震动和噪声。应通过检查，分别采取措施，保证衔铁正常吸合。

阅读教材

国内外低压电器发展趋势

随着经济的发展，对电能的需求和依赖不断地增大。因此承担电能的传输与分配、用电设备保护与控制任务的低压电器显得更为重要。世界各国十分重视低压电器的发展，每年投入大量的资金进行研究、开发。

一、产品总体发展方向

低压电器发展方向主要取决于系统发展的需要以及新技术（包括新工艺、新材料）研究与应用。20世纪70~80年代除了传统低压电器外，新型电器在主要发展限流电器、真空电器、漏电电器、电子电器。从20世纪80年代后期开始，对传统新一代低压电器产品普遍提出了高性能、高可靠、小型化、多功能、组合化、模块化、电子化、智能化的要求。随着计算机网络的发展与应用，采用计算机网络控制的低压电器均要求能与中央控制计算机进行通信，为此，各种可通信低压电器应运而生，它可能成为今后一段时间低压电器重要发展方向之一。

1. 可通信低压电器

为了实现低压电器元件与计算机网络的连接，一般采用三种方案。第一种是开发新型接口电器，连接于网络和传统低压电器元件之间；第二种是在传统的产品上派生或增加计算机联网接口功能；第三种是直接开发带有计算机接口和通信功能的新型电器。可通信电器根据其自身的特点及其在网络中的作用，大致可分为接口电器（如ASI接口模块、分布式I/O接口、网络之间接口）、具有接口和通信功能电器（如智能化万能式断路器、智能化塑壳断路器、智能化交流接触器、智能化电动机保护器和起动器等）、为计算机网络服务的单元（如总线、地址编码器、寻址单元、负载反馈模块等）几类。

随着网络技术的发展和普及，将需要许许多多新的可通信电器，并要求有各种新的功能，这对我国低压电器行业摆脱低水平重复与竞争，无疑是一次新的机遇。

2. 传统低压电器的发展方向

（1）高性能、高可靠、小型化。新型低压电器的高性能除了提高其主要技术性能外，重点追求综合技术经济指标，如低压万能式断路器、塑壳断路器除了提高短路分断能力外，特别关注飞弧距离的减小，同时要求小型化。这对发展新一代紧凑型低压成套设备十分重要。交流接触器已经不片面追求机电寿命的提高，而是把研究的重点放在产品功能组合与派生、分断可靠性（包括缩小飞弧距离，防止相间飞弧）、动作可靠性、接触可靠性以及节银、节能等方面。

（2）模块化和组合化。低压电器组合化是实现电器产品多功能化的重要途径。电器组合化有两种方式，一种是功能组合，它是由各种功能单元组合而成。功能单元中除基本单元能独立使用外，其他单元一般不能独立使用，但是要求系列通用性。这类产品如控制与保护开关电器（自配合电器），其基本单元中的动作系列与此接触器相似，具有很高的机械寿命。触头灭弧系统具有限流特性，能可靠分断 50kA 预期短路电流。另外还有保护功能单元、隔离单元、辅助触头单元，使该产品兼有隔离器、断路器、交流接触器、热继电器等功能。另一种方式是组合功能，它是把两种以上电器有机地组合在一起，如刀开关熔断器组合电器、熔断器接触器组合电器、熔断器断路器组合电器等，随着塑壳断路器分断能力的提高，在低压领域熔断器组合电器的应用正在减少，但是 6～10kV 中压领域熔断器——真空接触器组合电器（即 F-C 装置）由于其独特的优越性而正在不断发展。20 世纪 80 年代中后其发展起来的模数化终端电器为发展新型组合电器或成套装置创造了条件。

为了实现低压电器组合化，以满足不同用户的需要，采用模块化结构是新一代低压电器主要发展方向之一。它把一个复杂的产品分解成若干模块，每一种模块相对独立，使复杂的问题简化，同时便于功能分割与组合，实现新的功能及功能扩展。新一代万能式断路器、塑壳式断路器、交流接触器等产品各种附件一般均采用模块结构。

（3）电子化和智能化。多年来电子式低压电器由于受到容量、价格、可靠性等方面原因，发展一直不快，随着电子元件质量提高、价格下降，EMC 技术逐步成熟，尤其是计算机网络的发展与应用，为了实现低压电器与中央控制计算机双向通信，低压电器必须向电子化、机电一体化发展，同时要求部分电器具有智能化功能。目前，智能化电器的发展主要在万能式断路器、塑壳式断路器以及电动机控制、保护器等产品上进行。

智能化断路器的主要特征是装有智能化脱扣器，并具有以下功能：保护功能齐全，有外部电路各种故障保护；具有内部故障自诊断及自动报警功能；故障动作记忆及显示；电路参数测定；具有双向通信功能等，它能在极短时间内实现选择性保护。

智能化交流接触器、起动器的主要特征是装有智能型电磁系统，其控制回路应包括电压检测电路、吸合信号发生电路和保持信号发生电路。它能判别门槛吸合电压，当控制电源电压低于接触器门槛吸合电压时，不发出吸合信号，接触器不能合闸，并有相应显示。接触器吸合后降低了激磁电流，达到节能的目的。有的智能型电磁系统还带有最佳合闸相角选择功能，使接触器吸 - 反特性达到最佳配合。如果进一步配置过电流检测电路和断开信号发生电路，就可发展成为智能化起动器。它可以实现软起动，并带有过流、欠压、断相、短路闭锁等保护功能，同时，可以与中央控制计算机双向通信，实现自动化控制与保护。

二、主要产品发展趋势

1. 万能式断路器

国外 20 世纪 80～90 年代开发的一批新型万能式断路器，如法国施耐德公司 M 系列（Masterpact），德国西门子公司 3WN6 系列，ABB 公司 F 系列，日本三菱公司 AE-SS 系列，美国 GE 公司 S 系列以及国内开发的 DW45 系列等产品。

这些产品的主要特点：分析能力高、飞弧区域小，有的产品达到零飞弧，大部分产品进出线互换不降低分断能力；具有智能型功能，包括各种保护功能、外部故障记忆、内部故障自诊断、通信对话等；内部附件结构模块化、安装积木化，且全系列通用，如分励脱扣器、欠压脱扣器、报警装置等；派生规格及外部附件齐全，包括板前、板后接线座，固定式抽出式安装，直柄式手动储能、电动储能、机械联锁（水平、垂直）、门联锁、挂锁、辅助开关、接线端子等。

据介绍，最近ABB公司、施耐德公司在现有产品基础上又推出了新的系列产品。

从发展与应用方面看，万能式断路器并不需要所有产品追求高性能，而是根据电网容量、负载性质（重要性）选择不同性能的产品，可以预料相当长时间内，将同时存在一般型、较高型、高性能型三个档次产品。

一般型万能式断路器：不具有选择性保护功能，结构简单，维修方便，分断能力相对较低，价格便宜，如DW16系列。

较高型万能式断路器：带有三段保护特性，具有选择性保护功能，正面手柄操作，可固定式、抽出式安装，分断能力较高，价格适中，如DW15、ME、3WE、AE、AH等系列。

高性能万能式断路器：带有各种保护功能脱扣器，包括智能化脱扣器，可实现计算机网络通信，分断能力高，零飞弧、小型化，附件齐全，结构模块化，采用整体框塑结构，外形美观。如DW45、M、F、3WN6、AE-SS等系列。

"九·五"期间我国将重点开发大容量高性能万能式断路器，完善DW45系列，额定工作电流从630～4000A，设2000A、3200A、4000A三个框架等级，有条件再开发630A框架等级。包括三极、四极，、固定式、抽出式，完善脱扣器系列，拟包括智能型、多功能型、一般型三个系列，对智能型脱扣器完善计算机通信功能。与此同时，将对现有较高型产品DW15-1000～4000A等级进行二次开发，重点对触头灭弧系统进行改进，提高警惕分断能力、缩小体积、节银、节铜，同时设计结构更为合理的抽出式结构。对一般型万能式断路器重点推广DW16系列，以全面取代DW10产品。根据分析预测，到2000年，一般型产品市场占有率约为30%；较高型产品市场占有率为50%；高性能型产品市场占有率将达20%左右。

2. 塑壳断路器

以配电保护功能为主的塑壳断路器的发展大致分为两种"风格"，以ABB公司、美国西屋公司为代表的所谓欧美派和日本三菱公司、富士公司为代表的日本派。日本产品如三菱公司PSS系列，富士公司S、E、H系列主要突出分断能力高、体积小。欧美产品如ABB公司S系列和美国西屋公司的C系列产品不过分追求小型化，而是强调综合性能。所以日本产品体积更小一些，但660V电压下，由于受灭弧空间的限制，分断能力相对较低。上述产品总体上都具有小型化、高分断、多功能、模块化、附件齐全等特点。

新一代产品缩小体积主要从改进产品结构着手，简化导电回路、紧缩操作机构和脱扣器尺寸，改变主要部件排列方式，有的产品取消软连接，动触头通过轴销导电。提高分断能力主要从提高限流能力着手，设计具有高限流效应的电动斥力机构，同时，在外形缩小以后，保留尽可能大的灭弧空间，有效控制电弧反向转移格游离气体外逸。

法国施耐德公司1995年推出一种全新的NS系列塑壳断路品，采用转动式双断点灭弧系统，体积更小，分断能力进一步提高。以较少的壳架覆盖全系列产品，是当前国际上较先进的产品。

塑壳断路器由于受结构上限制，短时耐受电流及短延时分断能力较低，为此一般不宜作为主开关使用。随着智能化脱扣器和计算机网络技术的应用，人们正在研究限流选择器。一旦成功，塑壳断路器完全有可能作为主开关使用。届时，塑壳断路器与万能式断路器的"界线"将逐渐模糊。所以塑壳断路器发展趋向除了前面介绍的特点外，正在向大容量智能化发展。

限流选择型断路器是低压断路器重要发展方向之一,它的意义不仅在于断路器本身,而且能大幅度降低低压成套配电装置动、热稳定性要求。对发展新一代紧紧凑型低压配电装置十分有利。

电动机保护断路器的发展进入20世纪90年代后,国外主要公司纷纷推出新设计或改进产品,进一步提高分断能力,增加各种附加功能,使其适合于各种电动机控制中心使用。例如:西门子公司90年代推出3VU系列代替原来3VE系列。额定工作电压至660V,额定工作电流至52A,3VU采用系列化、模块化和模数化设计,具有各种附件,如分励脱扣、欠电压脱扣、短路故障显示、远距离操作机构、外置式辅助触头、门联锁操作机构、隔离模块、各种防护外壳及附加接线端子。

金钟-默勒公司的电动机保护断路器的发展趋向是以转动式手柄的方向明确指示触头的位置。该产品除一般附件外,还配置智能化件,可以与此同时计算机网络进行通信,实现自动化控制。

施耐德公司的GV2系列电动机保护断路器除上述附件外,可组装灵活多样的附加模块,与D2接触器组合可以组成自动电动机启动装置。该组合电器兼有电动机保护断路器和接触器两者的优点,可靠性高、操作安全、安装方便灵活。

3. 交流接触器

为了适应工业自动控制系统发展和国际市场竞争的需要,20世纪80年代末至90年代初,国外一些主要交流接触器生产厂家相继推出新一代交流接触器,如法国施耐德分司LC1-D系列、美国SpuareD公司P系列、德国西门子公司3TF系列,金钟-默勒公司的DIL系列、日本三菱公司的MS-N系列,奇胜公司6C系列等。这些产品主要指标,如最高额定工作电压660V,机械寿命1000~1500万次,电寿命100~120万次(AC-3),最高操作频率1200次/h等,基本上维持在原有水平。因为这些指标已能满足各种控制系统的要求,盲目提高技术指标,将增加成本,降低产品的市场竞争能力。新一代产流接触器的主要特点如下。

(1)多功能组合化模块结构是新一代交流接触器发展的一个重要趋势。根据系统的不同需要可在接触器上方或侧面加装下列模块:机械锁扣、机械联锁、延时模块、瞬态过电压抑制模块、辅助触头等等,实现一机多用。

(2)全系列采用塑料灭弧罩,提高公断性能,减小飞弧区域。

(3)电流规格增加。从6.3~800A,电流等级一般在15个小规格以上。

(4)小型化。新一代交流接触器有用灭弧性能良好的触头灭弧系统,选取用耐电弧、抗熔焊触头材料,降低触头压力,缩小磁系统,从而使整机尺寸进一点缩小。

(5)提高使用安全改性。交流接触器主、辅、控制电路的所有接线端子均有塑料防罩,人手不会直接触到带电部分。

(6)提高环境适应性。不少产品环境温度上限为55℃,可以垂直向上安装,适用于屉式开关柜配套的需要,安装面与垂直面可倾斜±22.5℃,可用于船用控制设备。

(7)大容量交流接触器一般采用节能型磁系统,有的公司大容量产品发展直空接触器,以提高公断性能和电寿命。

(8) 发展四级接触器，以满足不同控制系统需要。

除了上述优点以外，交流接触器新的发展趋向是加装电子式保护与控制模块和计算机通信接口，进而发展成为智能型交流接触器和智能型启动器，它将成为新型可通信电器中主要品种之一。

4．剩余电流保护器

欧洲仍以发展电子磁式家用和类似用途剩余电流断路器为主。由于欧洲标准的限制动作特性基本上都是 A 型。

不带过电流保护的剩余电流断路器近几年发展趋势是把二极和四级分为两个壳体。二极宽度为 2 个模数（36mm），四极为四个模数，代表性产品有西门子公司的 5SMI、5XZ3 系列，ABB 公司的 F360、F370 系列，F&G 公司的 NFIN 系列等。

带过电流保护的剩余电流断路器，在欧洲的发展趋势是由 MCB 和剩余电流保护单元组装而成的，如西门牌号子公司 5SU 系列，ABB 公司的 S250 系列，F&G 公司的 FL7 系列等。动作时间特性在原有的一般型和 S 型（选择性）基础上，又增加了延时 10ms 的短延时型剩余电流断路器。这类产品的另一个发展方向是在一个模数宽（18mm）的双术断路器上拼装一个模数宽的剩余电流动作单元，如法国施耐德公司生产的 DPNVigi 剩余电流断路器宽度只有 36mm（二个模数），尤其适合作为住宅配电箱开关使用。

工业用剩余电流断路器。日本富士公司、三菱公司在 20 世纪 90 年代相继推出全系列与 MCCB 孪生式剩余电流断路器，即同电流规格 MCCB 与 ELCB 外壳尺寸完全相同。有的产品还具有预报警功能，当故障电流达到预定值 50%时，预警指示灯开始闪烁进行报警，故障电流达到预定值时，自动切断电源。预警示灯可以告诉监控人员及早采取措施，排除故障，保证供电的连续性。

对工业产品，欧洲采用的方法是在 MCCB 上加装制作电流保护模块，如 ABB 公司的 S 系列塑壳断路器，可拼装 RC 剩余电流保护模块构成剩余电流保护断路器，两者尺寸一样，可垂直安装，也可并列安装。

知识小结

工作在交流 1000V 及以下与直流 1200V 及以下电路的电器为低压电器，它是电力拖动自动控制系统的基本组成元件。它分为低压控制电器和低压配电电器两大类。本章所介绍的常用低压电器有刀开关、组合开关、熔断器、自动开关、主令电器、接触器和继电器等。对于本章的学习应强调理论联系实际，结合实物进行原理的学习，并进行现场实习与维修。

1．刀开关和组合开关多用做电源开关，不频繁地接通和切断电路，也可用于小容量电动机的启动与停止。自动空气开关可用于电路的不频繁接通和分断，一般具有短路保护和过载保护功能，也可用于控制电动机。

2．主令电器是一种非自动切换小电流开关电器，用来发布命令去控制其他执行元件，使电路接通和分断。本书主要介绍了按钮开关和位置开关。

3．熔断器在低压电路中起过载保护和短路保护作用。在电动机控制线路中，因启动电流很大，只适合作短路保护而不能用于过载保护。

4. 接触器可以频繁地接通和切断交直流主电路和控制电路，并能实现远距离控制。交流接触器铁心有短路环，用来减少振动及噪声，线圈粗而短，采用双断口灭弧和栅片灭弧方式。直流接触器线圈长而细，无短路环，采用磁吹式灭弧方式。

5. 继电器是根据一定的输入信号而输出触点动作以控制小电流电路通与断的电器。分为控制继电器和保护继电器两种。前者有中间继电器、时间继电器和速度继电器等。后者有热继电器、电流继电器和电压继电器等。继电器大多是电磁式的。

习　题

1.1　什么是低压电器？低压电器中动触点、静触点、常开触点和常闭触点的意义是什么？

1.2　刀开关的作用是什么？如何选择刀开关？

1.3　组合开关与按钮开关的作用有什么区别？

1.4　在控制电路中，短路保护和过载保护一般分别采用什么电器进行保护？

1.5　在电动机控制电路中，熔断器和热继电器的作用分别是什么？能否相互代替？

1.6　常用的自动空气开关有哪两种形式？在电器控制线路中常用的是哪一种？一般具有哪些保护功能？

1.7　接触器主要由哪些部分组成？交流接触器和直流接触器的铁心和线圈的结构各有什么特点？交流接触器铁心上的短路环起什么作用？

1.8　什么是继电器？它与接触器的主要区别是什么？

1.9　简述交流接触器栅片灭弧的原理。

1.10　中间继电器与交流接触器有什么区别？在什么情况下可以用中间继电器代替接触器启动电动机？

1.11　交流接触器在运行中有时产生很大的噪声，试分析产生该故障的原因。

1.12　空气阻尼式时间继电器是利用什么原理达到延时目的？如何调整延时时间的长短？

1.13　什么是热继电器的整定电流？整定的方法是怎样的？热继电器以热态开始通过1.2倍整定电流的动作时间有多长？

1.14　线圈电压为220V的直流接触器，误接入220V的交流电源上会产生什么现象？解释其原因。

1.15　现有五种类型的继电器：（1）二元件热继电器；（2）三元件热继电器；（3）具有断相保护的三元件热继电器；（4）双金属片式热继电器；（5）过电流继电器。在下列五种不同负载的情况下，各应选用上述哪一种继电器？

（1）三相电源平衡，电动机绕组正常；（2）三相电源不平衡；（3）定子绕组作△连接的电动机；（4）一般轻载，不频繁启动的过载保护电路；（5）重载，频繁启动电动机的过载和短路保护。

1.16　什么是时间继电器？如何把通电延时的时间继电器改装为断电延时的时间继电器？

1.17　什么是速度继电器？其作用是什么？速度继电器内部的转子有什么特点？

1.18　交流接触器与直流接触器在铁心的结构上、灭弧方式上有什么区别？

1.19　某机床的异步电动机的额定功率为5.5kW，额定电压为380V，额定电流是12.6A，启动电流为额定电流的6.5倍。用组合开关为电源开头，用按钮进行启动、停止控制，需要有短路和过载保护，用交流接触器控制主电路的通断。试选用哪种型号和规格的组合开关、接触器、熔断器、热继电器和按钮（有关参数请查课本内容）。

1.20 低压电器中触头系统和线圈系统的常见故障有哪些?

1.21 填写图 1-37 中各电器的名称和文字符号。

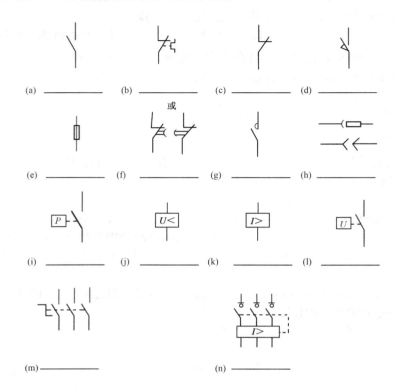

图 1-37 习题 1.21 图

第2章 三相异步电动机的基本控制线路

由于三相异步电动机具有结构简单、成本低廉、维护方便等一系列优点,所以在生产机械中得到广泛的应用。

根据生产机械的工作性质及加工工艺的要求,利用各种控制电器的功能,实现对电动机的控制,其控制线路是多种多样的。然而任何控制线路,包括最复杂的线路都是由一些比较简单的、基本的控制线路所组成的,所以熟悉和掌握基本控制线路是学习、阅读和分析电气线路的基础。

常见的基本控制线路的主要任务是承担电动机的供电和断电,另外还担负着电动机的保护任务。当电动机或电源发生故障时,控制电路应能发出信号或自动切除电源,以避免事故的进一步扩大。

2.1 三相异步电动机的结构和原理

2.1.1 三相异步电动机的原理

三相异步电动机使用三相交流电源,它具有结构简单、使用和维修方便、坚固耐用等优点,在工农业生产中应用极为广泛。

1. 基本原理

首先根据 实验来说明三相异步电动机的转动原理。如图 2-1 中所示实验装置,将一个可绕轴自由转动的铝框放置在蹄形磁铁的两极之间,磁铁装置在支架上,当摇动手柄时,蹄形磁铁环绕铝框旋转,我们会看到铝框也随着磁铁的旋转方向转动起来。其原理如何?

闭合铝框处于蹄形磁铁的磁场中(磁场的磁力线方向由 N 指向 S),当摇动手柄时,如图 2-2 所示,蹄形磁铁的磁场就顺时针方向旋转——形成旋转磁场,闭合铝框(两条垂直边)与磁场之间存在相对运动——切割磁力线的运动。根据电磁感应定律,闭合铝框因切割磁力线产生感生电流,感生电流的方向由右手定则可判断其方向。如图 2-2 中圆圈里所标明的方向。此时铝框中由于有电流而成为磁场中的通电导体,于是磁场中的通电导体必然受磁场力的作用,其磁场力的方向用左手定则判断,如图 2-2 中 F 方向。由图中可看出两个铝框边所受磁场力产生顺时针方向的电磁转矩,使铝框也旋转起来,旋转方向与旋转磁场的方向一致。由上述分析可知,闭合铝框在旋转磁场中,会因磁感应而产生感生电流,继而又受到电磁转矩的作用而沿旋转磁场的旋转方向旋转。

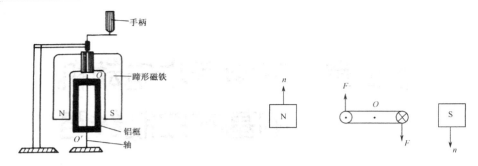

图 2-1 电动机工作原理实验　　　　图 2-2 闭合铝框受磁场力作用示意图

2．三相异步电动机中旋转磁场产生的原理

在实际应用的电动机中，靠永久磁铁转动产生旋转磁场显然不现实，也没有意义，我们知道电动机中通入的是三相交流电，我们只需要将三相交流电送入固定在定子铁心上的线圈中，就会在电动机中产生旋转磁场。其原理如图 2-3 所示，三相电源分别通入电动机中嵌放在定子铁心槽中的三个线圈 U、V、W 中。三个线圈在定子上的排列方法是互隔 120°的空间角度，如图 2-3 所示，U_1-U_2 是第一相绕组，V_1-V_2 是第二相绕组，W_1-W_2 是第三相绕组，其中 U_1、V_1、W_1 是三相绕组的始端 V_2、U_2、W_2 是三相绕组的尾端，将 U_2、V_2、W_2 连接在一起，U_1、V_1、W_1 接三相电源，就构成了星形接法。这样，在定子铁心中间的空腔里，就得到了如图 2-1 实验中的旋转磁场。

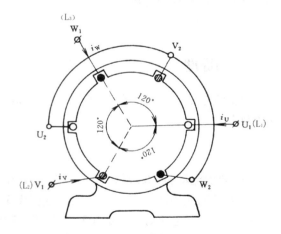

图 2-3 电动机三相定子绕组排列图

当电动机接三相交流电后，线圈中便通过三相互差 120°电角度的交流电流。其表达式为：

$$i_U = I_m \cos\omega t$$
$$i_V = I_m \cos(\omega t - 120°)$$
$$i_W = I_m \cos(\omega t - 240°)$$

当电流为正时，电流的方向从首端进入，尾端流出；当电流为负时，电流的方向相反。

（1）当 $\omega t = 0$ 时，$i_U = I_m$，$i_V = i_W = -\dfrac{1}{2}I_m$，则第一相绕组电流由 U_1 端流入，U_2 端流

出，第二、三相绕组电流分别由 V_2 端流入，V_1 端流出，W_2 端流入，W_1 端流出（电流流入用符号⊗表示，电流流出用符号⊙表示）。如图 2-4（a）所示。根据右手螺旋法则，可判断出此时电流产生的合成磁场的方向。

（2）当 $\omega t = 120°(t = \frac{1}{3}T)$ 时，$i_V = I_m$，$i_W = i_U = -\frac{1}{2}I_m$，则第二相绕组的电流由 V_1 端流入，V_2 端流出，第三相、第一相绕组电流分别由 W_2 端流入，W_1 端流出。U_2 流入，U_1 端流出。由右手螺旋法则同样可判断出此时电流产生的合成磁场方向如图 2-4（b）所示。由图看出磁场方向较 $t = 0$（$\omega t = 0$）时沿逆时针方向旋转了 120°。

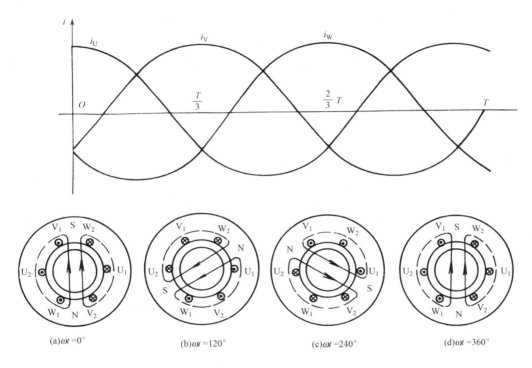

图 2-4　三相交流电产生旋转磁场原理

（3）用同样的方法继续分析 $t = \frac{2}{3}T$，$t = T$，即（$\omega t = 240°$，$\omega t = 360°$）时，两个瞬时合成磁场的方向，如图 2-4（c）、（d）所示，$t = \frac{2}{3}T$，即（$\omega t = 240°$）时合成磁场的方向较 $t = \frac{1}{3}T$，即 $\omega t = 120°$ 时刻又逆时针旋转了 120°，而时刻 $t = T$，即 $\omega t = 360°$ 时刻的磁场又较 $t = \frac{2}{3}T$，即（$\omega t = 240°$）再逆时针转过了 120°，自 $t = 0$ 时间到 $t = T$ 时间，电流变化了一个周期，合成磁场在空间也旋转了一周，电流继续变化时，磁场也不断地旋转。

从上述分析，三相交变电流通过对称分布的三相绕组产生的合成旋转磁场，是在空间对称的且按一定的速度旋转的。

3. 三相异步电动机的转动原理

三相交流电产生的旋转磁场，相当于图 2-1 实验中的永久磁铁的旋转磁场。电动机的转子绕组（闭合导体）处于旋转磁场的空间里做切割磁力线的运动，从而在转子导体中产生感应电流，进而使转子导体受到磁场力矩的作用而旋转。

4. 三相异步电动机的转速

（1）旋转磁场的转速。电动机中旋转磁场的旋转速度称为同步转速，用 n_0 表示。图 2-4 中，我们分析的是具有 1 对磁极的旋转磁场。当三相交流电变化一个周期时，旋转磁场正好转动一圈。因为三相交流电的频率 $f=50Hz$，因此旋转磁场的转速：

$$n_0 = 50 \text{ (r/s)} = 50 \times 60 \text{ (r/min)}$$

上式为 1 对磁极的旋转磁场的转速，如果定子绕组改变分布方式，就可以产生多对磁极的磁场，如 2 对，4 对或 8 对。实践证明，对于多对磁极的同步转速：

$$n_0 = \frac{60f}{p} \text{ (r/min)}$$

式中，f 为电流的频率，p 是定子绕组产生的磁极对数。

（2）转子的转速。n 称为电动机的转速，这是电动机轴上的输出转速。在异步电动机中这一转速恒小于同步转速 n_0，这是因为转子转动与磁场旋转是同方向的，转子比磁场转得慢，转子绕组才可能切割磁力线，产生感生电流，转子才能受到电磁力矩的作用。假如有 $n=n_0$ 的情况，则意味着转子与磁场之间无相对运动，转子导体不做切割磁力线的运动，转子中就不会产生感生电流，它也就不受电磁力矩的作用了，转子在摩擦等阻力矩的作用下转速逐断下降，使得 $n<n_0$，转子又将受到磁场力的作用，当磁场力矩与阻力矩相平衡时，转子保持匀速转动。所以电动机正向运转时，转子转速总是低于同步转速。

（3）转差率。同步转速与转子转速之差（n_0-n）与同步转速 n_0 的比值称为异步电动机的转差率，用 s 表示。

$$s = \frac{n_0 - n}{n_0}$$

由上式可知，当电动机启动时，$n=0$ 时，$s=1$；当电动机转速 $n=n_0$ 时，$s=0$，所以电动机从启动到达最高同步转速时，s 从 1→0，电动机正常使用时，转速小于 n_0 但接近 n_o，所以，转差率 s 的数值一般在 0.02～0.08 之间。

（4）电动机的旋转方向。电动机的旋转方向与旋转磁场的转向一致，旋转磁场的转向与三相电源接入定子绕组的相序有关。如图 2-4 所示，三相电源接入绕组中的相序。即三相电源 L_1,L_2,L_3 接入绕组的相序为 U—W—V 时，电动机的转向为顺时针；但当三相电源 L_1,L_2,L_3 接入绕组的相序为 W—U—V 时，电动机的转向为逆时针；就是把电机三相绕组的三根引出线任意两根调换后再接三相电源就可实现。

2.1.2 三相异步电动机的结构

三相异步电动机的结构主要是由两大部分组成，即定子部分和转子部分。定子是电动机中固定不动的部分，用来产生旋转磁场的部分。转子是电动机中的旋转部分，将电磁转矩通过转轴输送给生产机械。定子、转子无任何连接,它们之间只有 0.2~2mm 的空气隙。

1. 定子

定子部分由机座、定子铁心、三相定子绕组及端盖、轴承等固定不动的部件组成。

机座主要用来支承定子铁心和固定端盖。中、小型电动机的机座一般用铸铁浇铸而成,大型电机多采用钢板焊接而成。

定子铁心是电动机磁路的一部分。为了减小涡流和磁滞损失,通常同 0.5mm 厚的硅钢片叠压成圆筒,硅钢片表面的氧化层(大型电机要涂绝缘漆)作为片间绝缘,在圆筒型的内圆上均匀分布有与轴平行的槽,用以嵌放定子三相绕组,如图 2-5 所示。

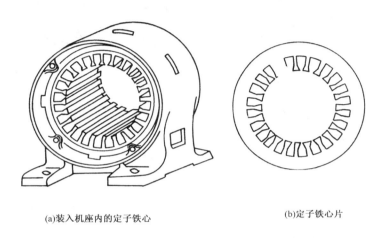

(a)装入机座内的定子铁心　　　(b)定子铁心片

图 2-5　定子铁心

定子绕组是电动机的电路,它由高强度漆包线(具有绝缘层的铜线或铝线)绕制的线圈连接而成,它的作用是利用三相交流电产生旋转磁场,线圈按一定的方式排列嵌放在定子槽中。轴承是定子与转子衔接的部分,轴承有滚动轴承和滑动轴承两类,目前多数电机采用滚动轴承。

2. 转子

转子是电动机中的旋转部分,由轴承、转子铁心、转子绕组、风扇等组成。

转轴是碳钢制成,两端轴颈与轴承相配合,出轴端铣有键槽,用以固定皮带轮或联轴器。转轴是输出转矩,带动负载的部件。

转子铁心同定子铁心一样是电动机磁路的一部分,由 0.5mm 厚的圆形硅钢片如图 2-6 所示叠压成圆柱体,并紧固在转子轴上。转子铁心的外表面上有均匀分布的线槽,用以嵌放转子绕组。鼠笼式转子线槽一般都是斜槽(与轴线不平行)目的是改善启动性能。

转子绕组有两种,鼠笼式和绕线式。鼠笼式绕组是在转子铁心的槽里嵌放裸铜条或铝条,然后用两个金属环(称为端环)分别在裸金属导条两端把它们全部接通,即构成了转子绕组,如图 2-7 所示。

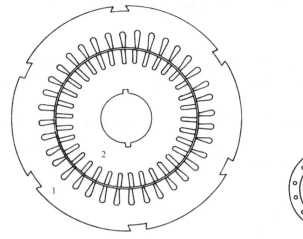
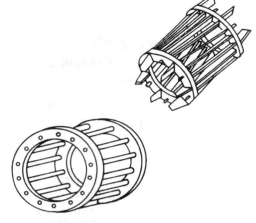

图 2-6　转子铁心中片　　　　　　图 2-7　鼠笼转子绕组

绕线式转子绕组与定子绕组类似，由镶嵌在转子铁心槽中的三组线圈组成。线圈一般采用星形连接，三组线圈的尾端接在一起，首端分别接到固定在转轴上的三个铜滑环上，线圈通过三个滑环、电刷与变阻器连接，构成转子的闭合回路如图 2-8 所示。

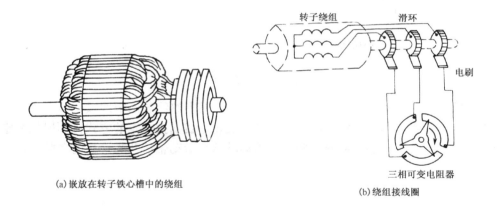

(a) 嵌放在转子铁心槽中的绕组　　　　　(b) 绕组接线圈

图 2-8　绕线式转子绕组

两种转子绕组比较，鼠笼式转子结构简单，造价低廉，运行可靠，因而应用十分广泛。绕线式转子结构较复杂，造价也高，但是它可利用转子外接变阻器阻值的变化，使电动机能在一定范围内调整，且启动性能较好。

2.1.3　三相异步电动机的类型

三相异步电动机的系列、品种、规格繁多，按转子绕组型式，可分为笼型和绕组型两类。按防护型式可分为：

（1）防爆电动机。这类电动机产品多为 YA，YB，YF 系列，适用于石油、化工、煤矿等有爆炸危险的场所。

(2）起重及冶金异步电动机。这类电动机有 YZ，YZR 系列产品，适用冶金和一些起重设备。

（3）辊道异步电动机。这类电动机有 YG 系列产品，用于传动轧钢机辊道。

（4）深井泵用电动机。这类电动机有 YLB 系列产品，可与长轴深井泵配套，供深井提水之用。

（5）潜水异步电动机。这类电动机有 YQS，YQSY 系列的产品，分别与潜水泵式河流泵配套，潜入井下或浅水中，供灌溉汲水之用。

（6）高转差率异步电动机。这类电动机有 YH 系列产品，用于惯性矩较大并有冲击性负荷、机械的运动，如压力机、锻压机及小型起重机等。

（7）力矩电动机。这类电动机有 YLJ 系列产品，用于恒张力，恒线速（卷线）转动和恒转矩（导辊）转动。

（8）电磁调速异步电动机。这类电动机有 YCT 系列的产品，用于恒转矩和风机类型设备的无级调整。

（9）变极多速异步电动机。这类产品有 YD 系列，用于机床、印染机、印刷机等需要变速的设备上。

（10）齿轮减速异步电动机。这类电动机有 YCJ 系列产品，用于矿山、轧钢、造纸、化工等需要低速、大转矩的各种机械设备上。

（11）自制动异步电动机。这类电动机有 YEP、YEG、YEZ 系列产品，制动方式各有不同，均用于单梁吊车和机床进给系统等。

2.1.4 三相异步电动机的供电电源

三相异步电动机的供电电源采用三相互差 120°电角度的三相交流电。一般小型电动机 200kW 以下的电动机采用 380V 或 380V/220V 的额定电压。

容量在 200kW 以上的电动机，可采用额定电压为 6kV 的高压电动机，高压电动机可以省铜并减小电动机的体积。

100kW 以上的电动机也可采用 3kV 额定电压，但此时必须另设 10/3kV 的电力变压器。

2.2 三相异步电动机的正转控制线路

2.2.1 刀开关控制线路

刀开关控制线路也即手动控制线路，是最简单的正转控制线路。如图 2-9 所示是采用刀开关的控制线路。电路中 QS 为刀开关，FU 为熔断器，电动机电源的接通与断开，是通过人工操作刀开关来实现的。由于刀开关 QS 在接通与断开电路时会产生严重的电弧，所以采用刀开关的控制线路，一般仅用于容量在 10kW 以下的电动机，如三相电风扇和砂轮机等设备常采用这种线路。这种线路的工作原理很简单：当启动时，只需把刀开关 QS 合上，使电动机 M 接通电源，则电动机启动运转。停车时只需要把刀开关 QS 断开，切断电动机的电源，则电动机停转。线路中的熔断器 FU 只能起短路保护作用，而达不到过载保护的目的。

刀开关控制线路结构简单，但在电动机启动和停转较频繁的场合，使用很不方便，且不安全。操作劳动强度也较大。此外这种控制线路有一个致命的缺点就是无法实现自动控制和遥控。这是由于线路本身只有主电路而没有辅助电路造成的，这往往使线路中的电气元件和设备只能安装在同一个工作室内，从而严重地限制了它的应用范围。

如图 2-10 所示是采用转换开关的控制线路，从原理上来说，转换开关与刀开关无本质的区别，所不同的是刀开关比较笨重，使用时占有的面积较大，而转换开关则比较灵活，它的三相刀闸立体地安装在密闭的胶盒中，其接通与断开通过手柄的旋转来操作，使用时占有的面积小，该线路与图 2-9 线路比较，有一定的改进，但是前者的大部分缺陷在这里依然存在。

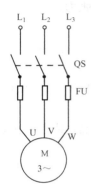 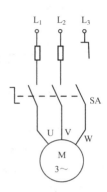

图 2-9　刀开关控制线路　　　　　　图 2-10　转换开关的控制线路

2.2.2　点动控制线路

机械设备中如机床在调整刀架、试车、吊车在定点放落重物时，常常需要电动机短时的断续工作。即需要按下按钮，电动机就转动，松开按钮，电动机就停转，实现这种动作特点的控制就叫点动控制。

如图 2-11 所示是采用带有灭弧装置的交流接触器的点动控制线路图，此电路是由刀开关 QS，熔断器 FU，启动按钮 SB，接触器 KM 及电动机 M 组成的。接触器的主触头是串接在主线路中的。

需要点动时，先合上开关 QS，这时电动机 M 尚未接通电源。按下启动按钮 SB，接触器线圈 KM 得电，使衔铁吸合，带动接触器常开主触头闭合，电动机接通电源便转动起来。当松开启动按钮 SB。按钮在复位弹簧作用下恢复到常开状态，使接触器线圈断电，这时接触器的常开主触头恢复到常开状态。电动机因失电停止转动。如此按下、松开按钮 SB，就可使电动机接通、断开电源，实现点动控制。就作用而言，这里的接触器常开主触头相当于刀开关的刀闸，起着接通、断开电动机电源的作用。电动机接通电源运转时间的长短完全由启动按钮 SB 按下的时间长短决定。

该线路与前面图 2-9 和图 2-10 的电路相比较，已经有了主电路与辅助电路，但是其辅助电路尚不够完整，所以也无法实现电动机的遥控和自控。另外要想使电动机长期运行，启动按钮 SB 必须始终处于按下状态，这个要求对生产过程来说是不可行的。

此控制电路中辅助电路的电源受主电路中熔断器的控制。这样在电动机点动运行过程中，一旦 L_1, L_2 两相中的任一相熔断器熔断时，即使启动按钮 SB 一直被按着，接触器线圈也会失电将被迫释放，从而使电动机切断电源停转。因此减少了电动机的单相运行（走单相）的机会。线路的这个特点，是因为辅助电路的电源引自主电路熔断器之后的缘故，若是改为熔断器之前引出，这个特点就不存在了。

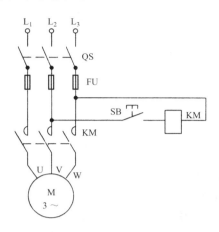

图 2-11 点动控制线路

特别提示

- 点动控制线路已经有主、辅电路之分。
- 辅助电路接在主电路熔断器之后，可减少电动机走单相的机会。
- 电路的缺点是：电动机不能实现长期运行。

2.2.3 自锁正转控制线路

点动控制线路解决了刀开关手动控制线路的一些缺点。但是带来的问题也是明显的，要想使电动机长期运行，启动控制按钮 SB 必须始终用手按住。如何实现启动按钮按下之后立即松开而电动机长期运转？由前面学习的接触器的知识知道，接触器除具有三个常开主触头之外，另外还有数个常开或常闭的辅助触头。这些辅助触头同主触头一样，均由衔铁的吸合与否使之闭合和断开。也就是说，当接触器线圈得电之后，除三个常开主触头闭合外，其辅助的常开触头要闭合，而常闭的辅助触头也要断开。根据这个特点，用户可用接触器中的一对常开辅助触头去取代启动按钮按下的位置，即将接触器常开辅助触头 KM 并接在启动按钮 SB 两端，如图 2-12 所示。在这个控制线路中，接触器线圈一旦在启动机按钮 SB 按下之后得电，它的辅助常开触头就闭合，这时若启动按钮复位（断开）之后，接触器线圈也会通过与启动按钮并接的常开辅助触头继续得电，电动机也照常运行。像这种依靠接触器自身常开辅助触头而使线圈保持通电的现象，称"自保持"或"自锁"。起自锁作用的常开辅助触头称为"自锁触头"。自锁的含义是：利用接触器自身常开辅助触头闭合的这把"锁"来锁住线圈本身的电源。

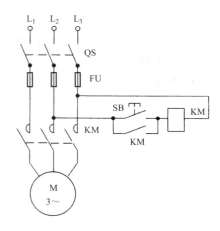

图 2-12 自锁控制线路

控制线路采用了自锁辅助触头之后，原来必须始终按着的启动按钮的问题解决了，但是新的问题又出现了，电动机虽然能长期运转下去了，但是如何使运转的电动机停转？

自锁触头能够锁住线圈的电源，是接触器线圈与自锁触头密切配合和互相依赖的条件。

只要设法在短时间内使它们的配合中断，自锁作用就会消失。为了达到这个目的，可以在接触器线圈的电路中串接一只常闭按钮 SB_2，如图 2-13 所示。这样欲使正在运转的电动机停止运转，只须按下 SB_2 按钮，迫使接触器线圈断电释放，电动机就自然停止运转。此时即使 SB_2 按钮恢复常闭状态，由于自锁触头已经恢复到常开位置，接触器线圈不会再通电，所以电动机也不会再运转。要想使电动机再次运转，必须重新按动启动按钮 SB_1。

根据 SB_2 按钮在控制线路中的作用，称之为停止按钮。图 2-13 控制线路为具有自锁功能的正转控制线路图。线路能连续长期运行，又可停止运行。

如图 2-13 所示控制过程：合上电源开关 QS→按下启动按钮 SB_1→按下停止按钮 SB_2→拉下电源开关 QS。

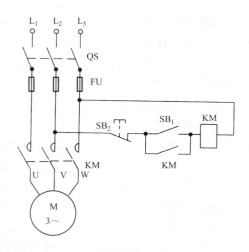

图 2-13 正转控制线路

下面分别分析启动、停止两个过程。

第 2 章　三相异步电动机的基本控制线路

启动：合上电源开关 QS。

停止：拉下总开关 QS。

例 2-1　分析如图 2-14 所示的控制线路中，停止按钮 SB_2 是否起到了应有的作用，位置安排是否合适？

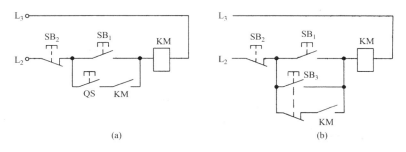

图 2-14　控制线路

答：从线路本身来看图 2-14（a），（b）两图所示控制线路 SB_2 都能起到切断接触器线圈电源的作用。当控制线路中有多个接触器或磁力启动器线圈需要断开其电源时，这种安装排列就有不妥之处，即此时在按下 SB_2 停止按钮时，其他的线圈的电源就不一定断开。为了使这只 SB_2 按钮的安排与绝大多数控制线路相一致，所以在单向运行的控制线路中，它的位置就应选择图 2-13 所示的装置。即停止按钮 SB_2 应接在公共线路上。

特别提示

- 图 2-13 控制线路有自锁作用，电动机可实现长期运行。
- 想想看：起自锁作用的辅助触头，应是接触器的常开触头还是常闭触头？连接在控制线路的什么位置？
- 启动按钮应为常开触头，停止按钮应为常闭触头。

2.2.4　连续控制与点动控制

图 2-13 的控制线路，弥补了图 2-11 点动控制线路的缺陷。但是，机床设备在正常工作时，电动机一般都处于长期的连续运转状态下工作，机床往往又需要试验各部件的动作情况以及进行工件和刀具之间的调整工作，这就要求控制线路能实现这种控制特点，即控制线路不仅能连续控制电动机，而且又能实现点动控制线路。图 2-15 所示控制线路就是连续控制

与点动控制线路。

图 2-15（a）所示的控制电路的连接方法，是在图 2-13 连续单向运转控制线路的基础上，在自锁常开触头的线路中串联上点动/连续运转控制开关 QS。电路连续运转时，开关 QS 先闭合：

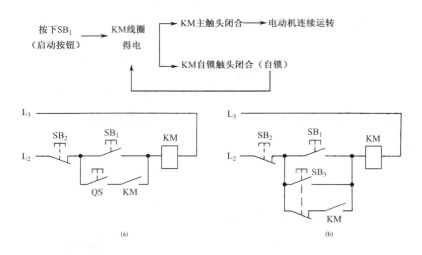

图 2-15　具有点动控制功能的正转控制线路

点动控制时，开关 QS 先断开：

特 别 提 示

- 图 2-15（a）所示控制线路实现点动/连续控制，是因为开关 QS 的作用。QS 闭合时，使自锁电路正常工作，线路实现自锁连续控制；QS 断开时，自锁触头不能实现自锁功能，线路只能实现点动控制。
- 想想看，为什么有了开关 QS，既可实现点动控制，又可实现连续控制。
- 根本原因是：QS 闭合时，自锁作用存在，线路实现连续控制；QS 断开时，自锁作用消失，线路只能实现点动。

由此可见，要想实现点动控制只需要破坏线路中的自锁功能，即可实现点动控制。在这种基础上，如果在自锁正转控制线路的基础上，增加一个复合按钮 SB₃，也能达到连续与点动控制同时存在的目的。其中复合按钮 SB₃ 的常闭触头与自锁触头串联，常开触头并联在启动按钮两端，如图 2-15（b）所示。它的工作过程是，当需要连续控制时，只要按动启动按钮 SB₁ 就可实现，复合按钮中的常闭触头使自锁电路正常工作。电路实现自锁连续控制，要电动机停转时，只需要按动停止按钮 SB₂ 即可完成。线路需要点动控制时，要按动点动控制按钮（复合按钮）SB₃，因为它的常闭触头首先断开，切断自锁电路，紧接着常开触头闭合，使接触器线圈得电，电路实现点动运行。当松开点动按钮 SB₃ 时，复合按钮的常开触头首先断开，使接触器线圈 KM 断电，自锁触头 KM 首先复位断开，而后 SB₃ 的常闭触头才复位闭合，电路完成点动控制工作。

特别提示

- 在图 2-15（b）点动/连续控制的电路中，SB₁ 为连续工作启动按钮，SB₂ 为停止按钮，SB₃ 为点动控制按钮。
- SB₃ 复合按钮实现点动的原因是，利用其常闭触头来破坏线路的自锁作用。
- 你注意了吗？停止按钮的正确安装位置是：串接在控制线路的公共线路上。

例 2.2 试判断图 2-16 所示的三个点动控制线路是否能正常工作。

解： 图 2-16（a）所示点动电路不能正常工作，其原因是当刀开关 QS 断开时，即使按下 SB₁，接触器线圈也不能得电，故电机不转。当刀开关 QS 闭合时，电机可以工作在点动运行状态，但由于控制线路的一端是接在闸刀开关之前，即使 QS 不闭合，控制线路也带电，刀开关的隔离作用失效，故此电路不可取。

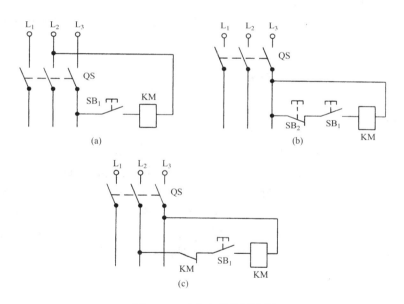

图 2-16 三个点动控制线路

图 2-16（b）电路不能正常工作。原因是控制线路的两端接同一相电源，故所加电压为零，控制电路不能工作。

图 2-16（c）电路不能正常工作，其原因是当按下按钮 SB₁ 后，接触器线圈得电，但接触器的常闭触头立刻就断开，接触器只能是瞬间动作，不能维持点动。

例 2.3 有人设计了一正转控制线路，如图 2-17 所示，要求有正转连续运转及停转控制。试分析线路中的错误。

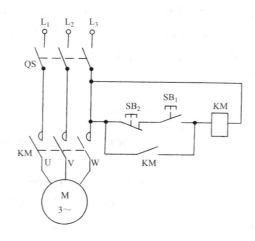

图 2-17 正转控制线路

解：（1）图中控制线路的两端接于电源同一相线上，故所加电压为零，控制电路不能工作。必须将控制线路两端分别接在两相电源上。

（2）自锁触头并接了启动按钮 SB_1 和停止按钮 SB_2，使停止按钮失去作用，因而电路只能实现启动，而不能完成停止。要想完成正转的启动和停止，应把自锁触头 KM 的支路改为只与 SB_1 并联的状态。

2.2.5 单向运行电路的保护环节

1．短路保护

图 2-15 所示的连续/点动控制线路中，主电路串联的熔断器，就具有短路保护功能，且只能起短路保护作用，而达不到过载保护的目的，原因是这里的熔断器规格，必须根据电动机启动电流的大小来适当选择；另外，是由于熔断器保护特性的滞后性与分散性所决定的。所谓滞后性，是指当熔断器流过的电流为其额定电流的 1.3 倍以下时，熔断器并不可能熔断，而当流过的电流为其额定电流的 1.6 倍时，则需要一个小时才能熔断。所谓分散性，是指各种规格的熔断器的特性曲线差异较大，即使是同一规格的熔断器，其特性曲线也往往有很大的不同。

2．失压、欠压保护

欠压是指线路电压低于电动机应加的额定电压。这样的后果是电动机电磁转矩要降低，转速随之下降，会影响电动机正常工作，欠电压严重时还会损坏电动机，发生事故。在具有接触器自锁的控制线路中，当电动机运转时，电源电压降低到一定值（一般指降低到额定电压 85%以下时），使接触器线圈磁通减弱，电磁吸力不足，动铁心在反作用弹簧的作用下释放，自锁触头断开，失去自锁，同时主触头也断开，使电动机停转，得到欠压保护。当电动机运行时，由于外界的原因，突然断电后又重新供电，在未加防范的情况下会造成危害。例如：前述的手动正转控制线路（无接触器自锁装置），断电时，若没有及时拉开电源开关，在电源重新供电时，生产设备会突然在带有负载或操作人员没有充分准备的情况下开车，这将导致各种可能的设备和人身事故，我们把防止这类事故的保护称为失压保护或零压保护。而带有接触器自锁的控制线路却具有这种功能。在电源临时停电又恢复供电时，由于自锁触头已经断开，控制电路不会自行接通，接触器线圈没有电流通过，常开主触头不会闭合，因而电动机就不会自行启动运转；可避免事故的发生。只有在操作人员有准备的情况下再次按下启动按钮，电动机才能启动，从而保证人身和设备的安全。

事实上，凡是具有接触器自锁环节的控制线路，其本身都具有失压和欠压保护作用。

3．过载保护

前面我们学习的电路虽具有短路保护、欠压保护和失压保护，但是还不够。我们在线路设置过载保护电路，通常的方法是在电路中设置热继电器。热继电器应该怎样设置，才能使它在电动机任何一相发生过载时都能起到保护作用呢？

大家知道，电动机过载的原因基本上有两个方面：① 电动机轴上的机械负载超过了电动机本身的能力；② 三相电源中有一相断线或熔断器熔断。对于第一种原因所引起的过载，一般来说，电动机的三相电流是同时升高的，也就是说它的电流仍然是平衡的。保护这种过载的措施，只要在电动机任意一根负荷线上，串接一只热继电器的热元件就可以了。但是对于后一种原因而引起的过载，这个措施在某种情况下就往往无能为力。例如，在电动机运转过程中，恰好在装设热元件的那一相发生断线或熔断器熔断，此时电动机有可能还继续运转——即所谓的单相运行。由于电动机轴上的机械负载并没有减小，其他两相的定子绕组电流必增加，时间一长，电动机的绝缘受到了破坏，甚至烧毁电动机。为了避免后一种原因而引起的过载运行，必须在电动机任意两相的负荷线上，分别串接热继电器的热元件，如图2-18 所示。此时电动机之所以能够避免上述的过载运行，是因为在任何一相发生断线或熔断器熔断时，至少有一只热元件上流过过载电流，其双金属片便弯曲并使它的常闭触点断开，于是接触器线圈的电路被切断，电动机立即停止运行，从而达到过载保护的目的。

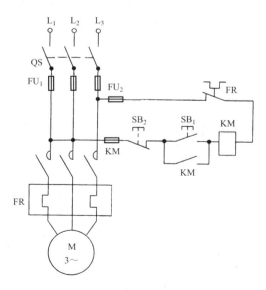

图 2-18　具有短路过载保护环节的正转控制线路

为了提高热继电器对三相不平衡过载电流保护的灵敏度，可以在电动机的三相负载线上均装设一只热元件，即选用具有三只热元件的热继电器。

热元件串联在电动机三相负荷线上以后，电动机启动时的启动电流是额定电流的好几倍，电动机的启动电流会不会引起热继电器发生保护动作呢？答案是不会，因为首先热继电器的热惯性比较大，再就电动机正常启动过程的时间是有限的。所以电机启动时不可能使双金属片立即打开其常闭触点，热继电器是经得起电动机启动电流的冲击的。

在如图 2-18 所示的控制线路中，熔断器 FU，热继电器 FR 和接触器 KM 的电磁铁及线圈等电气元件，构成了短路保护、过载保护、欠压保护和失压保护等，我们把这些元件及其电路统称为控制线路的保护环节。

特别提示

- 短路保护是通过熔断器实现的。
- 失压、欠压保护是依靠接触器工作特点实现的。
- 过载保护是通过热继电器实现的。
- 想想看：为什么热继电器的热元件，必须在电动机的任意两相负载线上连接？

2.3 三相异步电动机正反转控制线路

在前面所介绍的控制线路中，电动机都只能朝某一个方向旋转，即所谓的单向运行或正转运行。但是在生产过程中，有许多生产机械往往要求运动部件可以正反两个方向运动，如机床工作台的前进与后退，主轴的正转与反转，起重机的上升与下降等等，这就要通过电动机正、反双向运转来实现。

如何实现电动机正、反转运行控制？我们前面介绍过，要想实现三相异步电动机反向运转，只需要改变电动机旋转磁场的旋转方向，而实现这一点，只要改变输入电动机三相电源的相序。如图 2-19 所示，改变电动机任意两根引线的连接相序，即可使电动机反转。在实际生产工作现场如何改变电动机电源的相序呢？

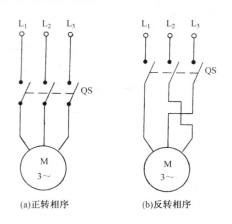

图 2-19 改变定子绕组接三相电源相序原理

2.3.1 倒顺开关正反转控制线路

图 2-20 所示倒顺开关是改变电源相序来控制电动机正、反转的控制线路，常用于控制额定电流 10A，功率在 3kW 以下的电动机。倒顺开关也叫可逆转换开关，它是由六个静触头①，②，③，④，⑤，⑥及手柄控制的鼓轮（包括转轴）组成，鼓轮上带有两组（六个）形状各异的动触片 I_1，I_2，I_3 和 II_1，II_2，II_3。它的工作原理是，当控制线路处于"停止"控制时，倒顺开关如图 2-20（d）中所示的位置，所有动触头都与静触头不连接，电路不通，电动机停转。

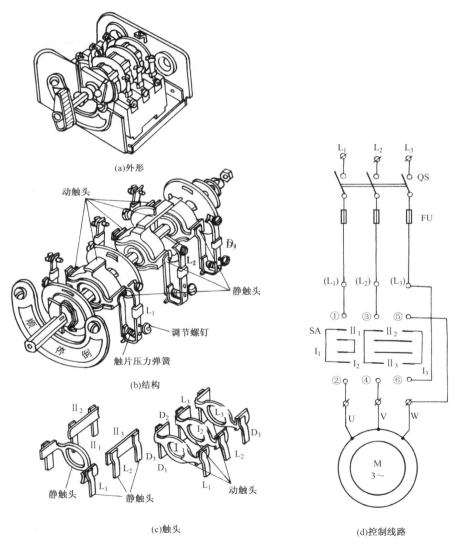

图 2-20 倒顺开关

转动手柄，倒顺开关就可处于"顺转"（正转）控制的状态，此时第一组动触头 I_1，I_2，I_3 与静触头接触，即 I_1 使①、②相连；I_2 使③、④相连；I_3 使⑤、⑥相连，电路接通，电动

机电源相序为 L_1—L_2—L_3—U—V—W，因此电动机正向运行。

当需要电动机反转时，转动手柄，倒顺开关就处于"倒转"（反转）控制状态，此时手柄带动转轴转动使第二组动触头 II_1、II_2、II_3 与静触头接触。即 II_1 使①、②相连；II_2 使③、⑤相连；II_3 使④、⑥相连。电路接通，这时电动机的电源相序为 L_1—L_2—L_3—U—W—V。，电动机反向运转。

使用倒顺开关对电动机进行正反转控制时必须注意，电动机处于正转状态时，欲使它反转必须先把手柄转到"停止"位置，使电动机先停转，然后再把手柄转到"倒转"控制位置，使电动机反转，若手柄直接从"顺转"扳到"倒转"位置，因电源突然反接，会产生很大的反接电流，易使电动机的定子绕组损坏。

由倒顺开关组成的电动机正反转控制线路的优点是：所用控制电器较少，其缺点是操作繁琐，特别是在频繁转向控制时，操作人员劳动强度较大，不方便。且被控制的电动机的容量较小（5kW 及以下）。因此生产过程中经常采用由两台接触器组成的电动机正反转控制线路。

2.3.2 接触器正反转控制线路

由接触器组成的正反转控制线路如图 2-21 所示。

在这种控制线路中主电路由原来的一组主触头变成了两组主触头，KM_1 和 KM_2，从图中可看出当 KM_1 主触头闭合，而 KM_2 主触头断开时，电动机将接通电源，相序为 U—V—W，电动机正转；当 KM_2 触头闭合，而 KM_1 主触头断开时，U、W 两相交换，电源相序变成了 W—V—U，电动机实现反转。这两组主触头分别是由接触器 KM_1、KM_2 两组线圈控制，因此辅助线路部分出现了两组并列的启动控制线路，即由 SB_1 按钮操作的正转控制线路和由 SB_2 按钮操作的反转控制线路。SB_3 按钮为停止按钮，FR 为保护环节。

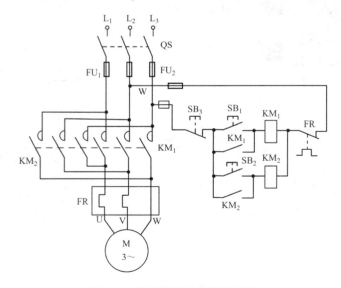

图 2-21 接触器正反转控制线路

电路的控制原理如下。

1. 正转控制

启动：

停转：

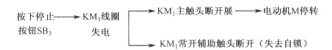

2. 反转控制

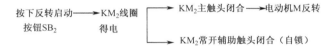

停转时按动 SB$_3$ 即可。

对于这个线路，操作上是简便了，但是它还存在着不少问题，例如，在电动机依靠 KM$_1$ 接触器正向运行的时候，若 KM$_2$ 按钮不小心也被按下时，或由于是其他原因使接触器 KM$_2$ 线圈得电，KM$_2$ 主触头会立即闭合，这将造成在主电路中电源通过两组主触头造成短路的故障。两接触器的主触头也将被烧坏。短路事故是严重的，必须绝对避免。

由此看来，在电动机可逆运行的控制线路中，两台接触器在任何情况下都不得同时获电。若是没有这个保证，那么就谈不到控制线路的正常工作。所以在设计任何控制线路的时候，不但要考虑到正常的操作条件，而且要考虑到一切可能发生的意外情况。如图 2-21 所示的控制线路虽然能实现电动机的正、反向运行控制，但不能保证电路能可靠正常运行，所以控制线路仍需进一步改进。

为了实现两接触器线圈在任何情况下都不能同时获电这一目的，我们下面介绍具有接触器联锁的正反转控制线路。

特 别 提 示

- 图 2-21 所示接触器正反转控制线路存在致命缺陷，易造成电源短路事故的发生。既正反转两个接触器 KM$_1$ 和 KM$_2$ 可能同时获电。故不能避免电源短路事故的发生，所以此电路没有实用价值。
- 控制线路必须做到绝对不可发生电源短路事故。

2.3.3 接触器联锁的正反转控制线路

如图 2-22 所示，欲要防止上述两相电源直接短路的故障，可利用 KM$_1$、KM$_2$ 两台接触器的常闭辅助触头来相互控制对方的线圈电路。具体说就是把控制电动机正转的接触器 KM$_1$ 的常闭辅助触头 KM$_1$ 串联在控制电动机反转时的接触器线圈 KM$_2$ 电路中，同样，控制电动机反

转的接触器 KM_2 的常闭辅助触头 KM_2 也串联在控制电动机正转的接触器线圈 KM_1 电路中。

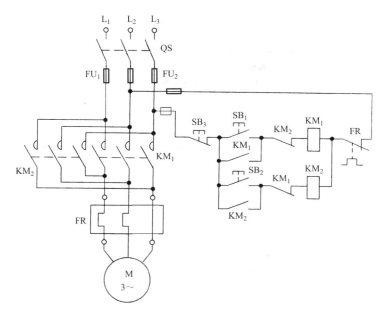

图 2-22 接触器联锁的正反转控制线路

当正转控制接触器线圈 KM_1 通电时，串联在反转控制接触器线圈 KM_2 支路中的 KM_1 常闭辅助触头就会断开，从而切断 KM_2 支路，这时即使按下反转启动按钮 SB_2，反转控制接触器 KM_2 线圈也不会通电。同理，在反转控制的接触器 KM_2 通电时，串联在正转控制的接触器线圈 KM_1 支路中的常闭辅助触头 KM_2 断开，线圈 KM_1 也不会通电，从而可以达到彻底避免两台接触器同时闭合的可能。也就是说彻底避免了两台接触器同时闭合而造成的短路故障。即使其中一台接触器的主触头因大电流电弧粘住，或者接触器机械部分卡住而无法释放时，也不可能发生短路，因为只要它的常闭辅助触头不复位，另一台接触器的线圈就不可能通电。接触器 KM_1、KM_2 两个常闭辅助触头，在控制电路中起的作用是相互牵制对方的动作，故称为联锁（也叫互锁），这两个辅助常闭触头就叫联锁（互锁）触头。

图 2-22 所示电路的工作原理如下。

1．正转控制

启动：

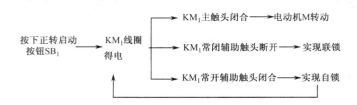

停转：

2. 反转控制

启动：

停转：

图 2-22 所示控制线路是否可以说比较完善了呢？我们知道，因为在这个线路中，需要电动机从一种旋转方向改变为另一种旋转方向的时候，必须首先按停止按钮 SB_3，否则就会因联锁作用无法达到目的。这就是说，要使电动机改变旋转方向时，前后需要按动两个按钮。这一点对于那些要求电动机频繁改变运转方向的生产机械来说，往往是不相适应的。为了节省时间，提高生产效率，用户希望在电动机正转的时候直接按动反转启动按钮 SB_2，电动机就可立即反转，而在电动机反转时，也同样直接按动正转启动按钮 SB_1 就可使电动机立即正转。如何实现这一目的，下面介绍采用复合按钮联锁的正反转控制线路。

2.3.4 复合按钮联锁的正反转控制线路

要想达到电动机从一种旋转方向改变为另一种旋转方向时，只需直接按动反方向启动按钮而不必按停止按钮这一目的，必须设法在按下反转启动按钮之前，首先断开正转接触器线圈电路；在按下正转启动按钮之前，首先断开反转接触器线圈电路。这个要求可通过采用两只复合按钮来实现，如图 2-23 所示。

这个电路特点是，将图 2-22 中两个接触器的联锁触头，换成两个复合按钮的常闭触头，就可实现按钮联锁的正反转控制，且克服了电动机转换方向时按两次按钮的缺点。工作原理是在电动机正转过程中，KM_1 线圈通电，要想反转，只需直接按下反转复合按钮 SB_2，这样复合按钮 SB_2 的常闭触头首先断开，起联锁作用，使正转接触器线圈 KM_1 断电，触头全部恢复到正常位置，电动机断电，紧接着复合按钮 SB_2 的常开触头闭合，使反转接触器

KM$_2$ 通电，KM$_2$ 主触头闭合，电动机实现反转，这样既保证了正、反转接触器线圈不会同时通电，又可方便操作。同样，由反转运行转换为正转运行时，也只需直接按动正转启动复合按钮 SB$_1$ 即可实现。需要电动机停转时，按动停止按钮 SB$_3$ 即可。

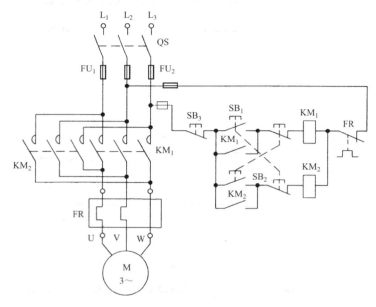

图 2-23 按钮联锁的正反转控制线路

操作时应注意，将启动按钮按到底，否则，只能是停车而无反向启动。

上述电路的缺点是容易造成短路，如某个接触器主触头发生熔焊而分断不开时，直接按动反向启动按钮时，仍会发生短路故障，故单独采用按钮联锁的正反转控制线路是不安全可靠的。

2.3.5 按钮、接触器双重联锁的正反转控制线路

图 2-24 所示为双重（复合）联锁的正反转控制线路。由于采用了接触器常闭辅助触头的联锁功能，又采用了按钮联锁的功能。故电路具有双重（复合）联锁功能。故这种控制线路集中了接触器联锁和按钮联锁的两种正反转电路的优点。此电路不仅具有操作简单方便的特点，而且能安全可靠地实现正反转运行，是机床电气控制中经常采用的线路。

例 2.4 在图 2-25 所示的正反转控制线路中，要想达到以下两个要求：(a) 能实现正反转控制，(b) 两个方向运行时能过载保护。试分析电路应怎样改变。

解：

（1）图中反转启动按钮 SB$_2$ 不能采用常闭触头。否则会使线圈 KM$_2$ 线圈长期得电，且由于电路中无联锁功能，在 SB$_1$ 按钮按下时，易造成电源短路，故应更换成常开触头。

（2）停止按钮 SB$_3$ 只能使正向运转时停转，而不能使反向运转时停车。故 SB$_3$ 应接在两启动控制线路的公共线路中。

（3）自锁触头不能采用其他接触器的常开触头，故 KM$_2$ 和 KM$_1$ 常开辅助触头应对换。

（4）电路中热继电器的常闭触头 FR 只能对正转控制电路起过载保护，对反转不起作

用。为了使其对正反转过程都起过载保护作用,应将 FR 常闭触头串接在两接触器线圈并联后的公共线路上。

(5)电路中既无接触器联锁,也无按钮联锁,为确保安全可靠运行,应增加联锁环节。

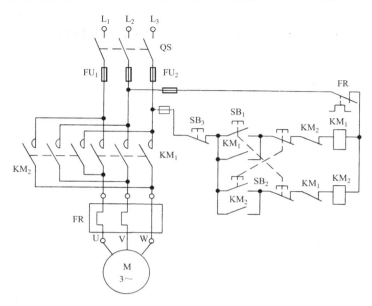

图 2-24 双重联锁的正反转控制线路

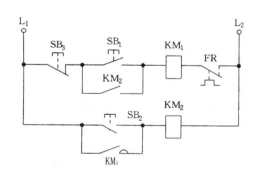

图 2-25 正反转控制线路

特 别 提 示

- 联锁的意义在于:当一个控制电路正在工作时,而另一控制电路绝对不可工作。
- 所以承担联锁任务的触头一定是常闭触头,且一定是连接在对方的控制线路中。

2.3.6 带有点动运行控制的可逆控制线路

在前面控制线路中,曾经介绍过点动运行,点动是许多生产机械所不可缺少的运行方式。同样在可逆运行的控制线路中,生产现场也往往需要电动机点动来使某些加工件适当地调整其位置。在这里如何满足这个要求呢?在前面单向运行的控制线路中,为了达到点动的目的，采取了两个措施：① 在启动按钮的两端并联一个复合按钮，其中常闭触头串联在自锁触头线路中；② 在自锁触头的电路中串联一只开关。既然单向运行的控制线路能依靠上述两点措施而实现单向点动运行，那么可逆运行的控制线路也同样可以利用这两点来达到可逆点动的目的。所不同的是，前者的电动机是单向运行，只要增加一只复合按钮；后者的电机有两个运转方向，要在正、反两只启动按钮的电路上，分别增加一只复合按钮或开关。其电路如图2-26所示。

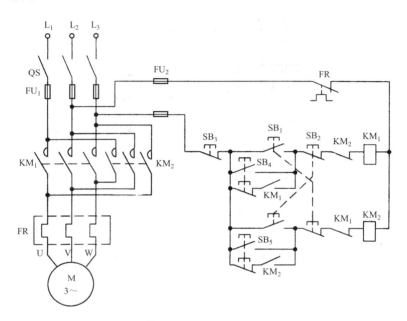

图 2-26 具有点动运行控制的可逆控制线路

图 2-26 所示的控制线路中的电动机，既可以正、反转长期运行，又可以正、反转点动运行。需要正向长期运转时，可按动正向启动按钮 SB_1，需要电动机反向长期运转时，按动反向启动按钮 SB_2，需要停车时按动停止按钮 SB_3。

在电动机正向运行时，如需要电动机反向点动运行，可否直接按动反向点动按钮 SB_5？

在电动机正向运行的时候，若是按下反向点动按钮 SB_5，电动机能否开始反向点动运行呢？答案是否定的。因为此时反转接触器线圈 KM_2 电路中的 KM_1 常闭辅助触点仍处于打开状态，所以要想使处在正转运动的的电动机进入反向点动运行，必须先按停止按钮 SB_3，再按反向点动运行按钮 SB_5 才能实现。同样，电动机从反向长期运转状态到正向点动运行，也必须首先按停止按钮 SB_3，再按正向点动按钮 SB_4。

将图 2-26 所示的控制线路与前面所介绍的几种控制线路比较，区别就是这里的辅助电路增加了熔断器 FU_2，其作用是一旦辅助电路发生短路现象，可以迅速切断其电源，以防止事故的进一步扩大。控制线路中辅助电路的熔断器规格，一般来说不超过5A。

既然辅助电路设置了熔断器以后，能够使自身电路具有短路保护的能力，那么在如图2-26所示以前的多个控制线路中，为什么绝大多数电路没有设置辅助电路的短路保护呢？我们知道，在作用相同的控制线路中，多增加一个电气元件，就是多增加一个故障的爆发点。出于这一考虑，在一般比较简单的控制线路中，其辅助电路均不设置短路保护装置，如果每台电动机控制线路的辅助电路均设置熔断器,日常的电气维修工作量将大为增加,并且这些增加的工作量,绝大多数都是熔断器接触不良而无选择性地熔断引起的,长期的实践证明,在一般比较简单的控制线路中,其辅助电路省略了短路保护装置后,虽然也有个别接触器线圈及其操作线路可能因短路现象而烧毁,但是绝大多数控制线路的工作仍然是十分可靠的。那么什么样的辅助电路应该设置短路保护呢?一般有以下两点原则:① 辅助电路中的接触器线圈或是继电器线圈在两只以上时;② 辅助电路的电气元件安装于专用的配电柜、配电屏、配电箱等装置时。符合上述原则之一者,均应考虑辅助电路设置适当的短路保护措施。

2.4 三相异步电动机的顺序控制线路和多地控制线路

2.4.1 顺序控制线路

在机床的控制线路中,经常要求电动机有顺序的启动和停止。例如,磨床上要求润滑油泵启动后才能启动主轴;龙门刨床工作台移动时,导轨内必须有足够的润滑油;铣床在主轴旋转后,工作台方可移动。这些都要求电动机有顺序的启动。像这种要求多台电动机按顺序启动和停止的控制称为顺序控制。

图 2-27 所示是两台异步电动机 M_1 和 M_2 的顺序控制线路。在这个控制线路中,SB_1 是电动机 M_1 的启动按钮;SB_2 是电动机 M_2 的启动按钮;SB_3 是停止按钮。

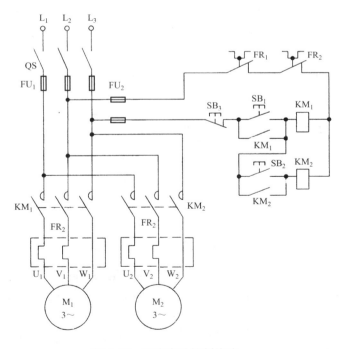

图 2-27 顺序启动控制线路

控制线路的控制特点:电动机 M_1 启动后,电动机 M_2 才能启动。其原因是接触器 KM_2 线圈电路中串联了 KM_1 的常开触头,只要 KM_1 线圈未得电,即电动机 M_1 未启动,KM_1 常开触头就是断开的,线圈 KM_2 就无法得电,电动机 M_2 也就无法启动。电动机 M_2 不能先于电动机 M_1 启动。

停止按钮 SB_3 由于是串联在两电动机控制线路的公共线路上。因此按下停止按钮 SB_3,两接触器线圈 KM_1 和 KM_2 将同时失电,因此两电动机将同时停转。电动机 M_2 不能单独停转。此电路没有顺序停止功能。

控制原理如下。

启动:

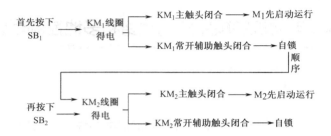

停止:

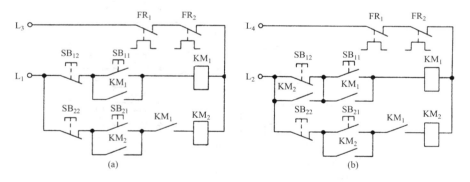

图 2-27 所示中两个热继电器常闭触头 FR_1 和 FR_2 都串接在两个控制线路的公共线路中,则两台电动机中只要任意一台发生过载现象,均可使两台电动机断电,得到过载保护。

图 2-28 所示两控制线路也是常用的顺序控制线路,它们的顺序控制各有特点。

图 2-28 顺序启、停控制线路

前面见到的图 2-27 控制线路中的 KM_1 辅助常开触头,除具有自锁功能外,还具有顺序控制的功能。在图 2-28(a)的控制线路中,这两种职能分别由两个 KM_1 辅助常开触头所承担。与 SB_{11} 按钮并联的 KM_1 常开辅助触头只具有自锁功能。而串联在 KM_2 线圈支路中的另一只 KM_1 常开辅助触头只具有顺序控制作用,只要这只 KM_1 常开触头不闭合(即电动机 M_1 不启动前),线圈 KM_2 就无法得电,电动机 M_2 就不能启动运行。所以图 2-28(a)控制线路的启动控制顺序应是 M_1 先启动后,M_2 才能启动。

SB_{11} 为电动机 M_1 启动按钮;SB_{21} 为电动机 M_2 启动按钮;SB_{22} 为电动机 M_2 的停止按

钮；SB_{12}是两电动机同时停止的按钮。

这个顺序控制线路中，将停止按钮分别连接在两台电动机启动线路中，因此它的停止控制可以是：

（1）首先按下SB_{22}，电动机M_2首先单独停转，再按SB_{12}，电动机M_1随后停转，具有顺序停车的控制功能。也可使电动机M_2单独停转。

（2）如果直接按SB_{12}，电动机M_1和M_2同时停转，也就是这个控制线路的启动顺序为M_1电动机启动后，M_2电动机才可启动，停止控制也是顺序停止的，即可单独先停M_2电动机，还可使电动机M_1和M_2同时停转。

图2-28（b）所示电路就是在图2-28（a）的基础上，在SB_{12}停止按钮上并联KM_2常开辅助触头。此电路的启动顺序控制仍然是：先启动电动机M_1后再启动电动机M_2，但它的停止顺序控制特点是只有M_2先停止后，M_1才能停止。即两台电动机是正序启动，逆序停止。

其原因是只要KM_2线圈通电（电动机M_2转动），KM_2常开辅助触头就闭合，这时既使按下SB_{12}，KM_1线圈也照常通电；只有KM_2线圈失电（电动机M_2停转），其常开辅助触头KM_2才断开，这时按钮SB_{12}才能达到切断接触器KM_1线圈电源的目的，使电动机M_1停转。因此这个顺序控制线路为顺序启、逆序停控制线路。

特 别 提 示

- 顺序控制线路中，我们介绍了几种顺序启、停功能控制线路的？
- 能否设计出其他顺序起、停控制线路？

2.4.2 多地控制线路

在大型机床设备中，为了操作方便，常常要求能在多个地点对同一台电动机进行操作控制，这种控制方式称为多地控制线路。如图2-29所示，为了达到从两个地点或多个地点操作控制一台电动机的目的，必须另外再装几组启动、停止按钮。这几组启动、停止按钮的接线原则是：启动按钮要相互并联，停止按钮要相互串联。图2-29所示为三地控制线路图，其中SB_{11}和SB_{12}为甲地的启动和停止按钮；SB_{21}和SB_{22}为乙地的启动和停止按钮；SB_{31}和SB_{32}为两地的启动和停止按钮。它们可以在三个不同的地点实现对同一台电动机的控制。

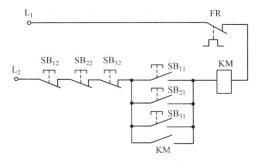

图2-29 三地控制线路

2.5 三相异步电动机降压启动控制线路

前面介绍的三相异步电动机的启动方法均为全电压直接启动。启动时电动机定子绕组所加的电压为电动机的额定电压。这种启动方式的特点是，电路元件较少，控制电路简单当然故障机会少，维修工作量小，但是我们知道电动机在全压启动过程中，启动电流为额定电流的 4～7 倍。过大的启动冲击电流对电动机本身和电网以及其他电气设备的正常运行都会造成不利影响。过大的启动电流使电动机发热，使电动机绝缘老化，影响电动机寿命，过大的启动电流还会造成电网电压大幅度的降落，这样一方面使电动机自身启动转矩减小（电动机全压启动转矩本身就不大），将延长启动时间，增大启动过程的能耗，严重时甚至电动机无法启动；另一方面，由于电网电压降低而影响其他用电器的正常工作，如电灯变暗，日光灯闪烁以至熄灭，电动机运转不稳，甚至停转。

因此有些电动机特别是较大容量的电动机需要采用降压启动。

一台电动机是否需要采用降压启动，可以用下面的经验公式来判断：

$$\frac{I_q}{I_e} \leqslant \frac{3}{4} + \frac{电源变压器容量（kV \cdot A）}{4 \times 某台电动机功率（kW）}$$

式中，I_q 为电动机全压启动电流（A）；I_e 为电动机的额定电流（A）。

计算结果满足上述公式时，可采用全压启动方式；计算结果不符合上述公式时，必须采用降压启动。

例 2.5 一台 190kW 的三相鼠笼式异步电动机，接在容量为 1000kV·A 的电网上使用，启动电流为额定电流的 5 倍，问电动机是否能直接启动？

解：

因为 $\dfrac{3}{4} + \dfrac{电源变压器容量（kV \cdot A）}{4 \times 某台电动机功率（kW）} = \dfrac{3}{4} + \dfrac{1000}{4 \times 190} = 2.07$

又因为 $\dfrac{I_q}{I_e} = 5$

比较结果不满足经验公式，所以必须采用降压启动。

所谓降压启动就是电动机在启动时，加在定子绕组上的电压小于额定电压，当电动机启动后，再将加在定子绕组上的电压升至额定电压，这样大大降低了启动电流，减小了电网上的电压降落。常见的降压启动方式有：串电阻降压启动、Y-△启动、自耦变压器降压启动、延边三角形启动等。

2.5.1 串联电阻降压启动

所谓串联电阻降压启动控制线路，就是在电动机启动过程中，在电动机定子线路中串联电阻利用串联电阻来减小定子绕组电压以达到限制启动电流的目的。一旦电动机启动完毕，再将串联的电阻短接，电动机便进入全压正常运行。这个用来限制启动电流大小的电阻，称为启动电阻。

1. 接触器控制串联电阻降压启动控制线路

图 2-30 所示电路为接触器控制的串联电阻降压启动控制线路。主电路中 KM_1 主触头闭合，而 KM_2 主触头断开时，电动机处于串联电阻 R 降压启动状态；当主触头 KM_2 闭合，KM_1 也闭合时，电阻 R 被 KM_2 主触头短接，电动机进入全压正常运行。主电路串接的电阻 R 称为启动电阻。辅助电路中，SB_1 按钮为降压启动控制按钮，SB_2 为全压正常运行控制按钮。

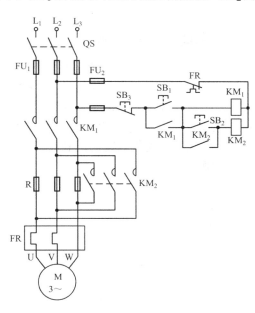

图 2-30 接触器控制的串联电阻降压启动控制线路

另外这两个控制按钮具有顺序控制的能力，因为 KM_1 辅助常开触头串接在 SB_2、KM_2 线圈支路中起顺序控制作用。只有 KM_1 线圈先通电之后，KM_2 线圈才能通电，即电路首先进入串联电阻降压启动运行状态，然后才能进入全压运行状态。也即 KM_2 线圈不能先于 KM_1 线圈获电，电路不能首先进入全压运行状态。这样才能达到降压启动、全压运行的控制目的。电路的控制原理如下。

启动：

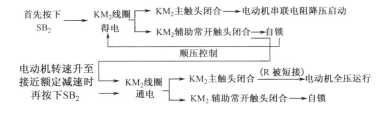

停转时：

按下 SB_2 停止按钮 → KM_1、KM_2 线圈同时失电 → KM_1、KM_2 主触头同时断开 → 电动机停转在这个降压控制线路中,先后按下了两个控制按钮,电动机才进入全压运行状态,并且运行时 KM_1、KM_2 两线圈均处于通电工作状态,能耗较大。

另外在这个控制线路的操作过程中,操作人员必须要具有熟练的操作技术,才能使启动电阻 R 在适当的情况下短接,否则容易造成不良后果。短接电阻早了,起不到降压启动的目的;短接晚了,既浪费了电能又影响负载转矩。启动电阻的短接时间由操作人员的熟练操作技术决定,很不准确。如果启动电阻的短接时间改为时间继电器来自动控制,就解决了上述人工操作带来的问题。

2. 时间继电器自动控制串联电阻降压启动线路

图 2-31 所示为由时间继电器自动控制串联电阻降压启动线路。在这个线路中,增加了一个时间继电器 KT,KT 的延时闭合的常开触头,代替了图 2-30 中的 SB_2 全压运行按钮。启动过程只需按一次 SB_1 启动按钮,电路就可首先进入串联电阻降压启动,

经一定时间延时后自动进入全压运行状态。启动时间的长短可由时间继电器 KT 来控制,只要时间继电器动作时间事先根据电动机启动时间长短要求调整好之后,电动机由降压启动切换到全压运行过程就会准确可靠。

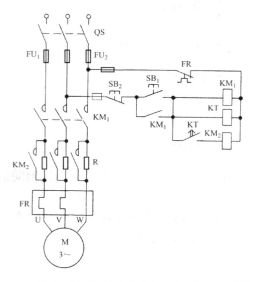

图 2-31 时间继电器控制的串联电阻降压启动控制线路

启动:

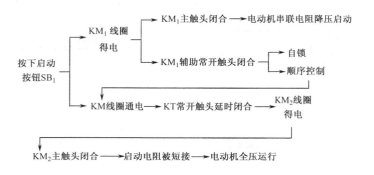

停止:按 SB_2 停止按钮。

采用时间继电器的串联电阻降压启动控制线路,克服了如图 2-30 所示接触器控制串联电阻降压启动控制线路中,人工操作带来的启动时间不准确的缺点。但是这种电路在电动机运行过程中,仍然是所有的接触器均处于长期通电的工作状态。这种控制线路正常工作是建立在两台接触器加一只时间继电器共同工作的基础上,这就降低了控制线路的可靠性。这是因为它们中的任意一只出现故障,电动机就不可能运转。同时多台接触器工作带来的电能损耗也大。另外,在图 2-31 所示的控制线路中,即使电动机因故不能进入降压启动运行时,时间继电器线圈也照常通电工作。在出现接触器断线一类的故障时,按下了启动按钮 SB_1 后,电动机虽然无法降压启动,但是时间继电器线圈会通电。

为了克服上述电路所有接触器均通电工作的缺点,提高电路的工作可靠性,将电路加以改造,使之既可实现自动控制降压启动,又可使电动机全压运行中只依靠一只接触器就可维持运行。在图 2-32 所示电路中,为了使接触器 KM_2 能独立控制电动机全压运行,主电路中,KM_2 主触头不仅短接了启动电阻,同时短接了 KM_1 主触头。当主触头 KM_1 闭合,KM_2 主触头断开时,电动机串联电阻降压启动,当主触头 KM_2 闭合,KM_1 主触头断开时,电动机全压运行。辅助电路中,在 KM_1 接触器线圈中串接了 KM_2 的辅助常闭触头,这样当 KM_2 通电,电动机进入全压运行后,KM_1 线圈就可释放。在时间继电器线圈支路中串接了 KM_1 辅助常开触头,这样保持 KM_1 线圈通电之后,时间继电器线圈 KT 才能通电。起到联锁作用。另外,KM_2 辅助常开触头起自锁作用。

电路的控制原理如下。

启动:

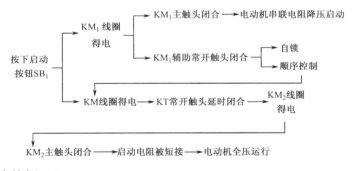

停止时按停止按钮 SB_2。

线路进入全压运行后,只有 KM_2 接触器通电工作,KM_1 接触器、时间继电器均释放不工作。这样大大提高了电路工作的可靠性,同时减少了耗电量,提高元件的使用寿命。

例 2.6 在图 2-30 所示的接触器控制的串联电阻降压启动控制线路中,要使电动机在进入全压运行后,仅依靠 KM_2 接触器通电工作,试分析电路应如何改造。

解:

(1) 主电路中,要想使电动机仅依靠 KM_2 接触器主触头来进行全压运行,KM_2 主触头要连接到 KM_1 主触头和启动电阻 R 两端。

(2) 为使 KM_2 线圈通电后,KM_1 线圈断电,必须在 KM_1 支路中串接上接触器 KM_2 的辅助常闭触头。

（3）要使 KM$_2$ 线圈长时间维持通电状态，KM$_2$ 自锁触头应连接到 KM$_1$ 自锁触头与按钮 SB$_2$ 两端。

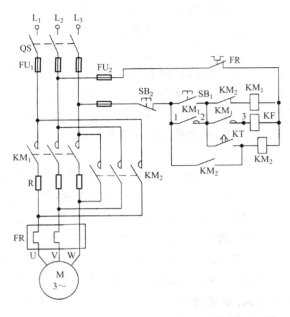

图 2-32　另一种时间继电器控制的串联电阻启动控制线路

改造后的电路如图 2-33 所示。

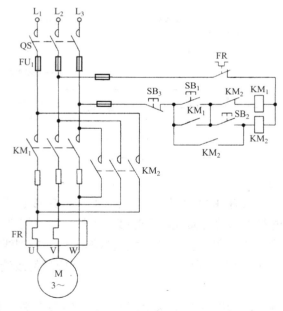

图 2-33　改造后的电路

3. 自动与手动控制的串电阻降压启动控制线路

在图 2-32 所示的电路中存在一个问题,假如该线路中时间继电器 KT 发生断线或机械卡住一类无法工作的事故时,这个控制电器就不可能正常工作,即启动电阻 R 无法被短接,电动机定子绕组的电压,始终低于电源电压。这样一方面浪费了电能,另一方面容易烧毁启动电阻,并且造成电动机长期欠电压运动,其后果同样是十分严重的。因此,上述控制电路必须保证当电动机自动控制失效时,控制线路仍然可以通过手动操作,使电动机进入正常运行状态,如图 2-34 所示的串联电阻降压启动控制线路就具有这种功能。此电路在如图 2-32 所示时间继电器控制的串联电阻启动控制线路的基础上,增加了一个 HZ10－10P/3 型组合开关 SA 和升压按钮 SB_2(全压运行按钮)。本控制线路中接触器 KM_1 线圈及时间继电器线圈只在降压启动时通电,而全压运行时,只有 KM_2 接触器长期通电,使电路可靠性提高,并且延长了接触器 KM_1 及时间断电器 KT 的使用寿命。它的控制原理如下。

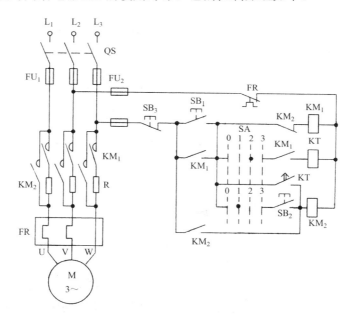

图 2-34 组合开关控制串联电阻降压启动线路

自动启动控制时:组合开关 SA 旋转至"2"的位置。这时 SA 开关接通时间继电器线圈 KT 支路,电路按自动控制方式启动。

手动控制时:组合开关 SA 旋转至"1"的位置,启动电阻 R 可通过升压按钮 SB_2 的手动操作来短接,与 KM_1 配合完成手动控制。

自动控制过程:先将 SA 扳到"2"位置;

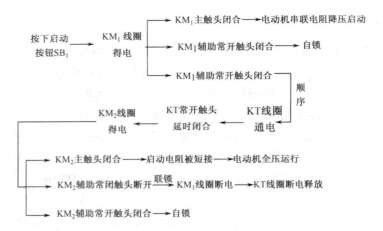

手动控制过程：先将 SA 扳到"1"位置；

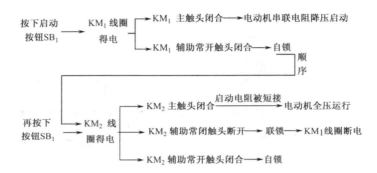

4．串电阻降压启动控制线路的选择原则

串电阻减压启动适用于正常的运行时做星形或三角形连接的电动机。这种启动方法，启动时加在定子绕组上的电压为直接启动时所加定子绕组电压的 0.5～0.8 倍，而电动机的启动转矩与所加的电压平方成正比，因此降压启动转矩 M′ 是额定转矩 M 的 0.25～0.64 倍。由此看来串电阻降压启动方法，仅仅适用于对启动转矩要求不高的生产机械，即电动机轻载或空载的场合。

另外，由于采用了启动电阻使控制箱体积大为增加，而且每次启动时在电阻上的功率损耗较大，若启动频繁，则电阻的温升很高，对于精密机床不宜使用。

启动电阻的选择可利用下列公式近似估算：

$$R = \frac{220}{I_e}\sqrt{\frac{I_q}{I_q'}-1} \quad (\Omega)$$

式中，I_q 为电动机直接启动时的启动电流，单位为 A；I_q' 为电动机降压启动时的启动电流，单位为 A；I_e 为电动机的额定电流，单位为 A。

例 2.7 一台三相鼠笼式异步电动机,功率为 28kW,$\dfrac{I_q}{I'_q} = 6.5$,额定电流 52A,问应串接多大的电阻启动?

解:

$$R = \dfrac{220}{I_e}\sqrt{\dfrac{I_q}{I'_q}-1} = \dfrac{220}{52} \times \sqrt{(6.5)^2 - 1} = 27.2 \quad (\Omega)$$

启动电阻功率:$P = I_e^2 \cdot R = 52^2 \times 27.2 = 73548.8 \quad (W)$

由于启动中短时间内电流较大,启动电阻仅在启动时应用,故电阻功率选择应选择计算值的 $\dfrac{1}{3} \sim \dfrac{1}{4}$。

2.5.2 Y-△ 形降压启动

凡是正常运行过程中定子绕组接成三角形的三相异步电动机均可采用 Y-△减压启动方式来达到限制启动电流的目的,其原理是启动时,定子绕组首先接成 Y(星形),待转速达到一定值后,再将定子绕组换接成△(三角形),电动机便进入全压正常运行。

Y-△降压启动方式限制启动电流的原理是:当定子绕组接成 Y 形时,定子每相绕组上得到的电压是额定电压的 $\dfrac{1}{\sqrt{3}}$,使 $I_Y = \dfrac{1}{3}I_\triangle$,星形启动时的线电流比三角形直接启动时的线电流降低 3 倍,从而达到降压启动的目的。

图 2-35(a)所示电路为 Y-△形启动控制原理图,当开关 SA_2 合向"启动"位置,电动机定子绕组便接成了星形启动;当转速升高到一定值时,再将开关 SA_2 合向"运行"位置,使电动机定子绕组接成三角形运行。

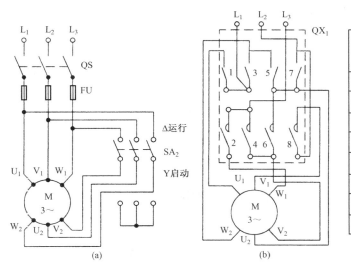

图 2-35 Y-△降压启动原理

1. 手动 Y-△ 降压启动

图 2-35（b）所示为 QX$_1$ 型手动空气式 Y-△ 启动器，当手柄扳到"0"位置时，8 副触点都断开，电动机失电不运行；当手柄扳到"Y"位置时，触点 1、2、5、6、8 闭合，U$_1$、V$_1$、W$_1$ 分别通过触点 1、8、2 接三相电源 L$_1$、L$_2$、L$_3$；而 W$_2$、U$_2$、V$_2$ 则通过触点 5、6 连接在一起，电动机定子绕组接成 Y 形降压启动。当电动机转速上升到一定值时，将手柄扳到"△"位置，这时 1、2、3、4、7、8 触点闭合，U$_1$-W$_2$ 通过触点 1、3 相连，V$_1$-U$_2$ 通过触点 7、8 相连、W$_1$-V$_2$ 通过触点 2、4 相连，电动机定子绕组接成三角形全压运行。

2. 自动 Y-△ 降压启动控制线路

图 2-36 所示电路为接触器控制的 Y-△ 降压启动控制线路。此线路中，主电路采用两组接触器主触头 KM$_Y$、KM$_△$，当 KM$_Y$ 主触头闭合而 KM$_△$ 主触头断开时，电动机定子绕组接成星形降压启动。当启动完毕后，KM$_Y$ 一组主触头先断开，而 KM$_△$ 一组主触头闭合，电动机定子绕组接成三角形全压运行。

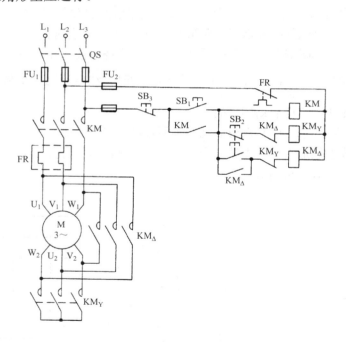

图 2-36 接触器控制 Y-△降压启动控制线路

控制线路中 SB$_1$ 为启动按钮，SB$_2$ 复合按钮为升压按钮（或全压运行按钮），SB$_3$ 为停止按钮，电路设有短路、过载、失压、欠压保护功能。

电路的具体控制原理如下。

电动机Y接法降压启动：

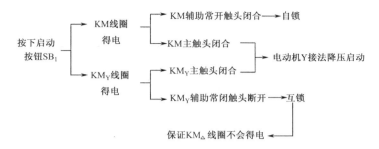

当转速上升到一定值时：

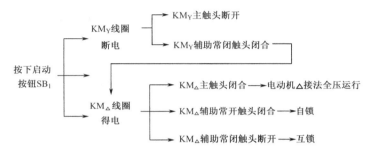

在这个控制线路中，我们知道 KM_Y、$KM_\triangle$ 主触点不能同时闭合，否则将会出现短路故障。电路是如何采取措施防止短路故障。从控制线路图上可看出，KM_Y、$KM_\triangle$ 的两个常闭辅助触头起到了"互锁"的功能，从而有效地避免了短路故障。

这种 Y-△ 启动控制电路在操作过程中需要两次按动按钮，很不方便，并且由启动切换成全压运行的时间是人为决定的，很不准确。为了使电路能及时、准确地从星形启动切换到三角形运行状态，可采用由时间继电器控制的 Y-△ 降压启动控制线路。

3．时间继电器控制的 Y-△ 降压启动控制线路

图 2-37 所示就是由时间继电器控制的 Y-△降压启动控制线路，主电路与图 2-36 相同，辅助电路中增加了时间继电器 KT。这个控制线路启动时间的长短由时间继电器准确控制。

电路在启动按钮 SB_1 线路中串联的 $KM_\triangle$ 常闭触头的作用是：①当电动机全压运行后，$KM_\triangle$ 接触器已吸合，$KM_\triangle$ 辅助常闭触头断开，如果此时误按动按钮 SB_1，由于 $KM_\triangle$ 触头已断开，能防止 KM_Y 线圈再通电，从而避免了短路故障。②在电动机停转后，如果接触器 $KM_\triangle$ 的主触头因故熔在一起或机械故障而没有分断，由于串接了 $KM_\triangle$ 的辅助常闭触头，电动机也不会再次启动，也防止短路发生。

在电动机 Y 启动过程中，即 KM、KM_Y 线圈均通电的情况下，如何避免 $KM_\triangle$ 线圈同时通电现象发生，不难看出这里利用 KM_Y 常闭触头完成联锁功能。另外 KM_Y 辅助常闭触头还具有控制线路完成 KM_Y 线圈先断电，而后 $KM_\triangle$ 线圈再通电的顺序控制，从而避免了 KM_Y、$KM_\triangle$ 两组主触头同时闭合的现象。还有，这种控制线路在启动完毕，电路进入全压

运行时，时间继电器 KT，接触器 KM_Y 均不再通电，从而延长了其使用寿命，只有 KM 线圈全过程均工作。

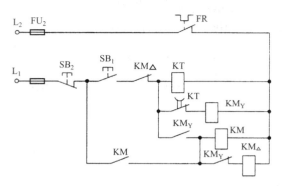

图 2-37 时间继电器控制自动 Y-△ 启动控制线路

它的控制过程为：

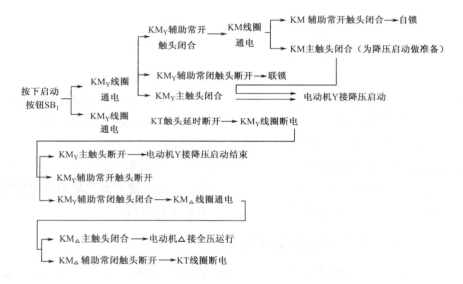

Y-△ 启动方法只适用于正常工作时定子绕组为三角形连接的电动机。

采用这种方式启动时，星形接法的启动电流为三角形接法启动电流的 1/3；启动的转矩也为全压运行转矩 1/3，故 Y-△ 启动方式只适用于空载或轻载启动。

目前市场上有时间继电器控制的 Y-△ 降压启动控制线路的定型产品，这些自动启动器有 QX_1、QX_3、QX_4 和 QX_{10} 四种常用系列。

图 2-38 所示为 QX_{3-13} 型 Y-△ 自动启动器外形结构图和控制线路图，电路的工作原理读者可自行分析。

第 2 章 三相异步电动机的基本控制线路

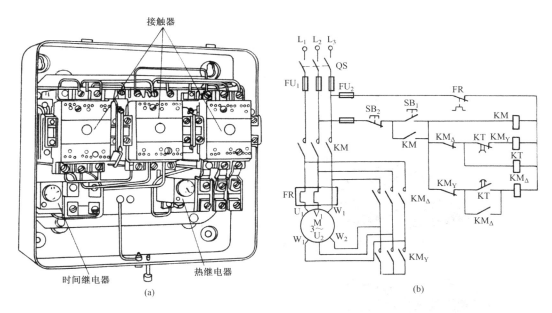

图 2-38 QX$_{3-13}$ 型 Y-△ 自动启动器及控制线路

2.5.3 自耦变压器降压启动

自耦变压器（补偿器）降压启动是指利用自耦变压器来降低启动时的电动机定子绕组电压，以达到限制启动电流的目的。原理电路如图 2-39 所示。启动时，转换开关 SA 扳向"启动"位置，此时电动机定子绕组与自耦变压器的低压侧连接，电动机进行降压启动，待转速上升到一定值时，再将 SA 扳向"运行"位置，这时自耦变压器被切除，电动机定子绕组全压运行。自耦变压器降压启动有两种控制，手动控制与自动控制两种。

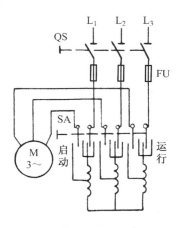

图 2-39 自耦变压器降压启动原理图

1. 手动控制

手动控制所采用的补偿器有 QJ₃、QJ₅ 型。如图 2-40 所示为 QJ₃ 型启动补偿器的结构图与控制线路图。

QJ₃ 型补偿器主要由自耦变压器、触头系统、保护装置和操作机构等部分构成，如图 2-40 所示。

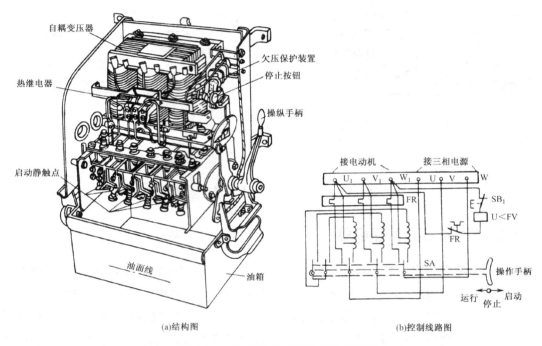

图 2-40 QJ₃ 型补偿器降压启动控制线路

控制器上，自耦变压器的抽头有两种电压可供选择，分别是电源电压的 65% 和 80%（出厂时接在 65% 抽头上），可根据电动机的负载大小适当选择。

保护装置有过载保护和欠压保护，欠压保护由欠压继电器 FV 完成，其线圈跨接在两相电源间，当电源电压降低到一定值时，衔铁跌落，通过机械机构使补偿器跳闸，保护电动机不因电压太低而烧坏。当电源突然断电时，同样也会使补偿器跳闸，这样可防止电源恢复供电时，电动机自行全压启动。

过载保护采用双金属片热继电器。在室温 35℃ 环境下，当电流增加到额定值的 1.2 倍时，热继电器动作，其常闭触头断开，使 KV 线圈断电，同样使补偿器跳闸，保护电动机以免因过载而损坏。

触头系统包括两排静触头和一排动触头，均装在补偿器的下部，浸没在绝缘油内，绝缘油的作用是熄灭触头断开时产生的电弧，上面一排触头叫启动静触头，它共有 5 个触头，其中 3 个在启动时与动触头接触，另外两个是在启动时将自耦变压器的三相绕组接成星形。下面一排触头中运行静触头只有 3 个；中间一排是动触头，共有 5 个，有 3 个触点用软金属带连接板上的三相电源，另外两个触头自行接通的。

QJ_3 补偿器工作原理如下：启动时将手柄扳到"启动"位置，电动机定子绕组接自耦变压器的低压绕组一侧，电动机降压启动，当转速上升到一定值时，将手柄扳到"运行"位置，电动机定子绕组直接同三相电源相接，自耦变压器被切除，电动机全压运行。如要停转，只要将手柄扳到"停止"位置，电动机不通电，电动机停转。

2．接触器控制的自耦变压器补偿器降压启动控制线路

图 2-41 所示为接触器控制的补偿器降压启动控制线路，主电路采用了三组接触器触头 KM_1、KM_2 和 KM_3。当 KM_1 和 KM_2 闭合，而 KM_3 断开时，电动机定子绕组接自耦变压器的低压侧降压启动；当 KM_2 和 KM_1 断开，而 KM_3 闭合时，电动机全压运行。

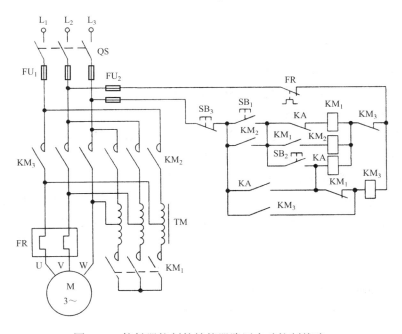

图 2-41 接触器控制的补偿器降压启动控制线路

辅助电路采用了 3 个交流接触器 KM_1、KM_2、KM_3，一个中间继电器 KA，启动按钮 SB_1，升压按钮 SB_2 等。

实现降压启动，其控制过程如下：

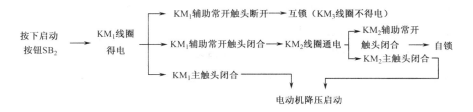

当转速达到一定值时:

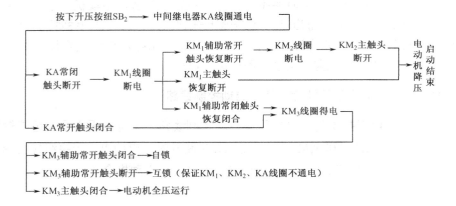

需要停转时,只需按动停止按钮 SB₃ 即可。

此控制线路具有以下几个特点:

(1)如果发生误操作,在没有按动 SB₁ 按钮的情况下,直接按动了 SB₂ 升压按钮,从电控制线路可看出 KM₃ 线圈不会通电,电动机 M 无法全压启动。

(2)如果接触器 KM₃ 出现线圈断线或机械卡住无法闭合时,电动机也不会出现低压长期运行,原因是一旦按动了 SB₂ 按钮,中间断电器 KA 通电工作,必然使 KM₁ 线圈断电,KM₁ 线圈断电必定 KM₂ 线圈也断电,低压启动结束。

(3)电动机进入全压运行过程中。KM₃ 的主触头先闭合,而 KM₂ 主触头后断开,尽管这个时间间隔很短,但是不会出现电动机间隙断电,也就不会出现第二次启动电流。

(4)电路的缺点是,每次启动需按动两次按钮,并且两次按动按钮的时间间隔不容易掌握,即启动时间的长短不准确。

如果采用时间继电器来代替人工操作,控制启动时间的长短,上述缺点就不存在了。

3．时间继电器控制的自耦变压器补偿器降压启动控制线路

这种控制线路也叫自动控制的补偿器降压启动,生产现场常用的自动控制方法是采用 XJ01 系列的自动操作的自耦降压启动器。

利用自耦降压启动器的启动方式比串联电阻减压启动效果好,在启动转矩相等的情况下,自耦变压器启动从电网吸取的电流小。这种启动方式设备费用大,价格较高,而且其线圈是按短时通电设计的,因此只允许连续启动两次。由于上述原因,这种启动方式通常用来启动大型和特殊用途的电动机,机床上应用较少。

图 2-42 所示的控制线路为 XJ01 型自动启动自耦变压器补偿器的控制线路。

控制电路分为三部分,主电路、控制电路和指示电路。

主电路：由自耦变压器 TM，接触器 KM$_1$ 的三个主触头、接触器 KM$_2$ 的三个主触头和两个辅助常闭触头、热继电器 FR 的热元件及电动机 M 组成。当接触器 KM$_1$ 通电工作，而 KM$_2$ 接触器不工作时，电动机进入全压运行。自耦变压器具有多个抽头，可获得不同的变化，使用过程中可供选择。

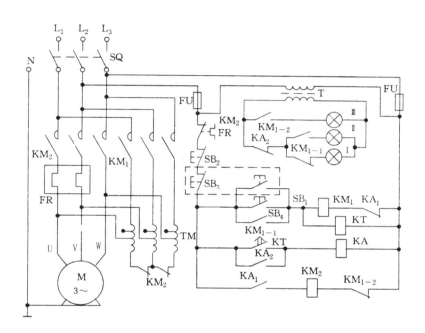

图 2-42　XJ01 型自动启动自耦变压器补偿器控制线路

指示电路：指示电路包括有指示灯电源变压器 T，接触器 KM$_1$ 的常开触头和常闭触头，接触器 KM$_2$ 的常开触头和中间继电器 KA 的常闭触头。指示灯 I 亮，表示控制线路已接电源，处在准备工作状态；指示灯 II 亮，表示控制线路已进入降压启动过程；指示灯 III 亮，表示控制线路进入全压运行。

控制电路：由两台接触器 KM$_1$、KM$_2$、时间继电器 KT 和中间继电器 KA 及启动按钮 SB$_1$、SB$_4$ 和停止按钮 SB$_2$、SB$_3$ 组成。两个启动按钮并联，两个停止按钮串联，构成了两地控制功能。SB$_1$、SB$_3$（虚线框中）组成了甲地控制的启动、停止按钮。SB$_4$、SB$_2$ 组成了乙地控制的启动、停止按钮。

XJ01 型自动启动补偿器工作原理如下：

当合上开关 SQ 后，变压器 T 有电，指示灯 I 亮，表示电源接通（电路处于启动准备状态），但是电动机不转。

启动：

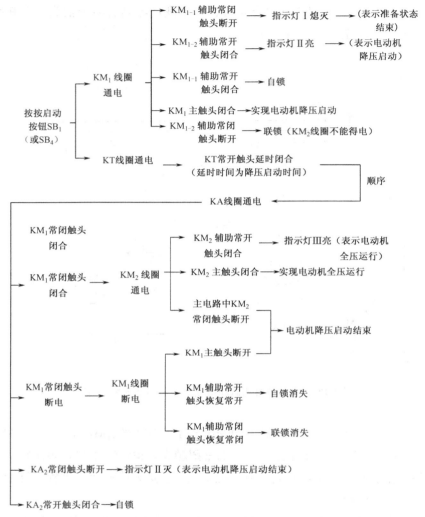

停止时只需按动停止按钮 SB$_2$ 或 SB$_3$。

降压启动过程中，接触器 KM$_1$，时间断电器 KT 工作，而接触器 KM$_2$ 和中间继电器 KA 不工作。电路进入全压运行后，情况正相反，接触器 KM$_2$ 和中间断电器 KA 工作，而接触器 KM$_1$ 和时间继电器 KT 不工作。

自耦变压器具有多个抽头，可以获得不同的变化，比 Y-△降压启动方法的启动电流、启动转矩选择灵活。

采用自耦变压器降压启动比采用定子串电阻减压启动效果好，在启动转矩相等的情况下，自耦变压器启动从电网吸收的电流小，但是自耦变压器价格较贵，而且其线圈是按短时通电设计的，因此只允许连续启动两次。

2.5.4 延边三角形降压启动控制线路

三相鼠笼式异步电动机采用 Y-△ 启动时，可以在不增加专用启动设备的条件下实现减压启动。这种启动方法的优点是简单、方便，并可实现自动控制，其缺点是启动时每相绕组均接成星形，每相绕组电压只有额定电压的三分之一，启动转矩也为额定转矩的三分之一。

如何克服 Y-△ 降压启动控制线路的启动转矩小的缺点，同时又保持不用增加启动设备，能得到比较高的启动转矩呢？延边三角形降压启动方式可以达到上述要求。

1. 延边三角形降压启动控制线路原理

延边三角形降压启动控制线路，适用于定子绕组为特殊设计的 YTD 系列三相异步电动机，一般的电动机定子绕组为六个出线头（接线头），V_1、U_1、W_1、W_2、U_2、V_2、V_3、U_3、W_3，即电动机三相绕组多了一组中心抽头 V_3、U_3、W_3。

启动时，三相绕组的一部分接成三角形，另一部分接成星形，使绕组接成延边三角形，如图 2-43（b）所示，U_3-W_2、W_3-V_2、V_3-U_2 相连，而 U_1、V_1、W_1 分别接到三相电源 L_1、L_2、L_3。整个绕组接成了一个延长了边的三角形，所以叫延边三角形，由于三相绕组接成了延边三角形，每相绕组所承受的电压，比三角形接法时的相电压要低，比星形接法时的相电压要高，介于 220～380V 之间，启动转矩也大于星形启动时的启动转矩。这种启动方法启动电压、启动电流、启动转矩的大小取决于每相绕组的两部分阻抗的比值——定子绕组的抽头比。所谓定子绕组的抽头比就是三条延长边中任何一条边的匝数（N_1）与三角形任何一条边的匝数（N_2）之比，当 N_1∶N_2=1∶1，电源线电压为 380V，则相电压为 264V。当 N_1∶N_2=1∶2，线电压为 380V，则相电压为 290V。

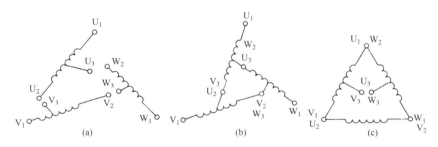

图 2-43 延边三角形接法的电动机定子绕组

从上述数据看出，改变三角形连接时的定子绕组的抽头比，能够改变相电压的大小，从而达到改变或者调节启动转矩的目的，但是出厂的电动机其抽头比已经固定，所以使用时只能利用这个抽头做有限的变动。例如 N_1∶N_2=1∶2。

若将 N_2 作为延边三角形接法中延长边，而将 N_1 作为三角形接法的边长，那么此时的抽头比为 N_2∶N_1=2∶1。

2. 运行过程

启动过程结束，电动机的转速达到一定值时，再将三相绕组接成三角形，如图 2-43（c）所示。U_1-W_2，V_1-U_2，W_1-V_2 相连后并分别接三相电源 L_1、L_2、L_3。

如图 2-44 为延边三角形降压启动控制线路。

（1）主电路有三组主触头，KM_1、KM_2 和 KM_3。当 KM_1、KM_3 闭合，KM_2 断开时，由于 KM_3 的闭合使 U_2-V_3 相连，V_2-W_3 相连，W_2-U_3 相连，而 U_1、V_1、W_1 接线头分别接电源 L_1、L_2、L_3。电动机定子绕组接成了延边三角形，电动机降压启动。

当 KM_1、KM_2 两组触头闭合，KM_3 断开时，U_1-W_2，V_1-U_2，W_1-V_2 分别相连后接电源 L_1、L_2、L_3，电动机定子绕组接成三角形全压运行。

（2）辅助电路由 KM_1、KM_2、KM_3 三只接触器，KT 时间继电器，热继电器 FR 及启动按钮 SB_1，停止按钮 SB_2 组成。

（3）控制线路的工作过程如下。

启动时：电路工作在降压启动时，接触器 KM_1、KM_3 及时间继电器 KT 工作，接触器 KM_2 不工作。电路进入全压运行后，接触器 KM_1、KM_2 工作，而 KM_3、时间继电器 KT 均不工作。

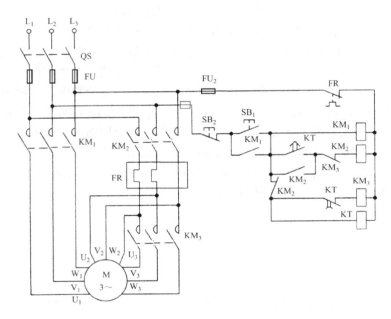

图 2-44 延边三角形降压启动控制线路

特别提示

- 定子绕组串联电阻降压启动控制线路和自耦变压器降压启动控制线路，对电动机的结构都没有特殊的要求，但需要增加外部设备。想一想分别是什么设备？
- 其他降压启动控制线路对电动机的定子绕组都有特殊要求，想一想是什么要求？
- 不论那种降压启动控制线路，其控制电路都有一共同要求，即必须严格控制启动时间。想一想，启动时间的控制是通过什么电路元件完成的？

2.5.5 三相异步电动机降压启动方式选择

不同的生产机械对电动机的要求不同，各种电动机的结构形式及适用范围也不同，因此它们的启动方式也各不相同。

1. 直接全压启动

（1）适用范围：一般用于 75kW 以下的电动机。

（2）优缺点：启动设备简单，操作方便，启动过程快；启动电流很大，电网容量小时，对电网的影响较大。

2. 采用串电阻（电抗）降压启动

（1）适用范围：用于启动转矩较小的电动机，有时用于不能用 Y-△降压启动的电动机。

（2）优缺点：启动设备简单，启动电流比直接启动电流有所减小，但启动转矩减小更多。启动时在电阻上消耗的电能较大，故较少使用。

3. 自耦变压器降压启动

（1）适用范围：用于容量较大，正常运行接成星形而不能采用 Y-△启动的电动机。在 380V 时可启动 40kW、75kW、100kW、130kW 的电动机。

（2）优缺点：启动转矩较大，启动器二次绕组有不同的电压抽头，可根据具体情况选择电压，以满足启动转矩的要求。

补偿器价格较贵，且易发生故障，不允许频繁启动。

4．Y-△降压启动

（1）适用范围：适用于在正常运行时绕组接线为三角形的电动机，多用于轻载或空载启动的电动机。

（2）优缺点：启动设备简单，容量较大的电动机用 QJ_3 手动油浸 Y-△启动器，一般电机用 QX_1、QX_2 系列手动 Y-△启动器，可以频繁启动，启动转矩较小。

5. 延边三角形降压启动

（1）适用范围：适用于定子绕组有中间抽头的电动机。

（2）优缺点：可选用不同抽头比例来改变电动机的启动转矩，比较灵活。设备简单，可以频繁启动，电动机的抽头多，结构复杂。

2.6 三相异步电动机的行程控制与自动往返控制

在许多生产机械中，常需要控制某些机械运动的行程，即某些生产机械的运动位置，如生产车间的行车运行到终端位置时需要及时停车，铣床要求工作台在一定距离内能自动往返，以便对工件连续加工，像这种控制生产机械运动行程和位置的方法叫行程控制，也叫位置控制。

2.6.1 行程控制（位置控制）

实现生产机械的行程控制，要依靠行程开关，行程开关的作用是将机械信号转换成电信号以控制电动机的工作状态，从而控制运动部件的行程，其原理是：行程开关常安装在工作机械应该限位的地方。例如，在行车运行轨道的两个终端处各安装一个行程开关，将这两行程开关的常闭触头串接在电动机的控制电路中，如图 2-45 所示就可以达到控制行程的目的或做终端保护之用。

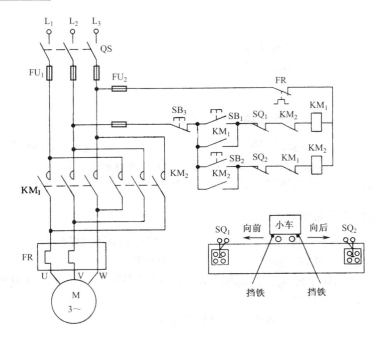

图 2-45 行程控制电路

电路的控制原理如下：合上 QS 开关，按下启动按钮 SB₁，接触器 KM₁ 线圈通电，其主触头闭合，电动机正转启动运行。小车向前运动。当小车运行到终端位置时，如果没能及时按停止按钮 SB₃，小车也会自动停车。这是由于小车上的挡铁碰撞位置开关 SQ₁，使 SQ₁ 的常闭触头断开，接触器 KM₁ 线圈断电释放，电动机停转，小车停止运行。此时，即使再按下前行启动按钮 SB₁，接触器 KM 的线圈也不会得电，保证小车不会越过 SQ₁ 所在位置。

当按下后行启动按钮 SB₂ 时，接触器 KM₂ 线圈通电，KM₂ 主触头闭合，电动机反向运转，小车向后运行，位置开关 SQ1 复位闭合，当小车运行到另一终端位置时，挡铁又一次碰撞行程开关 SQ2，使之常闭触头断开，切断接触器 KM2 线圈电源，电动机停转，小车停止运行。

这种控制电路就是前面学过的电动机正反转控制线路，无非是在正、反转控制线路的接触器线圈支路中各串接了一个行程开关的常闭触头。它的断开是靠生产机械运行到终端位置时碰撞行程开关上的滚轮来实现的，当生产机械往回运动时，再次碰撞行程开关时，其常闭触头就恢复其常闭状态，为下次限位做准备，由于采用了行程控制开关 SQ₁、SQ 从而使生产机械不会超越极限位置，保证了机械安全可靠运行。

2.6.2 自动往返控制

1. 控制线路

有些生产机械要求工作台在一定距离内能自动往返，以便对工件进行连续加工，如摇臂钻床的上升和下降控制中，为了使其能自动往返运动，用行程开关的常闭触头停止电动机的正向运行，同时用行程开关的常开触头接通反向运行线路，从而实现限位的自动往返运行，如图 2-46 所示为一自动往返运行控制线路。

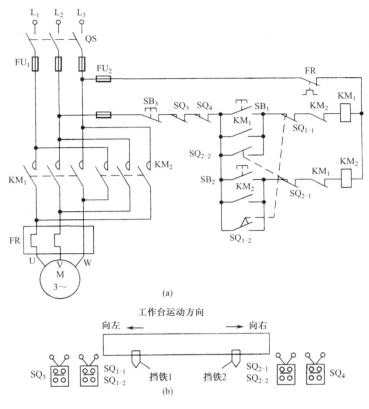

图 2-46 自动往返控制线路

2．控制线路功能

当电动机正转时，工作台向左运行，当电动机反转时，工作台向右运行。将四个位置开关 SQ_1、SQ_2、SQ_3、SQ_4 分别安装在工作台需要限位的两个终端上。其中，SQ_1 和 SQ_2 安装在需要自动往返的位置上。当工作台运行到所限位置时，位置开关动作，自动切换电动机正反转控制线路的断开与接通，实现工作台的自动往返。

行程开关 SQ_3 和 SQ_4 分别安装在生产机械的权限位置上。起终端保护作用，如果 SQ_1 或 SQ_2 失灵（受到挡铁碰撞而不动作），电动机便继续按原方向运转，工作台也将继续按原方向移动，这种情况是不允许的。为此，在左、右两端的某个适当位置安装行程开关 SQ_3 和 SQ_4 并将它们的常闭触头串联在控制线路中的公共线路上，这样工作台运行到某个极限位置时，即使 SQ_1 和 SQ_2 失灵，SQ_3 和 SQ_4 也必将动作，从而切断控制线路，电动机停转。因为 SQ_3 和 SQ_4 起到终端保护作用，所以也称做终端开关。

3．控制线路工作原理

这种控制线路的故障，除前面所述控制线路的接触器、按钮及热继电器的可能故障之外，又多了一个行程开关故障因素。行程开关为一机械动作开关，所以受外界环境（如酸、碱、油污）及使用寿命的影响，往往会发生复位弹簧不能复位现象。故障表现在电动机运行到一端将停止运动，不能往返，动作触桥及弹簧不动作的故障，表现在运动机械运行到终端不能停车。

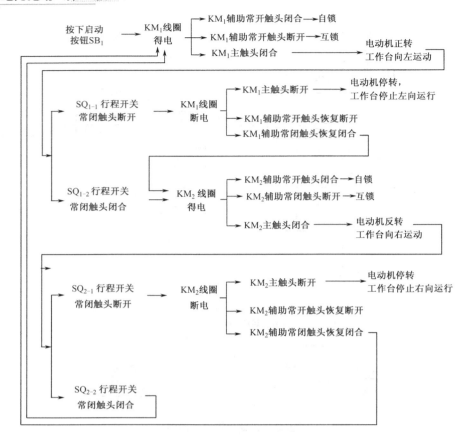

特别提示

- 行程控制实际上就是限位控制,保证电动机运行不超出一定的范围。
- 所以当电动机控制的机械运行到一定位置时,应立即切断电动机的电源,使电动机停转。所以完成本职能的是限位开关的常闭触头。
- 自动往返行程控制,是实现当一个行程结束,另一个行程就要开始;既电动机正转结束,反转就要开始。这类似电动机正反转控制。所以控制线路也类似正反转控制线路。

2.7 三相绕线式异步电动机的启动、调速

三相绕线式异步电动机的转子绕组为绕线式(非笼形铸铝),它的优点是可以通过滑环在转子绕组中串接外加电阻,其目的是减小启动电流,增加启动转矩。在一般要求启动转矩较高的场合,绕线式异步电动机得到了广泛应用。

2.7.1 转子绕组串联电阻启动控制线路

串接在三相转子绕组中的启动电阻,一般都连接成星形。在启动前,启动电阻全部接入电路,随着启动过程的结束(转速的增加),启动电阻被逐段地短接。其短接方法有三相电阻不平衡接法和三相电阻平衡短接法两种。

在如图 2-47 所示的启动控制线路中,首先被短接的是启动电阻是 R_1,接着是 R_2,随后是 R_3,这种短接的方法的特点是:三相中的启动电阻是同时被短接的,即所谓的平衡短接。

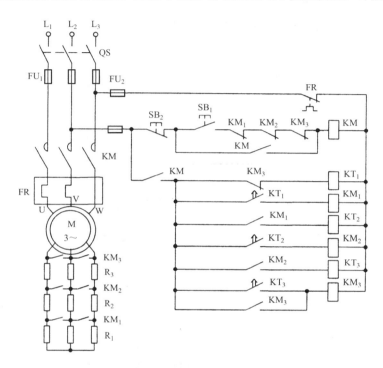

图 2-47 绕线式异步电动机转子串联电阻启动控制线路

1. 时间继电器自动控制短接启动电阻的控制线路

如图 2-47 所示,在这个控制线路中,KT_1、KT_2、KT_3 为三只时间继电器,KM_1、KM_2、KM_3 是三只接触器。

电路靠这六个电器元件的配合实现转子回路启动电阻的短接。

转子绕组中的三组触头 KM_1、KM_2、KM_3 的作用为,当三组主触头全部断开时,转子绕组串接全部启动电阻;当 KM_1 一组主触头闭合时,R_1 电阻被短接,即此时串接在转子绕组中的电阻为 R_2+R_3;当 KM_2 一组主触头闭合时,R_2 电阻又被短接,此时串接在转子绕组的电阻为 R_3;当 KM_3 主触头闭合时,R_3 电阻最后被切除,电动机启动完毕,当 KM_3 触头闭合后,KM_2 和 KM_1 触头再闭合已无意义,所以在 KM_3 线圈获电时,用 KM_3 常闭触头切断 KT_1 线圈电路,继而 KM_1、KT_2、KM_2、KT_3 也依次断电释放。

与启动按钮串接的接触器 KM_1、KM_2 和 KM_3 的常闭触头,其作用是保证电动机在转子回路中全部接入外加电阻的条件下才能启动,即 KM_1、KM_2 及 KM_3 的常闭触头全部恢复闭合时，电动机才能接通电源直接启动。

本线路中，只有 **KM** 和 **KM3** 接触器长期通电工作，而 **KM**$_1$、**KM**$_2$、**KT**$_1$、**KT**$_2$、**KT**$_3$ 只在启动阶段时间通电，这样既可延长寿命，又可达到节电的目的。

控制电路的控制原理：

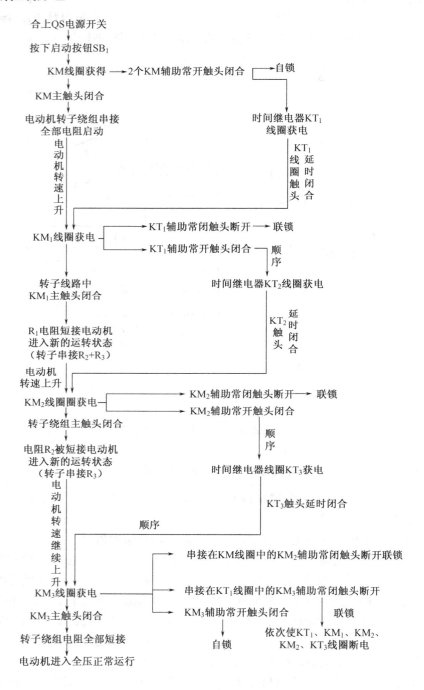

2. 欠电流继电器控制绕线式电动机启动控制线路

前述由交流接触器控制三相绕组式异步电动机起控制线路，电动机转子串接任一阻值电阻启动的时间既不可过长，又不能过短，串接电阻的长短是由控制线路中时间继电器来决定的。

我们知道电动机启动过程中，转子电流是由大到小变化的。利用这一特点，选择适当的电流继电器控制转子绕组中电阻的切除也可达到串接电阻启动的目的，由欠电流继电器控制的绕线三相异步电动机串电阻启动，控制线路如图 2-48 所示。

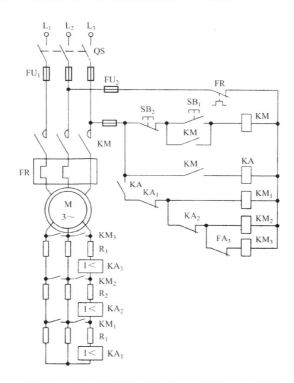

图 2-48　欠电流继电器控制的绕线式异步电动机的串联电阻启动控制线路

该控制线路是利用电动机转子电流大小的变化来控制电阻的切除的。当电流大时，电阻不切除，当电流小到某值时，短接一段电阻，电流又重新增大，这样便能控制启动电流在一定的范围内。线路 FA_1、FA_2、FA_3 是欠电流继电器，其线圈串接在电动机的转子绕组中，其触头的动作取决于通过线圈的电流，这三个继电器的吸合电流是相同的。但释放电流不同，FA_1 的释放电流最大，FA_2 次之，A_3 的释放电流最小，其工作原理如下：

刚启动时，由于转子电流较大，三只欠电流继电器的铁心全部吸合，它们的常闭触头 FA_1、FA_2、FA_3 均断开，于是接触器 KM_1、KM_2、KM_3 的线圈断电不动作。同时，接在转子绕组中的常开主触头 KM_1、KM_2、KM_3 均处于断开状态。电动机转子绕组接全部电阻启动。当电动机的转速上升到一定值时，转子电流减小，欠电流继电器 FA_1 的铁心首先释放，它的常闭触头 FA_1 恢复闭合，致使接触器 KM_1 线圈获电，KM_1 常开触头闭合，电阻 R_1 被短接。电动机进入新的串电阻（R_2+R_3）运行，这时转子电流重新增大，但随着转速的上升，电流再进一步减小，使电流继电器 FA_2 释放，它的常闭触头 FA_2 恢复闭合，使得接触器 KM_2 线圈获电，其常开触头 KM_2 闭合，从而将 R_2 电阻短接，如此继续直到全部电阻被切除，电动机启动完毕，进入额定运转状态。

中间继电器 KA 的作用是保证启动时，全部接入启动电阻。因为刚启动时，转子电流由零剧增到最大需要一些时间。因此，欠电流继电器 FA_1、FA_2、FA_3 可能都未动作，将造成全部启动电阻都被短接，电动机等于未串电阻启动。有了中间继电器 KA 后，刚启动时，短接电阻的接触器 KM_1、KM_2、KM_3 不会通电。当接触器 KM 获电动作，同时 KM 的常开辅助触头闭合，使中间继电器 KA 线圈获电，KA 的常开触头闭合后，接触器 KM_1、KM_2、KM_3 线圈方能通电。KA 的动作时间，能保证电流剧增到最大值，这时欠电流继电器 FA_1、FA_2、FA_3 的铁心已全部吸合，保证了电动机在串入全部电阻下启动。

2.7.2 用凸轮控制器控制的绕线式转子异步电动机串联电阻启动

凸轮控制器适用于交流 50Hz、电压 380V 以下的电力线路中，用于改变三相异步电动机定子电路的接法或转子电路的电阻值，直接控制电动机的启动、调速、制动和换向。这种控制方法可靠，维修方便，在起重机上应用较多。

1．凸轮控制器的结构和工作原理

凸轮控制器由操纵机构，凸轮和触头系统及壳体等三部分组成。为避免由于起重机震动和意外碰接使操纵机构误动作，其操纵手柄带有零位自锁装置，只需将手柄压下，零位自锁装置打开便可操作。

机械传动部分装在箱体上部，立式操作手柄经伞齿轮传动凸轮轴，水平操用手柄则直接传动凸轮轴，使触头组按规定程序分合。

触头组结构均为转动式双断点。机架、外罩和机座采用压制铝件，上面板采用钢板拉伸成型，机座和面板用 4 个支柱连成一体，具有重量小，刚度好的特点，前后位置均能方便拆下，供安装、配线和维修用。

当凸轮控制器的手轮转到不同位置时，将有不同的触头闭合或断开，以控制电动机有不同的工作状态。

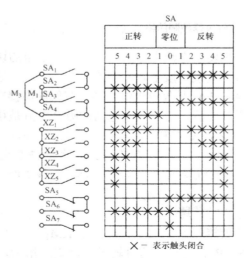

图 2-49 凸轮控制器触头分合情况

目前市场上出售的凸轮控制器，具有 KTJ$_1$、KTJ$_5$、KTJ$_{10}$、KTJ$_{12}$、KTJ$_{14}$、KTJ$_{15}$、KTJ$_{16}$、KTZ$_{93}$、KTZ$_{94}$ 等系列的产品，每小时工作频率可达 600～800 次，机械寿命 300 万次，控制电动机的容量可达 11～22kW。

具体使用凸轮控制器时，应首先搞清楚凸轮控制器的触头分合情况。如图 2-49 所示为凸轮控制器触头分合表。从表中看出此凸轮手轮共有 11 个位置，在中间"零位"，电动机不动作。其左、右各有 5 个位置表示正、反转时触头的分合状态。凸轮控制器共有 12 副触头，分别是 SA$_1$～SA$_4$，4 副主触头是完成电动机正反转用的，4 个主触头上分别装有灭弧罩；XZ$_1$～XZ$_5$ 五副触头用在转子绕组切除电阻用；SA5～SA7 三副辅助触头用于控制电路中。图 2-49 中"×"号表示触头闭合，而不带"×"的表示触头断开，如当手轮处于正转"3"的位置时，SA1、SA3、XZ1、XZ2、SA5 触头闭合，其余触头均断开。

2．绕线式异步电动机的凸轮控制器控制线路

由凸轮控制器控制的绕组式异步电动机转子串电阻启动控制线路如 2-50 所示。

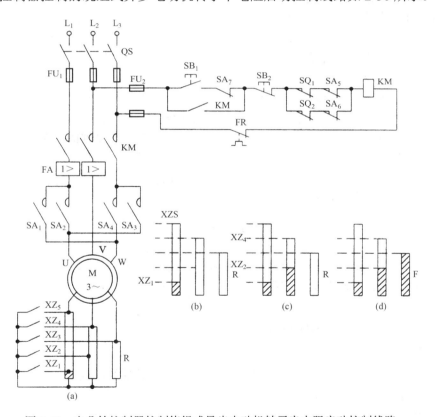

图 2-50　由凸轮控制器控制绕组式异步电动机转子串电阻启动控制线路

1）控制电路的正转控制过程

（1）合上 QS，将凸轮控制器 SA 的手柄放在"0"位，这时只有 SA$_5$、SA$_6$、SA$_7$ 三副触头处于闭合状态，为控制线路的接通做好准备。

（2）控下启动按钮 SB$_1$，接触器 KM 线圈通电，主电路中 KM 主触头闭合为电动机电源电路接通作准备，同时控制线路中的 KM 辅助触头闭合自锁（这时即使 SB$_1$ 和 SA$_7$ 断开了，对 KM 的获电也没影响）。

（3）然后将手轮扳至正转"1"的位置，此时凸轮控制器的 SA_2、SA_4、SA_6 触头是闭合的，接触器 KM 线圈线路仍旧通电，SA_2、SA_4 使电动机所接三相电源相序为 L_1-U、L_2-V、L_3-W，因此电动机转子绕组接入全部电阻正转启动运行。这时转子绕组中接电阻较大，启动电流、启动转矩均较小，电动机缓慢启动。

（4）将 SA 手柄扳到正转"2"位置，这时 XZ_1 触头又闭合，由图 2-50 可知转子绕组有一段电阻被切除（如图 2-50（b）中阴影所示），电动机转矩增加，转速上升，电动机进入新的机械特性运行。

（5）将 SA 手柄依次扳到正转"3"和"4"位置后，又先后有 XZ_2、XZ_3 闭合，转子绕组中的电阻再次被不对称短接（如图 2-50（c）、（d）阴影部分所示），电动机再次加速。

（6）最后当手柄扳到正转"5"位置时，又有 XZ_4 和 XZ_5 两触头同时闭合，转子绕组中的电阻全部被切除，电动机启动完毕进入额定运转状态。

2）控制电路的反转控制过程

当 SA 手柄扳到反转"1~5"位置时，SA_1、SA_3 闭合，SA_2、SA_4 断开，电源相序改变，电动机反向启动运行，同时由于 SA_5 触头闭合也使 KM 线圈继续得电。

电动机停止运转时，只需按动停止按钮 SB_2 接触器 KM 线圈断电，其接在主电路中的主触头恢复断开，电动机切断电源，电动机停转。

凸轮控制器接在辅助电路中的触头 SA_5、SA_6、SA_7 的作用很明显，可以保证电动机转子绕组接入全部电阻的情况下才能启动。例如，电动机停止转动后，凸轮控制器没有恢复到"0"位置，这时由于 SA_7 和 SA_5 或者 SA_7 和 SA_6 均不闭合，所以辅助电路不能接通电源，电动机也就无法启动。不论在何种情况下，只有凸轮控制器恢复到"0"位后，三副触头全部闭合，再按启动按钮电动机才可启动，避免了电动机的直接启动，同时也防止在按钮 SB_1 误动作时，而使电动机启动运转产生意外事故。

特别提示

- 三相绕线式异步电动机转子串联电阻启动控制线路，与前面介绍的三相异步电动机串联电阻降压启动控制线路是不相同的。想想看，不同处是什么？

2.8 三相异步电动机的制动

三相异步电动机在断开电源之后，由于惯性的作用，还要继续旋转，而不能立即停止。许多机床，如万能铣床、卧式镗床、组合机床等，都要求能迅速停车和准确定位。这就要求对电动机进行制动，强迫其立即停车。制动停车的方式有两大类，即机械制动和电气制动。机械制动采用机械抱闸或液压装置制动，电气制动实质是使电动机产生一个与原来转动方向相反的制动转矩，机床中经常应用的电气制动有反接制动、能耗制动、发电制动和电容制动。

2.8.1 机械制动

所谓机械制动，就是利用外加的机械作用力使电动机转子迅速停止旋转的一种方法，由于这个外加的机械作用力,常常采用制动闸紧紧抱住与电动机同轴的制动轮来产生,所以机械制动往往俗称为抱闸制动。

1. 电磁抱闸制动控制线路

图 2-51 所示为电磁抱闸结构。它主要由两部分组成:制动电磁铁和闸瓦制动器。制动电磁铁由铁心、衔铁和线圈三部分组成,并有单相和三相之分,闸瓦制动器包括闸轮、闸瓦、杠杆和弹簧等组成;闸轮与电动机装在同一根转轴上。制动强度可通过调整机械结构来改变。

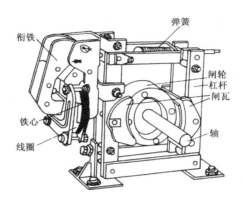

图 2-51 电磁抱闸结构

2. 电磁抱闸断电制动控制线路

电磁抱闸断电控制线路如图 2-52 所示。这种制动控制电路的特点是:主电路通电时,闸瓦与闸轮是分开的,电动机自由转动,一旦主电路断电时,闸瓦与闸轮抱住。其动作原理如下:

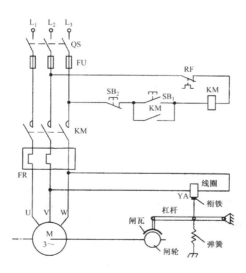

图 2-52 电磁抱闸断电制动控制线路

合上电源开关 QS,按动启动按钮 SB_1,接触器线圈 KM 通电,KM 的主触头闭合,电动机通电运行。同时电磁抱闸线圈获电,吸引衔铁,使之与铁心闭合,衔铁克服弹簧拉力,使杠杆顺时针方向旋转，从而使闸瓦与闸轮分开，电动机正常运行。

当按下停止按钮 SB₂ 时，接触器线圈断电，KM 主触头恢复断开，电动机断电，同时电磁抱闸线圈也断电，杠杆在弹簧恢复力作用下，逆时针方向转动，使闸瓦与闸轮紧紧抱住，电动机被迅速制动而停转。

这种制动方法在电梯、吊车、卷扬机等一类升降机械上得到了广泛的应用。因为这种制动方法，在按动停止按钮时，电动机断电，电磁抱闸就会立即使闸瓦抱住闸轮，使电动机迅速制动停转，重物可准确定位。另外，如果电路发生断电、停电的紧急故障时，电磁抱闸也将迅速使电动机制动，从而避免了重物下落和电动机反转的事故。这种制动电路中电磁抱闸线圈耗电时间与电机运行时间同样长，故很不经济，并且有些机床经常需要调整加工件位置，则不能采用这种制动方法，而采用下面要介绍的通电制动控制线路。

3．电磁抱闸通电制动控制线路

所谓通电制动控制是指与断电制动型相反，电动机通电运行时，电磁抱闸线圈无电，闸瓦与闸轮分开。当电动机主电路断电的同时，使电磁抱闸线圈通电，闸瓦抱住闸轮开始制动。

具体电路原理如图 2-53 所示。

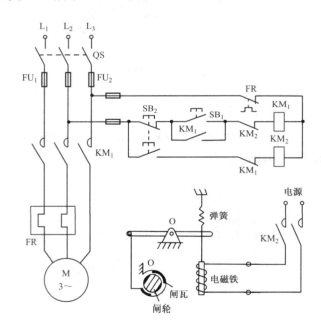

图 2-53　电磁抱闸通电制动控制线路

请注意，电磁抱闸中杠杆的支点位置，停止按钮采用复合按钮电路的动作原理如下：

合上电源开关 QS，按动启动按钮 SB₁，接触器线圈 KM₁ 通电，KM₁ 主触头闭合，电动机正常动转。因其常闭辅助触头（KM₁）断开，使接触器 KM₂ 线圈断电，因此电磁抱闸线圈回路不通电，电磁抱闸的闸瓦与闸轮分开，电动机正常运转。

当按下停止复合按钮 SB₂ 时，因其常闭触头首先断开，KM₁ 线圈断电，电动机定子绕组脱离三相电源，同时 KM₁ 的常闭辅助触头恢复闭合。这时如果将 SB₂ 按到底，则由于其常开触头闭合，而使 KM₂ 线圈获电，KM₂ 触头闭合使电磁抱闸线圈通电，吸引衔铁，使闸瓦抱住闸轮实现制动。

松开 SB_2 时，KM_2 线圈断电，电磁抱闸线圈也断电，闸瓦与闸轮分开，恢复常态。

显然电磁抱闸在制动过程中是不允许电动机运行的，因此在 KM_1 线圈支路中串接了 KM_2 的常闭辅助触头，以防止发生制动过程中电动机接通三相电源。

4．机械制动的特点及线路原则

（1）采用机械制动时，制动强度可以通过调整机械制动装置而改变。一般来说，制动时间愈短，冲击振动愈大，这一点对于电动机的传动系统来说是不利的。另外机械制动需在电动机轴伸端安装体积较大的制动装置，所以对于某些空间位置比较紧凑的机床一类的生产机械，在安装上就存在一定的困难，但是由于机械制动具有电气制动中所没有的优点，即可以设法利用抱闸的作用力，使升降机械上的电动机在任何时候都能够停止旋转。这种制动安全可靠，不受电网停电或电气线路故障的影响，所以得到了广泛应用。

（2）线路原则是：①在采用机械制动的控制线路中，应该尽可能避免或减少电动机在启动前瞬间存在的"异步电动机短路运行状态"，就是电动机定子已经接通三相电源，而转子因"抱闸而不转动的运动状态。②在电梯、吊车、卷扬机等一类升降机械上，一律采用制动闸平时处处"抱紧"状态的制动方法，而机床一类经常需要调整加工件位置的生产机械上，则往往采用制动闸平时处于"松开"状态的制动方法。

2.8.2 电气制动

所谓电气制动也称电力制动，是利用电动机电磁原理在电动机需要制动过程中，产生一与原转子旋转方向相反的电磁力矩，使电动机转速迅速下降停止转动。常用的制动方法有反接制动、能耗制动，电容制动及回馈制动。

1．反接制动

我们知道，三相异步电动机工作在电动状态时，转子的旋转方向与旋转磁场的旋转方向相同，即 n 与 n_0 的方向相同，而电动机工作在反接制动状态时，则转子转速 n 的方向与旋转磁场的转速 n_0 的方向相反。也就是说，只要做到 n 与 n_0 方向相反，便实现了反接制动。如何做到 n 与 n_0 方向相反呢？有两种方法：一种方法是改变旋转磁场的转向，而转子的转向不变，实现反接制动；另一种方法是依靠位能性负载倒拉电动机反转，而旋转磁场的转向不变实现反接制动的。

1）反接制动原理

电动机处在正向运转过程时，定子绕组旋转磁场的方向 n_0 为顺时针方向，转子绕组相对做切割磁力线的运行，将在转子绕线中产生感生电流，由右手定则可知感生电流的方向如图 2-54（a）所示，通电导体在磁场中又受电磁力的作用而使转子转动，其转动方向由左手定则可知如图 2-54（a）所示。n 与 n_0 是同向的。制动时将旋转磁场的旋转方向改变，如图 2-54（b）所示，与原方向相反变为逆时针方向，转子转速不变，转子导体切割磁力线运动方向改变，由右手定则判断此时转子导体中感生电流方向如图 2-54（b）所示，与正向运转时相反，再由左手定则判断此时通电导体受电磁力 F 的方向如图 2-54（b）所示。可见此电磁力产生的力矩阻碍电动机继续旋转，因而为制动转矩，电动机转速 n 将迅速下降直至停转，注意当转子转速降到零时，转子所受电磁力并未消失，其作用将使转子向相反方向运转。**所以要达到反接制动目的，在电动机转速降至零时，应立即切除定子绕组的电源使旋转磁场为零。**

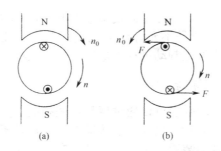

图 2-54 反接制动原理

电动机的旋转磁场是在三相定子绕组中通入三相交流电而产生的，旋转磁场的方向由三相交流电的相序决定，任意交换二相定子绕组同电源的接线，就可达到改变旋转磁场旋转方向的目的。此原理同电动机的正、反转控制相似，只不过我们这里的目的不是使电动机反转而是使其停转，这一点也不难办到，我们只需要及时切除电动机的电源即可。

2）单向启动反接制动控制线路

（1）控制线路各元器件的作用。如图 2-55 所示为单向启动反接制动控制线路，主电路与正反转控制的主电路相同，KM_1 的主触头闭合时电动机将实现单向运转，当需要停转时，KM_2 的主触头闭合，电动机定子绕组相序改变，实现反接制动。在制动主线路中增加了三只限流电阻 R，原因是当电动机处于反接制动过程中，转子切割磁场的相对速度应为 $n_0'+n$，所以转子感生电流的数值很大，定子绕组中电流也很大，故需要限流。

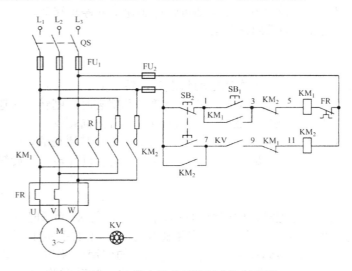

图 2-55 单向启动反接制动控制线路

反接制动电流一般可达额定电流的 10 倍，故在主电路中要串入合适的限流电阻 R。在电源电压为 380V 时，若要求反接制动电流不大于启动电流，则每相限流电阻阻值为

$$R \approx 0.15 \times \frac{220}{I_{启}} \quad (\Omega)$$

若反接制动电流等于启动电流，则每相串接电阻应取值为

$$R' \approx 1.3 \times \frac{220}{I_{启}} \quad (\Omega)$$

第 2 章 三相异步电动机的基本控制线路

若反接制动时只在两相绕组中串电阻，则电阻值应略大些，分别取上述电阻值的 1.5 倍。

SB_1 为启动按钮，复合按钮 SB_2 为停止及反接制动控制按钮，KM_1 是单向运转控制接触器，KM_2 是反接制动接触器，与电动机同轴连接的，KV 为速度继电器其常开触头串接在 KM_2 线圈线路中，其目的就是当转速下降到接近零时，立即切除定子绕组的电源，避免电动机发生反向启动运行。

速度继电器的原理是，当电动机转速上升到一定值时（此值可调，一般为 100r/min），速度继电器的常开触头闭合，为反接制动做准备。电动机进入制动过程中，当转速降至低于 100 r/min 时，其常开触头断开复位，从而切断 KM_2 线圈电源，使之释放，电动机及时脱离电源，从而避免电动机反转。

（2）线路的工作原理。注意，此控制线路停止按钮必须按到底才有制动作用，否则电动机将自由停车。为了克服这一弱点，我们采用增加一只中间继电器的反接制动控制线路，如图 2-56 所示。图中只画出了控制线路部分，其主电路同图 2-55 的主电路。图中 KA_1 为中间继电器，停止按钮不必用复合按钮。

图 2-55 所示单向启动反接制动控制线路的控制原理如下：

启动：合 QS

停转（制动）：

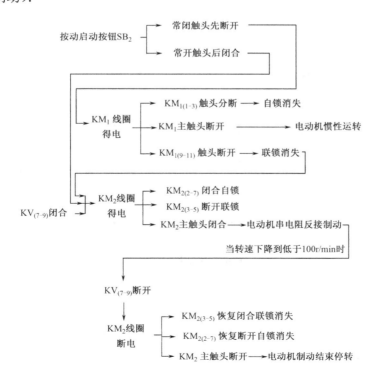

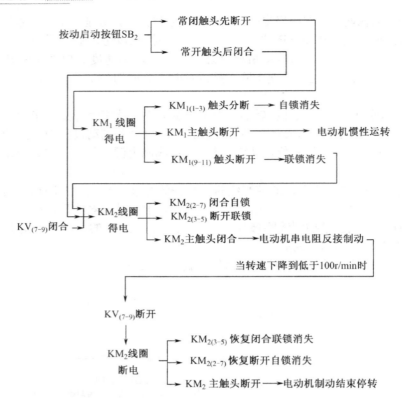

图 2-56 所示电路控制原理如下:

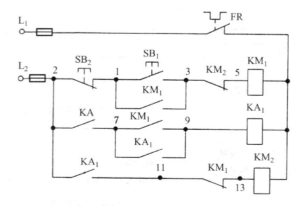

图 2-56　另一种单向启动反接制动控制线路

启动：

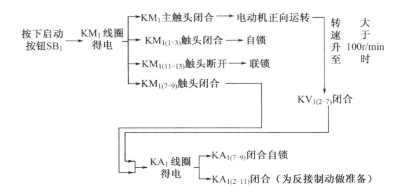

停止（制动）：

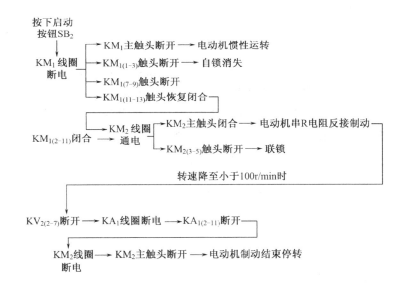

3）双向启动反接制动控制线路

（1）控制器件的作用。如图 2-57 所示的控制电路，为双向启动反接制动控制线路，主电路有 KM_1、KM_2、KM_3 三组主触头，三只电阻。电阻 R 的作用是：启动时定子串联电阻降压启动，启动完毕，电阻 R 被切除，全压运行。反接制动时 R 也能起到限流的作用。

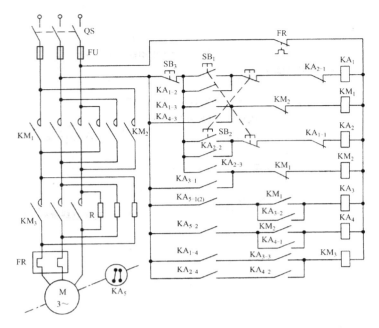

图 2-57 双向启动反接制动控制线路

SB₁、SB₂ 为正、反转启动按钮，SB₃ 为停止按钮，KA₁～KA₄ 为四个中间断电器，KM₁～KM₃ 为三只接触器，FR 为热继电器，KV$_{5\text{-}1(2)}$ 是速度继电器。

正向启动时，首先 KM₁ 主触头闭合，电动机串电阻降压启动。当转速升高到一定值时，速度继电器的 KV$_{5\text{-}1}$ 触头闭合，使 KM₃ 主触头闭合，切除电阻 R 电路全压运行。停车时 KM₃、KM₁ 主触头断开，KM₂ 主触头闭合，进入反接制动。

（2）电路的工作原理。

正转启动：

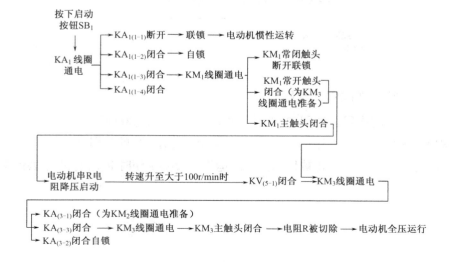

停转制动：

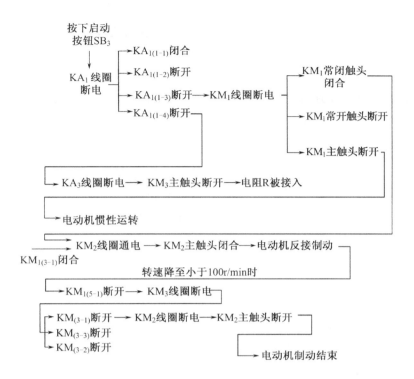

此控制电路的反向启动时，反向制动控制需用中间继电器 KA_2、KA_4 和 KM_2，KM_3，控制过程可自行分析，原理与正向启动相同。

2．能耗制动

能耗制动是在三相异步电动机要停车时，在切除三相交流电源的同时，在定子绕组中接通直流电源，在转速降为零时再切除直流电源。

1）能耗制动的原理

电动机定子绕组接入直流电源时，在电动机空间将产生一个静止的磁场，如图2-58所示的N、S永久磁场，电动机转子由于惯性仍继续按原方向旋转，如图中的 n 为顺时针方向，转子导体做切割磁力线的运动，由电磁感应原理可知，在转子绕组中将产生感应电流，由右手定则可确定其方向，而通电导体在磁场中将受到力的作用。由左手定则可知，该磁场力 F 如图所示，其电磁转矩的方向与惯性转动方向相反，故对转子起制动作用。制动转矩的大小与所通入的直流电流的大小及电动机的转速有关，电流越大，直流磁场越

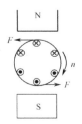

图2-58 能耗制动原理

强，产生的制动转矩就越大。

制动过程中，转子的动能转换成电能，而后又变成热能，消耗在转子线路中；从能量的观点来讲，这种制动方法是在定子绕组中通入直流电，以消耗转子的动能来制动的，所以叫能耗制动。

2）能耗制动控制线路

（1）半波整流能耗制动控制线路。这种控制线路结构简单，附加设备较少，体积小，采用单管半波整流器做直流电源，如图 2-59 所示。

启动运行：

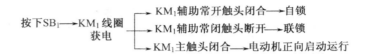

停车制动：

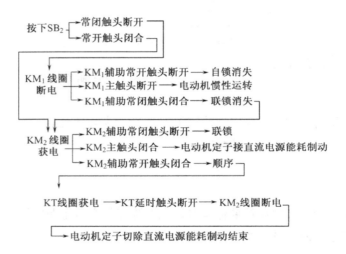

（2）全波整流能耗制动控制线路。对于功率较大的电动机（10kW 以上）的能耗制动多采用全波整流能耗制动控制线路，其控制线路如图 2-60 所示。

能耗制动的优点是制动准确，平稳，能量损耗小。缺点是需要附加直流电源装置，制动力较弱，在低速时制动转矩小，适用于要求制动准确、平衡的场合，如磨床、立式铣床等制动控制。能耗制动与反接制动的比较如表 2-1 所示。

第 2 章 三相异步电动机的基本控制线路

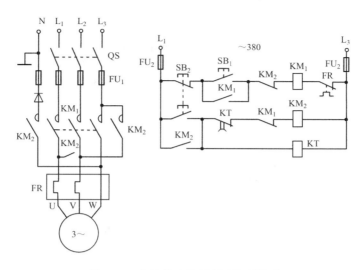

图 2-59 半波整流能耗制动控制线路

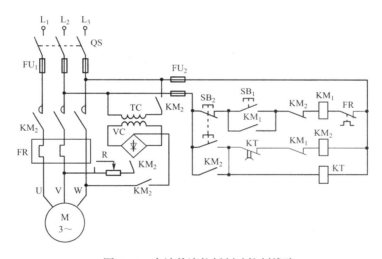

图 2-60 全波整流能耗制动控制线路

表 2-1 能耗制动与反接制动的比较

所需设备	能耗制动需要直流电源	反接制动需要速度继电器
工作原理	消耗转子动能，使电动机停转	依靠反向旋转磁场产生反作用力，使电动机减速停车
电动机停车后的情况	能准确，平衡停车	制动强、冲击强烈、准确性差、易造成反向启动
优缺点	能量损耗小、低速时制动效果不好，制动力小	制动迅速，冲击强烈，易损坏转动零件，不宜经常制动
适用范围	用在非逆转的转动系统和停转后才允许反转的可逆传动系统上，如磨床、龙门刨床、卷扬机、起重机、轧钢机等生产机械的制动控制中	一般用于不经常启动与制动的场合，如铣床、镗床、中型车床的主轴控制

启动运行:

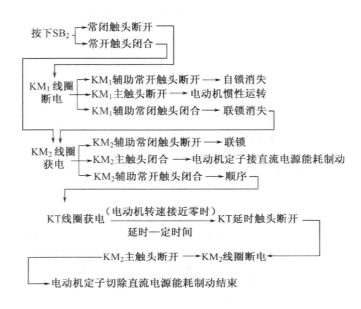

停车制动:

特别提示

- 想一想，机械制动与电气制动的不同，他们分别在设备和制动性能上有何区别？分别在何处使用？

2.9 三相异步电动机的调速控制线路

由电动机原理可知，三相异步电动机的转子的转速 n 与电网电压频率 f、定子的磁极对数 p 及转差率 s 的关系为

$$n = (1-s)n_0 = (1-s)\frac{60f}{p}$$

由上式可知，改变三相异步电动机的转速的方法（即调速方法）有：改变磁极对数 p；改变转差率 s；改变电源频率 f。

改变转差率 s 的方法，是在转子电路中串入电阻。这种调速方法只适合于绕线转子异步

电动机，对鼠笼型转子异步电动机不适合。

改变电源频率 f，虽然由于半导体可控硅技术的发展而出现了乐观的前景，但是由于其控制线路复杂，又需要专门的变频设备，投资大，又不易维修，因此还不能普遍应用。

目前广泛使用的调速方法主要是变更定子绕组的极对数，因为极对数的改变必须在定子和转子上同时进行。因此对于绕线式转子异步电动机不太适应。由于鼠笼转子异步电动机的转子极数是随定子极数的改变而自动改变的，变极时只需要考虑定子绕组的极数即可。因此，这种调速方法适用于鼠笼式转子异步电动机。

2.9.1 变更极对数的原理

鼠笼式异步电动机往往采用下列两种方法来改变绕组的极对数：
① 改变定子绕组的连接，或者说变更定子绕组每相的电流方向；
② 在定子上设置具有不同极对数的两套独立的绕组。有时为使一台电动机获得更多的速度等级，如需要获得四个以上的速度等级，上述的两种方法往往同时采用。例如在定子绕组上设置两套互相独立的绕组，又使每套绕组具备变更电流方向的能力，就可获得四速电动机。

1. 双速电动机的原理

图 2-61 所示为 2 极/4 极双速电动机定子绕组接线示意图。

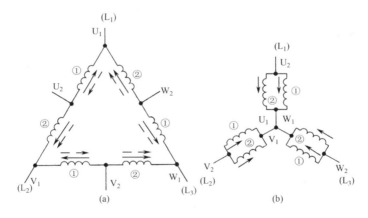

图 2-61　双速电动机定子绕组△/YY 接线图

这种电动机定子绕组有六个出线端，若将电动机定子绕组三个出线端 U_1、V_1、W_1 分别接三相电源 L_1、L_2、L_3，而将 U_2、V_2、W_2 三个出线端子悬空。如图 2-61（a）所示，则三相定子绕组构成了三角形连接，此时每相绕组的①、②线圈相互串联，电流方向如图中的虚线箭头所示，磁极为 4 极，（既 2 对磁极，磁极对数 $P=2$），同步转速 1500r/min。若是将电动机定子绕组的 U_2、V_2、W_2 三个出线端分别接三相电源 L_1、L_3、L_2 而 U_1、V_1、W_1 三个出现端连接在一起，如图 2-61（b）所示，这时电动机的三相绕组接成双 Y 连接，此时每相绕组中的①、②线圈相互并联，电流如图中实线箭头所示。磁极数为 2 极，（既 1 对磁极，磁极对数 $P=1$）同步转速为 3000r/min。

双速电动机定子接线方式除上述绕组由三角形改接成双星形（△/YY）以外，另一种接线方法为绕组由单星形改接成双星形（Y/YY），如图 2-62 所示。

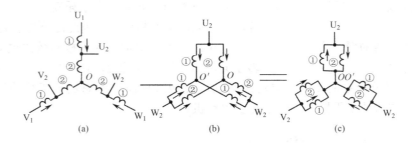

图 2-62 双速电动机定子接线（Y/YY）

2. 三速及多速电动机的原理

三速电动机的定子绕组如图 2-63 所示。它的定子绕组具有两套线圈，其中图 2-63 所示绕组可以接成三角形，也可以接成双星形。三角形接法时为 8 极，双星形接法时为 4 极。另一套绕组（图 2-63（b）所示）可以接成星形，绕组极数为 6 极，当两套绕组分别换接成三种接法接电源时，即可获得三种不同的速度。第一套绕组 U_1、V_1、W_1 分别接电源 L_1、L_2、L_3 时，定子绕组接成三角形，电动机低速运行；电动机中速运行时，利用第二套绕组的 Y 接，即 U_3、V_3、W_3 接三相电源；若需电动机高速运转时，只需要将第一套绕组的 U_2、V_2、W_2 接电源而 U_1、V_1、W_1 短接，绕组接成双星形。

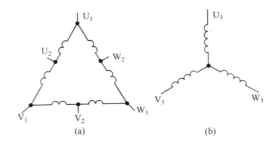

图 2-63 三速电动机定子绕组

多速电动机原理与三速电动机相似。例如，四速电动机定子设有两套绕组，各自都能变极的绕组，若是其中一套绕组的极数是 12 极/6 极，另一套绕组的极数为 8 极/4 极，那么这台电动机的转速就有 12 极、8 极、6 极、4 极四个等级。

2.9.2 双速电动机的控制线路

图 2-64 为接触器控制的双速电动机的控制线路。主电路中三组主触头 KM_1、KM_2、KM_3。当 KM_1 主触头闭合时电动机定子绕组接成三角形，低速转动；当 KM_1 主触头断开，而 KM_2 和 KM_3 两组主触头闭合时，电动机定子绕组接成双星形高速运转。其工作原理如下。

低速运行：

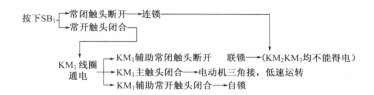

高速运行：

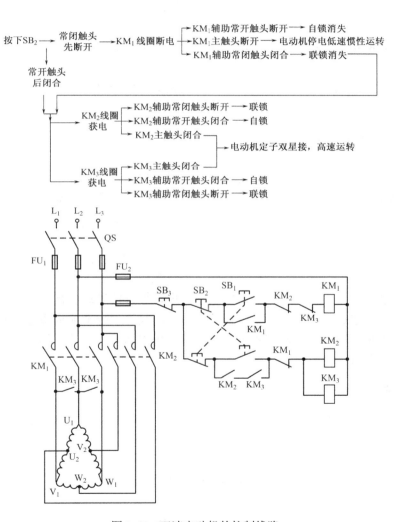

图 2-64 双速电动机的控制线路

变极调整方法的特点是：①电动机的定子绕组必须特制；②这种调速方法只能使电动机获得两个及两个以上的转速，且不可能获得连续可调。

2.10 三相异步电动机的选择及保护

电动机是电力拖动系统的核心，为了使电力拖动系统可靠、安全、经济、合理地工作，必须正确地选择电动机。电动机的规格、品种繁多，性能各异，选用电动机时要全面考虑电源的电压、频率、负载及使用的环境等多方面因素，必须与电动机的铭牌规定的相等。一般选用电动机时遵循的原则是：

（1）电动机的机械特性，启动特性及调速特性必须满足生产机械的特点及要求。

（2）电动机的容量要选择合理，且要充分利用。

（3）电动机的结构形式应适合生产机械周围环境的条件。

（4）电动机的电源选择：根据生产机械的要求，选择交流电动机或直接电动机。交流电动机又有笼形转子和绕线转子之分等。

（5）电动机转速的合理选用，电动机的转速要适合生产机械转速要求，才能达到既经济又好用的目的。

2.10.1 电动机功率的选择

正确选择电动机的容量（功率）是保证电动机及生产机械正常、合理应用的首要条件。电动机的功率要根据负载功率的需要选择，电动机的功率不可以选择过大，否则，虽然能保证机械设备的正常运行，但是由于电动机长期在不满负荷的情况下运行，功率得不到充分利用，因而它的效率及功率因数都不高，造成电力的浪费，同时也增加了设备的投资，造成不必要的浪费。因此选择电动机的功率切记不要造成"大马拉小车"的现象。而"小马拉大车"现象更是不允许的，如果电动机的功率小于负载所需功率，除不能充分发挥生产机械的效率外，更重要的是，由于电动机的负担过重，电动机长期过载运行，使绕组发热严重，促使电动机绝缘迅速老化，大大缩短电动机的寿命，因此必须合理地选择电动机的容量。但是准确地选择电动机的容量是比较困难的，所以通常采用调查、统计、类比或分析、计算相结合的方法选择电动机的功率。

1. 调查统计类比法

（1）统计分析法：我国机床制造厂对不同类型机床，常用以下统计分析公式来计算主电动机的容量。

车床主电机功率：

$$P = 36.5D^{1.54} \text{（kW）}$$

立式车床主电机功率：

$$P = 20D^{0.88} \text{（kW）}$$

式中，D 为工件最大直径，单位为 m。

摇臂钻床主电机功率：

$$P = 0.0646D^{1.19} \text{（kW）}$$

式中，D 为最大钻孔直径，单位为 mm。

卧式镗床主电动机功率：

$$P = 0.004D^{1.7} \text{ (kW)}$$

式中,D 为镗杆直径,单位为 mm。

龙门铣床主电动机功率:

$$P = \frac{B1.16}{1.66} \text{ (kW)}$$

式中,B 为工作台宽度,单位为 mm。

外圆磨床主电动机功率:

$$P = 0.1KB \text{ (kW)}$$

式中,B 为砂轮宽度,单位为 mm;K 为砂轮主轴用滚动轴承时 $K=0.8\sim1.1$,砂轮主轴用滑动轴承时 $K=1.0\sim1.3$。

例 2.8 I35 型摇臂钻床,最大钻孔直径 50mm。用统计分析法算主电动机的功率。

$$P = 0.0646 \times 50^{1.19} = 6.79 \text{ (kW)}$$

实际选用 $P=7.5$kW

(2) 类比法:通过对长期运行的同类生产机械的电动机容量的调查,对其主要参数、工作条件进行类比,从而确定电动机的容量。

2. 分析与计算相结合的方法

电动机的容量是根据它的发热情况来选择的,而电动机发热情况又与负载大小及运行时间的长短及运行方式有关,所以应按不同的运行方式和负载的情况来选择电动机的容量。

电动机的运行方式通常分为三种,即连续运行方式、短时运行方式和重复短时运行方式。

1) 连续运行方式电动机容量的选择

(1) 在恒定负载下长期运行的电动机容量的选择。在恒定负载下长期运行的电动机容量的选择比较简单,只要知道被拖动的生产机械的功率,就可以确定电动机的功率。在选用生产机械配套的电动机功率时,应考虑传动过程中的功率损失,选用的电动机功率要稍大于生产机械的功率。若生产机械的输出功率为 P_L,则配套电动机的额定功率 P 由下式决定:

$$P = \frac{P_L}{\eta_1 \eta_2}$$

式中,η_1 为生产机械的效率;η_2 为电动机和生产机械之间的传动效率。

(2) 在变动负载下长期运行的电动机容量的选择。在选择变动负载下长期运行的电动机容量时,常采用等效负载法,就是假定一个恒定负载来代替实际的变动负载,但是两者的发热情况应相同。然后按恒定负载下的[即上述(1)情况]原则选择电动机的容量,所选容量应等于或略大于等效负载。

2) 短时运行电动机容量

短时运行的电动机在运行时温升未达到稳定值,而在停止运转时,电动机的温度又可以降到等于周围环境的温度。因此,就发热而言,电动机没有被充分利用,为了提高电动机的利用率,可以容许过载,即可以使其输出功率大于额定功率(或者在负载功率一定时,选择额定功率较小的电动机)工作时间越短,则过载功率可以越大,但过载量也不能无限增大,必须小于电动机的最大转矩。因此，选择短时运行电动机的容量时可根据过载系数 λ 来考虑，一般可按下式来决定：

$$P = \frac{P_L}{0.85\lambda}$$

式中，P 为电动机的额定功率；P_L 为生产机械所要求的功率，即负载功率；λ 为过载系数，它等于电动机的最大转矩与额定转矩之比，其值一般为 1.8~2.5，吊车的 λ 为 2.5~3.4 或更大；0.85 为考虑电网电压波动时的安全系数。

我国生产的电动机，有专供短时工作的，可以在"短时运行电动机系列"的产品目录中选用。这种电动机的容量和工作时间都标在铭牌上，例如容量是 20kW，工作时间为 30min 的电动机，在输出功率为 20kW 时，只能运行 30min。

3）重复短时运行电动机容量的选择。

重复短时运行电动机的容量与负载持续率（暂载率）有关，负载持续率为

$$\varepsilon = \frac{t_P}{t_P t_0} \times 100\%$$

式中，t_P 为电动机的工作时间；t_0 为电动机停歇时间。ε 大，表明电动机工作时间长；ε 小，表明电动机停歇时间长。

重复短时运行的电动机，由于有停歇时间，故其输出功率也可适当提高。我国现在生产有关专门用于重复短时运行的异步电动机，如 JZR、JZ 系列等。这些电动机的标准负载持续率有 15%、25%、40% 和 60% 四种，工作周期不超过 10min。

根据生产机械的负载图，计算出电动机的负载持续率 ε。如果计算的 ε 值与产品目录中的标准值相等，即可从产品目录中查得功率等于或略大于所需功率的电动机。如果计算的 ε 值不等于标准值，则可根据下式进行换算：

$$P = P_L \sqrt{\frac{\varepsilon}{\varepsilon_0}}$$

式中，P_L 为生产机械的功率；ε 为根据生产机械的工作时间和停车时间算出的负载持续率；ε_0 为产品目录中的标准负载持续率。

换算后，根据 ε_0 从产品目录中查得功率等于或略大于 P 的电动机。

如果电动机工作周期超过 10min，就要按连续运行或短时运行方式来选择其容量。

2.10.2 电动机种类的选择

选择异步电动机的种类应从以下几方面来考虑：机械特性（硬特性、软特性）、调整与启动性能、维护及价格等。

异步电动机有鼠笼型和绕线型两种。鼠笼式电动机结构简单，维修容易，价格低廉，运行可靠，体积小，重量轻，而且具有硬的机械特性，但启动性能较差。对于要求机械特性硬而无特殊调速要求的一般中小容量的生产机械，如钻床、车床等，应尽可能选用鼠笼型异步

电动机作为动力。绕线式异步电动机的结构复杂，维护较麻烦，价格也高，但是它的启动转矩大，启动电流小，而且可以利用在转子回路中接入电阻的方法改善启动性能和调速性能。所以对于要求启动性能好，在不大范围内平滑调速的生产机械，如起重机、卷扬机多选用这种电动机，对于启动要求较高，容量较大的设备，如水泵、球磨机、锻压机等也可选用这种电动机。

2.10.3 电动机结构形式和防护形式的选择

1．电动机结构形式的选择

电动机的结构形式，按其安装位置的不同，一般分为卧式和立式两种，应根据生产机械的要求来选用卧式电动机或立式电动机。卧式电动机的转轴是水平安装的，立式电动机的转轴是垂直安装的（与地面垂直）。一般情况下应选用卧式的，其价格比立式的便宜，只有为了简化传动装置，又必须垂直运转时，才采用立式电动机（如钻床、立式深井水泵等）。立式电动机和卧式电动机的轴承是不同的，因此不能随便混用。

2．电动机防护形式的选择

电动机的防护形式有许多，根据电动机工作环境的不同选择防护形式。

（1）开启式：电动机除必要的支承结构外，对于转动及带电部分没有专门的保护。这种电动机价格便宜，通风良好，单位容量的体积小但无防护装置，只能用于无灰尘、杂物且干燥的场所。

（2）防护式：电动机机壳内部的转动部分及带电部分有必要的机械保护，以防止意外的接触，但并不明显地妨碍通风。这类电动机分网罩式、防滴式、防溅式三种。它们的通风口处理不同。网罩式的电动机通风口用穿孔的遮盖物遮盖起来，使电动机的转动及带电部分不能与外界接触。防滴式的电动机通风口结构能防止垂直下落的液体或固体直接进入电动机内部，防溅式电动机的通风口结构可防止与垂直方向成 100°角范围内任何方向的液体或固体进入电动机内部。这类电动机不防尘、不防潮，可用于干燥、灰尘不多以及没有腐蚀性和爆炸性气体的场所。

（3）封闭式：电动机机壳的结构能够阻止机壳内外空气的自由交换，但并不要求完全的密封，因此它可防止灰尘、铁屑、杂物侵入电动机内部，而且在一定程度上也能防止潮气进入电动机内，可用于尘土飞扬，水沫飞溅，潮湿或含有腐蚀性气体的场所。

（4）防爆式：防爆式电动机具有钢制的特殊外壳，能够承受内部爆炸时产生的压力，阻止气体爆炸传递到电动机外部而引起电动机外部的可燃性气体爆炸，同时能承受电动机外部的压力，可用于有瓦斯或其他有爆炸性气体的场所，如煤矿等类似场所。

对于温热及潜水等电动机还有特殊的防护要求。

2.10.4 电动机的保护

为了保证电动机正常工作，除了按操作规程正确使用，运行过程中注意监视和维护外，还应进行定期检查，做好电动机维护保养工作，这样可以及时消除一些毛病，防止故障发生，保证电动机安全可靠地运行。定期维保的时间间隔可根据电动机的类型及使用环境决定。

阅读教材

电力拖动史

电力拖动是以**电动机**作为原动机拖动机械设备运动的一种拖动方式，又称电气传动。

简史　各类机械设备的运动都要依靠动力。在电动机问世以前，人类生产多以风力、水力或蒸汽机作为动力。19 世纪 30 年代出现了直流电动机，俄国物理学家 Б.С.雅科比首次以蓄电池供电给直流电动机，作为快艇螺旋桨的动力装置，以推动快艇航行。此后，以电动机作为原动机的拖动方式开始被人们所瞩目。到 20 世纪 80 年代，由于三相交流电传输方便以及结构简单的三相交流异步电动机的发明，使电力拖动得到了发展。

20 世纪，随着社会的进步，为提高生产率和改善产品质量，工业部门对机械设备不断提出新的、高的技术要求。如要求有宽的速度调节范围，有高的调速精度，能快速地进行可逆运行以及对位置、加速度、张力、转矩等物理量的可控性能的要求等。以蒸汽机、柴油机等作为原动机的拖动装置很难甚至不可能予以完成，而应用电力拖动则能很好地满足上述技术要求。因此，电力拖动被广泛用于冶金、石油、交通、纺织、机械、煤炭、轻工、国防和农业生产等部门，在国民经济中占有重要地位，是社会生产不可缺少的一种传动方式。

特点　由于电能获得方便，使用电动机的设备体积比其他动力装置小，并且没有汽、油等对环境的污染，控制方便，运行性能好，传动效率高，可节省能源等。所以，80% 以上的机械设备，小如用步进电机拖动指针跳动的电子手表，大到上万千瓦的大型轧钢机械等都应用电力拖动。20 世纪 80 年代，中国生产的电能中约有三分之一用于电力拖动。单个电力拖动装置的功率可以从几毫瓦到几百兆瓦，转速可从每小时几转到每分钟数万转。

电力拖动装置由电动机及其自动控制装置组成。自动控制装置通过对电动机启动、制动的控制，对电动机转速调节和控制，对电动机转矩的控制以及对某些物理参量按一定规律变化的控制等，可实现对机械设备的自动化控制。采用电力拖动不但可以把人们从繁重的体力劳动中解放出来，还可以把人们从繁杂的信息处理事务中解脱出来，并能改善机械设备的控制性能，提高产品质量和劳动生产率。

分类　按电动机供电电流制式的不同，有直流电力拖动和交流电力拖动两种。早期的生产机械如通用机床、风机、泵等不要求调速或调速要求不高，以电磁式电器组成的简单交、直流电力拖动即可以满足。随着工业技术的发展，对电力拖动的静态与动态控制性能都有了较高的要求，具有反馈控制的直流电力拖动以其优越的性能曾一度占据了可调速与可逆电力拖动的绝大部分应用场合。自 20 世纪 20 年代以来，可调速直流电力拖动较多采用的是直流发电机电动机系统，并以电机扩大机、磁放大器作为其控制元件。电力电子器件发明后，以电子元件控制，由可控整流器供电的直流电力拖动系统逐渐取代了直流发电机电动机系统中并发展到采用数字电路控制的电力拖动系统。这种电力拖动系统具有精密调速和动态响应快等性能。这种以弱电控制强电的技术是现代电力拖动的重要特征和趋势。

交流电动机没有机械式整流子，结构简单、使用可靠，有良好的节能效果，在功率和转速极限方面都比直流电动机高；但由于交流电力拖动控制性能没有直流电力拖动好，所以20世纪70年代以前未能在高性能电力拖动中获得广泛应用。随着电力电子器件的发展，自动控制技术的进步，出现了如晶闸管的串级调速、电力电子开关器件组成的变频调速等交流电力拖动系统，使交流电力拖动已能在控制性能方面与直流电力拖动相抗衡和媲美，并已在较大的应用范围内取代了直流电力拖动。

知识小结

（1）电动机的结构原理。电动机的结构主要由定子部分和转子部分两部分组成。定子铁心槽中嵌有定子三相绕组——定子绕组，转子铁心中也有转子绕组。转子绕组形式有两种，一种是铸铝绕组，另一种是绕线式绕组。转子绕线绕组可外接电阻，改变启动性能，增加启动转矩。

三相交流电动机的原理是：将三相交流电通入电动机的定子三相绕组，在电动机中产生旋转磁场，转子绕组切割磁力线产生感生电流，进而受到磁场力矩的作用，转子随磁场转动，改变三相电源接入三相绕组的相序，即可改变电动机旋转方向。

旋转磁场的转速叫同步转速 n_0

$$n_0 = \frac{60f}{p}$$

转子的转速为电动机的转速 n，转子转速稍低于同步转速，两者之差与同步转速之比叫转差率

$$s = \frac{n_0 - n}{n_0}$$

（2）三相异步电动机单向启动控制电路的控制特点：①由于电路设置了自锁功能，所以电动机具有连续运行控制作用。②由于开关（复合按钮）破坏了自锁功能，所以电路具有点动控制作用。③具有多种保护环节。接触器控制的电路具有失压、欠压保护作用，熔断器具有短路保护作用，电路中设置热继电器使电路具有过载保护作用。

（3）三相电动机的正反转控制线路：①由转换开关控制的正反控制线路。②接触器联锁的正反转控制线路。③复合按钮联锁的正反转控制线路。④双重联锁的正反转控制线路。在正反转控制线路中，分别在对方的控制线路中设置了具有互锁功能的常闭触头。主电路中用两组主触头来改变三相电源接入定子三相绕组的相序来改变电动机的转向。

（4）三相异步电动机的顺序控制和多地控制。多个电动机的顺序控制线路中，后序启动的电动机的接触器线路中，串接上先序启动的接触器的常开触头即可。我们介绍了两种顺序控制线路。多地控制的特点，只是多设置几组启动、停止按钮，并遵守启动按钮要并联、停止按钮要串联的原则。

（5）降压启动控制线路。①串电阻降压启动控制线路：（a）时间继电器自动控制降压启动控制线路，（b）自动与手动控制的串联电阻降压启动控制线路；②Y-△形降压启动控制线

路：(a) 手动 Y-△形降压启动控制线路，(b) 自动 Y-△降压启动控制线路，(c) 时间继电器控制的 Y-△降压启动线路；③自耦变压器降压启动控制线路：(a) 手动控制，(b) 接触器控制，(c) 时间继电器控制；④延边三角形降压启动控制线路，介绍各种降压启动控制的适用范围、控制方法和工作原理。

（6）三相异步电动机的行程控制与自动往返控制。在这一节中介绍了行程控制与自动往返控制原理、所需要的控制设备、行程开关的原理和功能、控制线路控制方法和工作原理。

（7）三相异步电动机的行程控制与自动往返控制。在这一节中介绍了绕线式异步电动机串联电阻启动、调速的原理；时间继电器自动控制短接启动电阻的控制线路；电流继电器控制绕组式电动机启动控制线路；凸轮控制器控制的绕线式异步电动机串电联阻启动、调速控制线路介绍了各种电路的工作原理、电路组成、主要元器件的工作原理以及控制线路的控制过程。

（8）三相异步电动机的制动。三相异步电动机的制动方式分为机械制动和电气制动两类。机械制动介绍了电磁抱闸制动控制线路，这种控制线路有两种，一种是电磁抱闸断电控制线路。它的特点是一旦主电路断电，闸瓦与闸轮抱住，而主电路通电时闸瓦与闸轮是分开的，即电磁抱闸系统也通电；另一种是电磁抱闸通电控制线路，它的特点是电动机通电时，电磁抱闸系统无电，闸瓦与闸轮分开，当电动机主电路断电的同时，电磁抱闸线圈通电，闸瓦抱住闸轮开始制动。两种机械各有其特点，可用于不同的生产机械的制动。

电气制动是利用了电机的电磁原理，在电动机需要制动过程中，产生"反"电磁转矩，使电动机转速迅速下降直至停转。常用的有反接制动、能耗制动、电容制动和回馈制动。我们介绍了两种制动，一是反接制动，有单向启动反接制动控制线路和双向启动反接制动线路。二是能耗制动，分别介绍了制动的原理、控制线路的组成和线路的工作原理。

（9）三相异步电动机的调速控制线路。①介绍了变极调速原理，包括双速电动机的调速原理及其控制线路，三速电动机及多速电动机调速原理。②介绍了电磁调速异步电动机的结构及控制线路。

（10）三相异步电动机的选择及保护。介绍各种电动机的选择原则：①功率的选择方法：(a) 调查统计类比法，(b) 分析计算法；②种类的选择原则；③结构形式和防护形式选择；④电动机的保护。

习　题

2.1　选择电动机容量时应注意哪些问题？
2.2　怎样选择电动机的额定电压和额定转速？
2.3　按防护形式的不同，电动机有哪几种类型？
2.4　根据原理电路制做电动机控制线路的主要步骤有哪些？各步骤的具体内容是什么？
2.5　安装电器元件之前，为什么必须先对电器元件进行检查？
2.6　什么叫"自锁"？自锁线路由什么部件组成？如果用接触器的常闭触头做"自锁"触头，将出现何现象？
2.7　什么叫"互锁"？互锁线路由什么部件组成？
2.8　电动机控制线路中采用什么措施实现短路保护？熔断器为什么不能有过载保护的能力？过载保护采取什么措施？
2.9　什么类型的电动机控制线路具有失压、欠压保护功能？

2.10 图 2-30 所示串电阻降压启动控制线路中,当电动机进入全压运行后,各接触器的工作状态如何?有何缺点?

2.11 如何将图 2-30 控制线路改造,使之当电动机进入全压运行后,只依靠接触器 KM_2 来工作?画出线路图。

2.12 自动往复循环运行的电动机终端限位开关 SQ_3 和 SQ_4 还可以按装在辅助线路中的什么位置?为什么?

2.13 复合按钮联锁的电动机正反转控制线路中,为什么操作时要将启动按钮按到底?否则将发生什么现象?为什么?

2.14 单独采用按钮联锁的正反转控制线路具有什么缺点,如何解决?单独采用接触器联锁的电动机正反转控制线路有何不足?为什么?

2.15 分析图 2-24 所示双重联锁的控制线路的具体工作过程,说明线路如何避免电源短路。

2.16 降压启动的目的是什么?如何选择降压启动方式?

2.17 自动往返控制是通过什么装置实现的?它与正、反转控制有何不同?

2.18 三相绕线式异步电动机串电阻启动、调速的原理是什么?

2.19 三相异步电动机制动方式有哪几类?能耗制动与反接制动比较有何优缺点?

2.20 三相异步电动机的机械制动方式有何优缺点?

2.21 双速电动机、三速电动机在结构上与普通电动机有何区别?它们是如何实现"双速"、"三速"运行的?

2.22 在图 2-65 所示的几个点动控制线路中,判断每个线路是否完成点动控制?

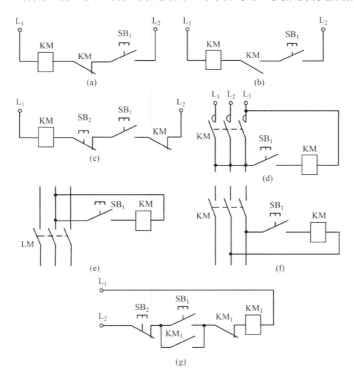

图 2-65 习题 2.22 图

2.23 画出能实现点动控制的线路图，说明它的基本构成？

2.24 图 2-66 所示中的几个控制线路能否实现自锁控制。检查有无错误，错误造成的结果是什么？

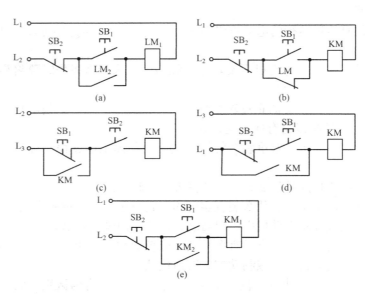

图 2-66 习题 2.24 图

2.25 图 2-67 所示电路为电动机单向运行控制线路，并且电路具有短路、过载、失压保护环节，哪些部分是错误的？请加以改正。

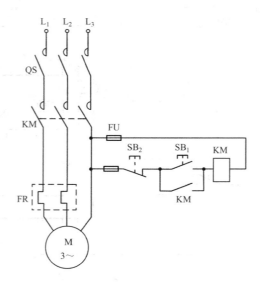

图 2-67 习题 2.25 图

2.26 图 2-68 所示的电动机正反转控制线路的主电路有无错误，试改正。

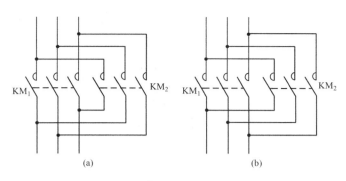

图 2-68 习题 2.26 图

2.27 图 2-69 中所示为电动机正反转控制线路的辅助电路，试分析其中的错误，并画出正确的电路。

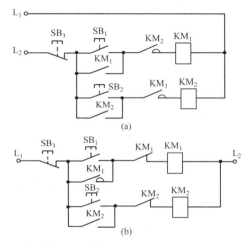

图 2-69 习题 2.27 图

2.28 试分析图 2-70 所示的控制线路，各属于何种控制线路。

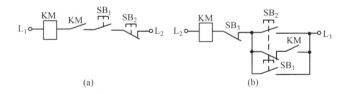

图 2-70 习题 2.28 图

2.29 试设计电动机正反转控制线路，要求有正反转点动控制、工作可靠、有过载、短路失压保护功能。

2.30 如何用万用表检查"自锁"线路？如何用万用表检查"联锁"线路。

2.31 自动往返的正反转控制线路中限位开关作用和接线特点是什么？

2.32 自动往返控制线路在试车过程中发现，限位开关不起作用，开关本身无故障，则可能是什么原因造成的？

2.33 分析如图 2-71 所示电路的功能和工作原理，并说明两控制线路功能有何相同点和不同点？

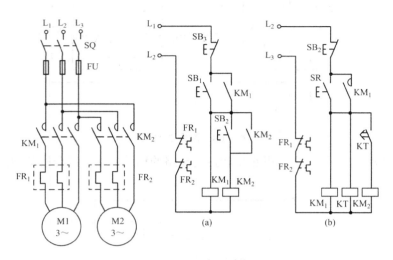

图 2-71 习题 2.33 图

2.34 试设计一电动机控制线路，要求①两台电动机 M_1、M_2 可分别启动；②停车时 M_2 停转后，M_1 才可停转。

2.35 有两台电动机 M_1 和 M_2，要求①M_1 启动后，M_2 才能启动。②M_2 要求能用电器实现正反转连续控制，并能单独停车。③有短路、过载、欠压保护，试设计控制线路。

2.36 两台电动机 M_1、M_2，要求①M_1 启动后，延时一段时间后 M_2 再启动；②M_2 启动后，M_1 立即停止，试画出控制线路。

2.37 制动控制有哪几种方式？其工作原理各是什么？

2.38 图 2-72 所示是异步电动机串联电阻降压启动控制线路，试分析线路中各电器的作用及工作原理。

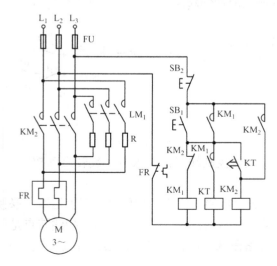

图 2-72 习题 2.38 图

2.39 反接制动和能耗制动各有何特点？

2.40 设计一个两地控制的电动机正反转控制线路，要有过载、短路保护环节。

2.41 图 2-73 所示为电动机正转控制线路，根据下列故障现象，拟定检查步骤，确定故障部位，并提出故障处理方法。

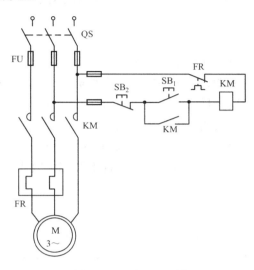

图 2-73 习题 2.41 图

（1）接触器 KM 不动作；
（2）接触器 KM 动作，但电动机不转动；
（3）接触器 KM 动作，电动机转动，但一松按钮 SB_1，接触器复原，电动机停转；
（4）接触器有明显颤动，噪声大；
（5）电动机转动较慢，并有嗡嗡声。

2.42 如果能耗制动结束时电动机仍未停转，应如何调整电路。

2.43 能耗制动控制线路试车时，FV_1 动作，而 FV_2 完好。能不能说辅助电路动作正确，而故障是由于主电路接线错误造成的？

2.44 反接制动线路、反接制动电动机不能停车而出现反向启动现象，试分析原理并加以排除。

第 3 章　直流电动机及其电力拖动

直流电动机是实现直流电能和机械能相互转换的一种旋转式电动机。**由直流电源供电，拖动机械负载旋转，输出机械能的电机称为直流电动机；由原动机拖动旋转，将机械能转变为直流电能的电机称为直流发电机。**直流发电机可作为各种直流电源，其输出电压便于精确地调节和控制。常用来作为重要的直流电动机的电源、同步发电机励磁系统电源以及电化学工业中电解、电镀用的低压大电流直流电源等。随着可控硅整流电源的广泛应用和日益完善，由晶闸管整流组件组成的直流电源设备已在许多领域中取代了直流发电机。而应用可控硅整流电源与直流电动机组成的自动控制系统则有了更大的发展，并对直流电动机的性能和技术经济指标提出了更高的要求。

在电动机的发展史上，直流电动机发明得较早，它的电源是电池，后来才出现了交流电动机，当发明了三相交流电以后，交流电动机得到了迅速的发展，直流电动机具有以下突出的优点：

① 调速范围广，易于平滑调速；
② 启动、制动和过载转矩大；
③ 易于控制，可靠性高。

直流电动机多用于对调速要求较高的生产机械上，如轧钢机、电车、电气铁道牵引、挖掘机械、纺织机械等。

直流发电机可用来作为直流电动机以及交流发电机的励磁直流电源。

3.1　直流电动机的结构与原理

直流电动机结构复杂，成本高，具有易磨损的电刷和易损坏的换向器，因此运行维护比较麻烦。但是直流电动机具有优良的性能，能在宽广的范围内平滑而又方便地调节转速，可实现频繁的快速启动、制动和反转，有较强的过载能力，能承受频繁的冲击负载，可以满足生产过程自动化控制系统的各种特殊要求，同时直流电动机还具有使用方便可靠、波形好、对电源干扰小等优点。所以，直流电动机在现代工业和人民生活中仍占有重要地位，在冶金、采矿、运输、化工、纺织、造纸、印刷和机床等工业部门中得到了广泛的应用。例如，有一些对调速性能要求较高的生产机械，像高精度金属切削机床、轧钢机、造纸机等都要求加工精度高，一般就采用直流电动机作为拖动电动机。又如，机械加工行业中的龙门刨床的进给系统就要求较宽的调速范围和较快的过渡过程，像这种机床也采用直流电动机作为拖动电动机。还有的生产机械要求有较大的启动转矩和一定的调速范围，如电气机车和城市电车等，一般也采用直流电动机作为动力。

3.1.1 直流电动机的基本结构

直流电动机由静止部分（定子）和转动部分（转子）这两大部分组成。定、转子之间有一定的间隙，称为气隙。定子的作用是产生磁场和做电机的机械支撑，它包括主磁极、换向极、机座、端盖、轴承、电刷装置等。转子上用来感应电动势而实现能量转换的部分称为电枢，它包括电枢铁心和电枢绕组。此外转子上还有换向器、转轴、风扇等。

图 3-1 所示为直流电动机结构示意图。

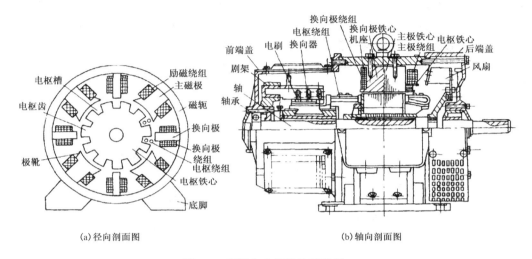

图 3-1 直流电动机结构示意图

1. 静止部分（定子）

（1）主磁极。主磁极是一种电磁铁，它是由主磁极铁心和套在铁心上的主磁极绕组（又称励磁绕组）组成的。主磁极用来产生主磁通，它总是成对的，相邻磁极的极性按 N 极和 S 极交替排列。

（2）换向极。换向极装在两个主磁极间，也是由铁心和绕组组成。它的作用是产生一个附加磁势，抵消交轴电枢反应磁势，并在换向区域内建立一个磁场，使换向组件中产生一附加电动势去抵消电抗电动势，从而可以避免电枢换向过程中在电刷下出现火花，以保护电机。

（3）电刷装置。电刷装置是把直流电压，直流电流引入或引出的部件。

特 别 链 接

- 直流电动机在负载情况下运行，主磁极磁场和电枢磁场同时存在，它们之间互相影响，我们把电枢磁场对主磁场的影响叫电枢反应。

2. 转动部分（转子）

（1）电枢铁心。电枢铁心一般用 0.5mm 的硅钢片叠压而成，其作用是通过磁通和安放电枢绕组。

（2）电枢绕组。电枢绕组的作用是感应电势和通过电流，使直流电动机实现机电能量变换，它是直流电动机的主要电路部分。

（3）换向器。在电动机中，换向器能使外加直流电变换成电枢绕组组件中的交变电动势；在发电机中，它又将电枢绕组组件中的交变电动势变换为电刷间的直流电动势。

3.1.2 直流电动机的工作原理

一般直流电动机均系电枢旋转、磁极固定的结构形式。下面用一个最简单的直流电机模型来阐述其基本原理。图 3-2（a）中，定子主要由固定的两个磁极组成，由它们建立一个恒定磁场；转动部分由铁心和线圈构成，简称为转子，又叫电枢；电枢线圈 abcd 的两端分别接到两个半圆形铜片上，这两个铜片叫做换向片。换向片随电枢转动，电刷固定不动。一个换向片与电刷 A 相接，另一个换向片与电刷 B 相接；电刷 A、B 分别接至直流电源的正、负极。

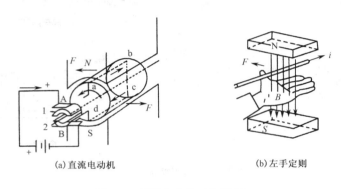

(a) 直流电动机　　　　　　(b) 左手定则

图 3-2　直流电动机工作原理

A，B—电刷；1，2—换向片；abcd—转子线圈；N，S 磁极—定子

我们知道，通电导体在磁场中会受到电磁力的作用，其受力方向见图 3-2（b）左手定则。

当一个换向片经电刷 A 接到电源正极，另一个换向片经电刷 B 接到电源负极时，电流从电刷 A 经一个换向片流入电枢的线圈，然后经另一个换向片从电刷 B 流出，线圈 abcd 就成为一个载流线圈，它在磁场中必然受到电磁力 F 的作用。根据左手定则，如图中位置时，ab 边受到一个向左的力 F，cd 边受到一个向右的力 F，线圈 abcd 便受到一个电磁转矩的作用，可使电枢沿逆时针方向旋转起来。

当电枢转过 180°时，线圈 cd 边转到 N 极下，ab 边转到 S 极下。由图中分析可知，此时电流是由电刷 A 通过换向片流入线圈，然后通过电刷 B 流出线圈。这时处在 N 极下的 cd 边中的电流方向应由 d 到 c，由左手定则判断 cd 边受力方向仍向左，处在 S 极下的 ab 边中的电流方向应由 b 到 a，其受力方向仍向右，线圈仍按逆时针方向旋转。这样，通过电刷及换向片的作用，保证了在 N 极下的线圈边和在 S 极下的线圈边中的电流方向总是不变的，因此线圈所受电磁力的方向也总是不变，使电枢总是按着同一个方向（现在是逆时针方向）继续旋转，电动机便可以带动机械负载工作。由此可归纳出直流电动机的工作原理：直流电动机在外加电压的作用下,在电枢绕组中形成电流,电枢绕组在磁场中受到电磁力的作用,由于换向器对电枢绕组中电流的换向作用,使直流电动机能够连续旋转,把直流电能转换成机械能输出。

从上述直流电动机的工作原理来看,若将一台直流电机的电刷两端加上直流电源,输入电能,即可拖动生产机械,将电能变为机械能而成为电动机。反之,若用原动机带动直流电机的电枢旋转,输入机械能就可在电刷两端得到一个直流电动势作为电源,将机械能变为电能而成为发电机。这种一台电机既能作为电动机又能作发电机运行的原理,在电机理论中称为电动机的可逆原理。即从工作原理来说,任何一台旋转电动机既可以作为电动机也可以作为发电机。

3.1.3 直流电动机的分类

按照直流电机的主磁场不同,一般可分为两大类,一类是由永久磁铁作为主磁极,称为永磁式;而另一类是利用给主磁极通入直流电产生主磁场,称为电磁式。后一类按照主磁极与电枢绕组接线方式的不同,通常可分为他励式和自励式两种。自励式又可分为并励、串励、复励等几种。

1. 他励电动机

他励电动机是一种电枢绕组和励磁绕组分别由两个直流电源供电的电动机,如图 3-3(a)所示。图中,I_a表示电枢电流,I_f表示励磁电流。

2. 并励电动机

并励电动机的励磁绕组和电枢绕组并联,由同一个直流电源供电。励磁绕组匝数较多,导线截面较细,电阻较大,励磁电流只是电枢电流的一小部分,如图 3-3(b)所示。

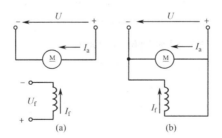

图 3-3 直流电动机的他励和并励形式

3. 串励电动机

串励电动机的励磁绕组与电枢绕组串联,用同一个直流电源供电。励磁电流与电枢电流相等。电枢电流较大,所以励磁绕组的导线截面较大,匝数较少,如图 3-4(a)所示。

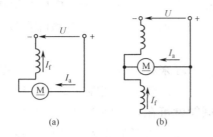

图 3-4　直流电动机的串励和复励形式

4．复励电动机

复励电动机有两个励磁绕组，一个与电枢绕组并联，一个与电枢绕组串联，如图 3-4（b）所示。当两励磁绕组产生的磁通方向相同时，合成磁通是两磁通相加，这种电机称为积复励电动机。当两励磁绕组产生的磁通方向相反时，合成磁通为两磁通之差，这种电机称为差复励电动机，某些小型直流电动机用永久磁铁产生磁场。

3.2　他励直流电动机的基本控制线路

他励电动机的励磁电流由其他的直流电源供电，励磁绕组与电枢绕组互不相连。励磁电流的大小不受电枢电压及电枢电流的影响，调节励磁电源电压及与励磁绕组串联的电阻的阻值即可调节励磁电流的大小。

3.2.1　他励直流电动机的启动控制线路

电动机从静止状态加速达到稳定运行状态的过程，称为电动机的启动。电动机的启动性能是衡量电动机运行性能的一项重要指标，而电动机的启动性能主要由下列各项来决定：启动电流的大小、启动转矩的大小、启动时间的长短、启动过程是否平滑，即加速是否均匀。启动过程的经济性，一方面由启动设备的价值来决定，另一方面则由启动时间消耗的电能来决定。其中主要的参数指标是启动电流和启动转矩。

由于电枢绕组的电阻很小，在启动瞬间，启动电流的值将达到额定电流的 10～20 倍，如此大的电流会使电枢换向恶化，产生严重火花。同时，会产生过高的加速度，使电动机的传动机构和生产机械受到过大的冲击力，损坏设备。过大的启动电流还会导致很大的线路压降，使电网电压不稳定。

通常规定：直流电动机的电枢瞬时电流，不得大于其额定电流的 1.5～2.5 倍。因此，在电动机启动时，必须限制电枢电流 I_a 的大小。

常用的限流方法有降压启动（减小电枢电压启动）和电枢回路串电阻启动。

1．降压启动

降压启动是在启动时降低电枢外加电压，待电动机转速升高，电枢中的感应电动势（由于其方向与外加电压方向相反，又称反电动势）增大后，再逐渐增高电枢两端的外加电压,直至电动机的额定电压值,此时电动机的转速也从零升到额定转速,这种启动方式即为降压启动。

较早采用的是发电机—电动机组,其控制线路原理如图 3-5 所示。

启动电动机时,调节 R_g 的动触头,使发电机 G 的励磁增加,于是 G 的输出直流电压也随着增加,使电动机 M 从静止状态逐步升速到所需要的转速值。

随着大功率晶体管和晶闸管的出现,目前多采用大功率晶体二极管和晶闸管组成的可控整流电路供给直流电动机,称为晶闸管整流器—直流电动机系统,如图 3-6 所示。

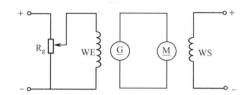

G—直流发电机;M—直流电动机;R_g—电位器;WE—发电机励磁绕组;WS—电动机励磁绕组

图 3-5　发电机—电动机启动控制线路原理图

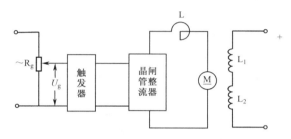

图 3-6　晶闸管整流器—直流电动机系统启动控制线路原理简图

移动 R_g 的动触头,使给定电压值 U_g 增加,电动机的转速便随着上升,慢慢进入额定工作状态。

2. 电枢回路串电阻启动

所谓电枢回路串电阻启动就是在电枢回路的外接直流电源恒定不变的情况下,将电枢回路中的串接电阻 R_s 分段切出的启动方式。

图 3-7 所示为他励直流电动机三级降压启动控制线路。

工作过程如下:

合上开关 QS_1,励磁绕组被接到直流电源上,开始励磁。

闭合开关 QS_2,按下启动按钮 SB_1,电动机电枢绕组串入三级电阻 R_1、R_2、R_3 后接到直流电源上,开始降压启动,电动机转速 n 从零开始上升,此时,接触器 KM_1 线圈的电压为 $U_{KM_1}=C_e\Phi n+(R_2+R_3+R_a)I_a$。随着电动机转速 n 的上升,U_{KM_1} 也逐渐升高,到一定数值时,接触器 KM_1 动作,其常开触头闭合,把电阻 R_1 短接。电动机转速 n 继续上升,接触器 KM_2 线圈电压 $U_{KM_2}=C_e\Phi n+(R_3+R_a)I_a$ 也随着上升,上升到一定值时,KM_2 动作,其常开主触头闭合,把电阻 R_2 短接。最后,接触器 KM_3 动作,将电阻 R_3 短接。至此电动机启动完毕,进入正常运转状态。

若要停止运转,可以按下停止按钮 SB_2,则接触器 KM 线圈断电,其常开触头断开,电动机脱离电源，停止运转。

图 3-8 所示是他励直流电动机串联二级电阻启动控制线路。

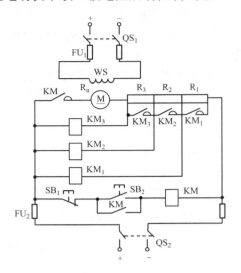

图 3-7 他励直流电动机三级降压启动控制线路

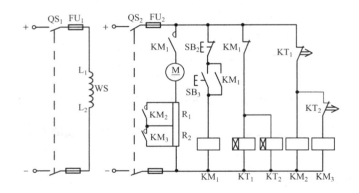

图 3-8 他励直流电动机串联二级电阻启动控制线路

工作过程：

合上电源开关 QS_1、QS_2，励磁绕组 L_1、L_2 通电励磁。同时，时间继电器 KT_1、KT_2 的线圈也通电，KT_1、KT_2 的常闭触头瞬时断开，使接触器 KM_2、KM_3 线圈断电，则并联在启动电阻 R_1、R_2 上的接触器的常开触头 KM_2 和 KM_3 处于断开状态，从而使得电阻 R_1 和 R_2 在电动机启动时，全部串入电枢回路。按下启动按钮 SB_1，接触器 KM_1 线圈通电，其常开主触头闭合，电动机电枢绕组串入全部启动电阻启动。同时，KM_1 的常闭触头断开。时间继电器 KT_1 和 KT_2 的线圈失电，KT_1 的常闭延时闭合触头首先闭合，使接触器 KM_2 线圈通电，其常开主触头闭合，将启动电阻 R_1 短接，电动机转速继续上升。一段时间后，KT_2 的常闭延时闭合触头也闭合，接触器 KM_3 线圈通电，其常开主触头闭合，将启动电阻 R_2 短路，电动机启动过程结束，进入正常运转状态。

如需停转，则按下停止按钮 SB_2，接触器 KM_1 线圈失电，其常开主触头断开，电动机停转。

3.2.2 他励直流电动机的正反转控制线路

在电力拖动系统中,常需要改变电动机的旋转方向。例如:由直流电动机拖动的龙门刨床工作台的往返运动;矿井卷扬机的上升、下降运动等,都是通过电动机的正反向运转完成的。改变电动机的旋转方向有两种方法:一是保持电枢两端的电压极性不变,将励磁绕组反接,使励磁电流反向,从而改变磁通的方向;二是保持励磁绕组两端的电压极性不变,将电枢绕组反接,使电枢电流改变方向。

由于他励直流电动机的励磁绕组匝数很多,电感比较大,励磁电流从正向额定值变化到反向额定值的过程较长,反向磁通和反向转矩的建立较慢,反转的过程不能很快进行。此外,当励磁绕组断开时,如果没有放电电阻,则因磁通消失很快,在绕组中将产生很大的感应电势,可能使励磁绕组的绝缘击穿。因此,他励直流电动机多采用改变电枢电压极性的方法来实现电动机的反转。

图 3-9 所示是他励直流电动机改变电枢电压极性的正反转控制线路。图中 QS_1、QS_2 是电源开关;KM_1 为正转控制接触器;KM_2 为反转控制接触器;KM_3、KM_4 是启动接触器;SB_2 是正转启动按钮;SB_3 是反转启动按钮;SB_1 是停止按钮;FA_1 是过电流继电器;FA_2 是欠电流继电器;KT_1、KT_2 是时间继电器,选择时间继电器的整定时间时,应选择使 KT_1 比 KT_2 的延时时间短。

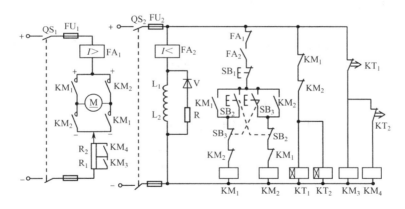

图 3-9 他励直流电动机的正反转控制线路

预备启动过程:

按下正转启动按钮 SB_2
  ├→ SB_2 的常闭触头断开→实现联锁
  └→ SB_2 的常开触头闭合→KM_1 线圈得电
  ├→ KM_1 常开辅助触头闭合自锁
  ├→ KM_1 常开主触头闭合→电动机串两个电阻 R_1、R_2 正转启动(电流自左向右)
  └→ 2 个 KM_1 常闭辅助触头断开 → 实现联锁
       → 使 KT_1、KT_2 线圈断电→
       → KT_1 常闭延时闭合触头先闭合→KM_3 线圈通电→R_1 被切除→转速上升
       → KT_2 常闭延时闭合触头后闭合→KM_4 线圈通电→R_2 被切除→转速再上升

停转过程：

按下停止按钮 SB_1→KM_1 线圈断电 ┬→KM_1 常开主触头断开→电动机断电
　　　　　　　　　　　　　　　　　　├→KM_1 常开辅助触头断开切断自锁
　　　　　　　　　　　　　　　　　　└→2 个 KM_1 常闭辅助触头闭合→失去联

锁作用；同时，KT_1、KT_2 线圈通电→其常闭触头瞬时断开→KM_3、KM_4 线圈断电→其常开主触头断开→R_1、R_2 串入电枢回路。

停转时，为保护励磁绕组 L_1L_2，绕组 L_1L_2 的放电回路通过电阻 R 进行放电。

反转启动过程：

按下反转启动按钮 SB_3 ┬→SB_3 的常闭触头断开→实现联锁
　　　　　　　　　　　　└→SB_3 的常开触头闭合→KM_2 线圈得电→

┬→KM_2 常开辅助触头闭合自锁
├→KM_2 常开主触头闭合→电动机串两个电阻 R_1、R_2 反转启动（电流自右向左）
└→2 个 KM_2 常闭辅助触头断开 ┬→实现联锁
　　　　　　　　　　　　　　　　└→使 KT_1、KT_2 线圈断电→

┬→KT_1 常闭延时闭合触头先闭合→KM_3 线圈通电→R_1 被切除→转速上升
└→KT_2 常闭延时闭合触头后闭合→KM_4 线圈通电→R_2 被切除→转速再上升

在电动机正、反转过程中，如果电枢电路中的电流过大时，串入的过电流继电器 FA_1 就会动作，其常闭触头断开，使 KM_1 或 KM_2 线圈断电，KM_1 或 KM_2 的常开主触头断开，从而使电枢回路断电，电动机停转，得到了保护。

如果励磁回路断开或励磁回路中的电流过小，串入的欠电流继电器 FA_2 就会动作，其常开触头断开，使接触器 KM_1 或 KM_2 线圈失电，同样的道理，电枢回路也会断电，电动机停止转动，而不会发生飞车的危险。

另外，为了避免 SB_2、SB_3 两个启动按钮同时被按下时，KM_1 和 KM_2 线圈同时获电，它们的常开触头同时闭合而造成主回路短路事故，在控制回路中设有 KM_1 和 KM_2 的常闭触头，起联锁作用。其联锁原理如下：当 KM_1 线圈得电时，其常闭触头断开，使 KM_2 的线圈回路断电，同理，当 KM_2 线圈得电时，KM_1 线圈也不能得电。

特 别 提 示

- 从他励直流电动机的转速公式 $n=(U-I_aR_a)/C_e\Phi$，可以看出，当磁通 Φ 减弱时，电动机转速 n 反而升高，值得注意的是，当励磁电路断开或励磁电流 $I_f=0$ 时，由于励磁铁心还会保留一定的剩磁，这时电动机的转速将大大提高，而且将升高到电动机的机械强度所不能允许的数值，这种现象称为"飞车"。飞车现象是非常危险的，因此电动机在运行过程中，绝对不允许励磁电路断开或励磁电流 $I_f=0$ 的情况出现。这也是我们经常需要在他励直流电动机的励磁绕组上串联欠电流继电器，对其进行欠流保护的原因。

3.2.3 他励直流电动机的制动控制线路

在实际生产过程中，电动机往往有两种状态：一是电动运转状态，其特点是电动机电磁转矩 M 的方向与电动机的旋转方向相同，电动机从电网中吸收电能转化为机械能带动负载。如起重机在提升重物时,电动机即处于电动运转状态;二是制动运转状态,它的特点是电动机电磁转矩 M 的方向与转速的方向相反,即电磁转矩成为制动转矩,电动机此时吸收机械能,并把它转化为电能。例如,起重机在下放重物时,如不采取措施,重物将在自身重量的作用下加速下降,容易造成设备损坏和人身事故。此时就需要电动机产生一个与旋转方向相反的转矩 M 来克服重物的负载转矩,使重物能以一定速度稳定下降。

所谓制动,就是给电动机加上与原来转向相反的转距,使电动机迅速停转或限制电动机的转速。

直流电动机制动方法有机械制动和电力制动两种。机械制动多采用的是电磁抱闸方式,而电力制动是通过电机的作用,将拖动系统的机械能转化为电能,消耗在电枢电路的电阻上或反馈回电网,使拖动系统的运行速度迅速下降,达到制动的目的。由于电力制动有足够大的制动转矩,并限制制动电流不大于 2 倍的额定电流,制动平滑,制动时间短,制动设备经济可靠,所以在日常工业生产中,应用比较广泛。

电力制动常用的方法有能耗制动、反接制动、回馈制动(又称再生制动)。

1. 能耗制动

能耗制动是把正在运转的直流电动机的电枢从电源上断开,接上一个外加电阻 R_z 组成回路,将机械动能变化为热能消耗在电枢电阻 R_z 上。同时,维持电动机励磁不变。

图 3-10 所示,即为他励直流电动机能耗制动原理图。

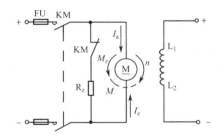

图 3-10 他励直流电动机能耗制动原理图

图中虚线箭头表示电动机处于电动运转状态时的电枢电流 I_a 和电磁转矩 M 的方向。

电动机制动时,其励磁绕组 L_1、L_2 两端电压极性不变,因而励磁的大小和方向不变。接触器 KM 的常开主触头断开,使电枢脱离直流电源,同时,KM 的常闭触头闭合(如图中状态),使外加制动电阻 R_z 与电枢绕组构成闭合回路。此时,由于电动机存在惯性,它仍按原来方向继续旋转(如图中所示方向),所以电枢的反电动势 E_n 的方向也不变,并且它还成为电枢回路的电源,这就使得制动电流 I_z 的方向同原来的电枢电流方向相反,电磁转矩的方向也随之改变,成为制动转矩 M_z,从而促使电动机迅速减速以至停止。

能耗制动过程中,需注意的问题是,制动电阻 R_z 的大小要选择合适,如果 R_z 过大,制动缓慢。一般按照电动机的制动要求,R_z 的大小要使得最大制动电流不超过电枢额定电流的 2 倍。

图 3-11 所示为单向运行串二级电阻启动，停车采用能耗制动的控制线路。该电路的启动工作情况与图 3-9 的启动情况相似，不再重复介绍。

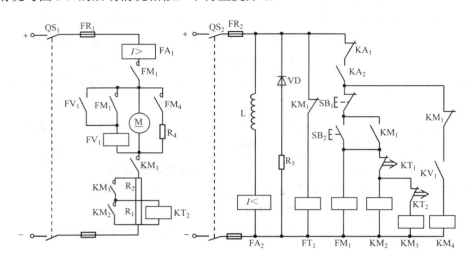

图 3-11 串二级电阻启动、能耗制动控制线路

停车时，按下停止按钮 SB₁，接触器 KM₁ 线圈断电，KM₁ 的 3 对常开主触头断开，将电枢与电源及启动电阻分离。此时，电动机因惯性仍以较高的速度旋转，存在电枢反电动势，电枢绕组两端仍有一定电压，使并联在电枢两端的电压继电器 FV₁ 经自锁触头仍能保持通电。这样，在控制回路中的 FV₁ 常开触头闭合，制动接触器 KM₄ 线圈通电，KM₄ 常开触头闭合，将制动电阻 R₄ 并在电枢两端，电动机实现能耗制动，转速急剧下降，电枢电动势也随之下降，当降到一定值时，电压继电器 FV₁ 释放，其起自锁作用的常开触头断开，使制动接触器 KM₄ 线圈断电，KM₄ 常开主触头断开，制动电阻 R₄ 从电枢两端脱离，电动机能耗制动结束。

2. 反接制动

反接制动状态可通过下述两种方法来实现：即负载倒拉反接制动与电枢电压反接制动。

（1）负载倒拉反接制动。在起重系统中，直流电动机的电源电压及励磁电流均不变，在其电枢回路中串入一较大的电阻，使直流电动机的拖动转矩小于负载自重转矩，负载倒拉着电动机反向运转。此时，电磁转矩的方向未变，但旋转方向改变了，电动机便处于制动运转状态，如图 3-12 所示。

（2）电枢电压反接制动。电枢电压反接制动是把正在运转的直流电动机的电枢两端电压极性反接，并维持其励磁电流方向不变的制动方法。

图 3-13 所示是他励直流电动机反接制动原理简图。反接制动时，断开正转接触器 KM₁ 的主触头，并闭合反转接触器 KM₂ 的主触头，将 R₄ 串入。这样，直流电源便反接到电枢两端，与此同时，在电枢电路中，还接入了外加制动电阻 R_Z，用以预防过大的反接电流。图中，虚线箭头表示的是电动机处于电动运转状态时的电枢电流 I_a 和电磁转矩 M 的方向，实线箭头表示反接制动时的电枢电流 I_Z 与制动转矩 M_Z 的方向。

反接制动时，由于电枢电流的方向发生了变化，转矩也因之反向，但电动机因惯性仍按原方向运转，于是，转矩 M_Z 与转速方向相反，成为制动转矩，使电动机处于制动状态。

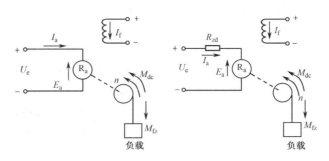

图 3-12 直流电动机负载倒拉反接制动原理图

直流电动机反接制动应注意以下两个问题：一是反接制动时的电流较大，这是因为在反接制动时，电枢电流值是由电枢电压与反电势之和建立的。因此，为了限制反接制动时的电流值，必须在制动回路中串入制动电阻 R_z，它的数值要比能耗制动时串入的制动电阻值几乎要大一倍。二是反接制动时，要防止电动机反向启动，应注意在电动机转速到零之前，将电动机电枢脱离电源，否则，电动机会反向启动。

反接制动的优点是制动力矩大、制动快。缺点是制动准确性差，制动过程中冲击强烈，易损坏传动部件。此外，反接制动时，电动机既要吸收机械能又要吸收电源电能，而且这两部分能量均消耗于电枢绕组的电阻 R_a 及外接制动电阻 R_z 上面，能量消耗大，不经济。因此，反接制动一般适用于不经常启动和制动的场合。

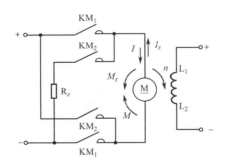

图 3-13 他励直流电动机反接制动原理图

3.2.4 他励直流电动机的调速控制线路

调节转速简称为调速，就是在一定的负载下，根据生产工艺的要求，人为地、有意地改变电动机的转速。

许许多多的生产机械如机床、起重运输设备、轧钢机、造纸机等都要求在不同的情况下，用不同的速度进行工作，以达到提高生产效率和保证产品质量的目的。例如，机床要加工各种不同形状的工件，而各种工件由于材料不同，其吃刀深度不同，使用刀具也不同。对于某一具体的加工情况，有一个最佳的切削速度，用这个速度加工时，加工时间就短、质量也好，刀具使用的时间也最长。又如，龙门刨床的刨台，在每一次往返中，就要求几次变速，在刀具切入工件时，应降低刨台运行速度，以防止撞坏刀具；在刀具切出工件之前应降低刨台运行速度，以防止工件边缘剥落；刨台返回时，不进行切削加工，应加快刨台的返回速度，以提高生产率。

调速方法有机械调速、电气调速或机械电气相配合调速。小型机床一般都采用机械调速方式，机械调速是有级的，是人为改变机械传动装置的转速，从而改变生产机械的运行速度。

电气调速是用电气方法，人为改变控制线路的电气参数进行调速的。电气调速可使机械传动机构简化，提高传动效率，还可以实现无级调速，调速时不需停车，操作简便和便于实现调速的自动控制。各种大型机床、精密机床以及其他一些机械加工设备等都采用电气调速。电气调速与机械调速比较，其缺点是，控制设备比较复杂、投资大。考虑到机械调速与电气调速各自的特点，有些生产机械同时采用以上两种调速方式。

他励直流电动机的转速公式为

$$n=(U-I_aR)/C_e \cdot \Phi$$

其中，$R=R_a+R_s$；C_e 为电磁常数；U 为电枢电压；I_a 为电枢电流。

他励直流电动机的转速调节有以下三种方法：

（1）电枢回路串电阻调速；

（2）改变励磁电流调速；

（3）改变电枢电压调速。

下面我们将分别简单介绍这三种电气调速方式的控制线路。

1．电枢回路串电阻调速

电枢回路串电阻调速是在电动机电枢电路中串联上外加的调速电阻器 R_s，调节 R_s 的大小来改变电动机的转速。

图 3-14 所示为他励直流电动机电枢回路串电阻调速电路原理图。

串入 R_s 后，电枢回路外接电阻增大，电阻压降 $I_a(R_a+R_s)$ 也增大，这样，加在电枢两端电压下降，使电动机转速下降。

其转速调整过程如下：

$R_s \uparrow \rightarrow I_a(R_a+R_s) \uparrow \rightarrow$ 电枢两端电压 $\downarrow \rightarrow n \downarrow$

$R_s \downarrow \rightarrow I_a(R_a+R_s) \downarrow \rightarrow$ 电枢两端电压 $\uparrow \rightarrow n \uparrow$

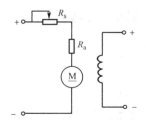

图 3-14　电枢串入电阻调速

特别提示

- 调节 R_s 的大小来调节转速，其转速总是低于电动机的额定转速。

由以上分析可知，这种调速方法的缺点是：

（1）低速时，由于机械特性变软，负载的很小变化，便能引起很大的转速波动，调速性能不稳定。

（2）由于是在主回路串电阻，调速电阻电流大，调速的平滑性差。

（3）低速时，电能损耗大，不经济。

由于以上原因，生产上较少使用这种调速方法。但是由于这种调速方法所需的设备简单，操作方便，对于功率不太大的电机和机械特性硬度要求不太高的场合，如起重机械、蓄电池搬运车、无轨电车、电池铲车及吊车等场合，这种调速方法还是被广泛采用的。

2．改变励磁电流调速

改变励磁电流调速是在他励直流电动机的励磁电路上串联一个可调电阻器 R_s，调节 R_s 的大小，就可以改变励磁电流 I_f 的大小，从而改变励磁磁通 Φ 的大小，实现调速的目的。

因为电枢感应电动势 $E=C_e\Phi n$，在 E 不变的情况下，磁通增加，转速下降；磁通降低，转速则上升。

图 3-15 所示为他励直流电动机改变励磁调速原理图。

该电路的调速过程如下：

$R_s \uparrow \rightarrow I_f \downarrow \rightarrow \Phi \downarrow \rightarrow n \uparrow$

$R_s \downarrow \rightarrow I_f \uparrow \rightarrow \Phi \uparrow \rightarrow n \downarrow$

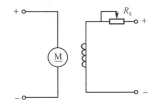

图 3-15　他励直流电动机改变励磁调速原理图

注意调节过程中，不论 R_s 是大是小，励磁磁通均比未加 R_s 时要弱，因此改变励磁电流调速只能将转速调节的比原转速高。而且更需要注意 R_s 不能调得过大，以免使励磁电流 I_f 过小，Φ 太弱，转速 n 过高，产生"飞车"现象。

由于这种调速是在励磁回路中进行的，因此可以增加调速级数，平滑性好。另外还具备励磁电流小，控制方便，能量损耗小，调速的经济性好等优点。但这种调速方式过渡时间较长。这是由于励磁绕组匝数多，电磁惯性大造成的。这种调速方式的另一个缺点是调速范围小。这种方法适用于恒功率负载的生产机械。

3．改变电枢电压调速

改变电枢电压调速，需给电枢加一可调电源，这一直流可调电源多由可调整流装置完成。对于容量较大的直流电动机，一般用交流电动机直流发电机组作为电枢回路的直流可调电源,改变电枢两端电压,达到调速目的。这种机组称为发电机—电动机组,即 G—M 机组,如图 3-16 所示。

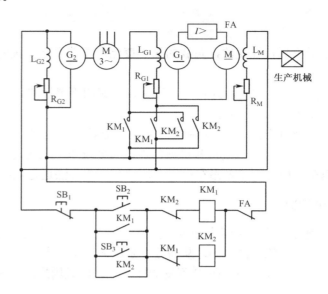

图 3-16 G—M 改变电枢电压调速系统

图中 M 为他励直流电动机,用来拖动生产机械;G_1 为他励直流发电机,它的电动势 E_{G1} 供给直流电动机 M,作为 M 的电枢电压;G_2 为并励直流发电机,产生恒定的直流电压 U_1,作为电动机 M 和发电机 G_1 的励磁电压,同时,供电给控制回路;$\underset{3\sim}{M}$ 为三相交流鼠笼式异步电动机,用来拖动直流发电机 G_1 和励磁发电机 G_2 运转;L_{G1}、L_{G2}、L_M 分别是 G_1、G_2、M 的励磁绕组;R_M、R_{G1}、R_{G2} 为可调电阻器,用来调节 M、G_1、G_2 的励磁电流;FA 为过流继电器,作为 M 的过载保护;KM_1 为正转控制接触器,KM_2 为反转控制接触器,SB_1 是停止按钮,SB_2 是正转启动按钮,SB_3 为反转启动按钮。

G—M 调速系统工作过程如下:

预备启动过程:

首先启动 $\underset{3\sim}{M}$,使 G_1 和励磁发电机 G_2 运转,G_2 发出直流电压 U_1,供给 L_{G1}、L_{G2}、L_M 和控制电路所需的电压。

$\underset{3\sim}{M}$ → G_1、G_2 运转 → L_{G1}、L_G、L_M 得电励磁。

正向启动过程:

按下正向启动按钮 SB_2,使得正向接触器 KM_1 线圈获电,其常开辅助触头闭合,实现自锁;KM_1 常闭辅助触头断开,实现联锁;KM_1 的主触头闭合,直流发电机 G_1 的励磁绕组 L_{G1} 通电励磁。因为 G_1 的励磁绕组有较大的感抗,所以励磁电流上升较慢,从而使 G_1 发出的电动势 E_{G1} 逐渐增大,于是直流电动机 M 的电枢两端电压 U_M 也逐渐升高。这样,就避免了启动时有较大的电流冲击。这种电路在启动时,不需要在电枢电路中串入启动电阻,直流电动机就可以很平滑地升速到额定转速。此过程可描述为:

按下正向启动按钮 SB_2 → KM_1 线圈通电 → 其常开触头闭合 → L_{G1} 通电励磁 → G_1 开始发电 $E_{G1}\uparrow$ → M 开始启动。

注意，启动前应先将 R_M 调到最小，将 R_{G1} 调到最大，这样可以使直流电压逐渐上升，从而使直流电动机 M 能够从最低转速上升到额定转速。

调速过程：

调速时，可以调节 R_{G1}。如果将 R_{G1} 调小，则直流发电机 G_1 的励磁电流也增加，它发出的电动势也增加，那么加在直流电动机 M 电枢两端的电压就增加，于是直流电动机的转速就升高。如将 R_{G1} 调大，则直流发电机 G_1 的励磁电流就减小，它的输出电压也减小，那么加在直流电动机 M 的电枢两端压降也就减小，于是直流电动机 M 的转速就下降。其过程如下：

$R_{G1}↓ I_{LG1}↑ \rightarrow U_{G1}↑ \rightarrow n_M↑$

$R_{G1}↑ \rightarrow I_{LG1}↓ \rightarrow U_{G1}↓ \rightarrow n_M↓$

调节 R_{G1}，只能使电动机在低于其额定转速下进行平滑调节。如想让电动机转速高于其额定转速，可以通过调节 R_M 来实现。调节方法如下：先调 R_{G1} 使电动机电枢两端电压 U 保持不变，然后调节 R_M，增大 R_M 数值，电动机 M 的励磁电流减小，则电动机转速升高。

制动过程：

停车时，按下停止按钮 SB_1，使正向接触器 KM_1 线圈断电，其常开触头断开，发电机 G_1 的励磁绕组 L_{G1} 断电，发电机 G_1 停止发电，电动机 M 的电枢断电，但是由于在惯性作用下，直流电动机仍按原方向旋转，此时其励磁绕组 L_M 也有剩磁，所以直流电动机 M 成为直流发电机，并且将发出的电流反送至电网，同时产生制动转矩，实现了最经济实惠的发电反馈制动，电动机 M 也迅速停车。此过程简述如下：

按下停止按钮 $SB_1 \rightarrow KM_1$ 线圈断电→其常开主触头断开→L_{G1} 断电→E_{G1} 消失→U_M 消失→M 制动，停车。

反转控制过程：

停止过程结束后，按下反转启动按钮 SB_3，则反转接触器 KM_2 通电，其常开辅助触头闭合，实现自锁；KM_2 常开主触头闭合，接通励磁绕组，且 L_{G1} 中电流反向，发电机 G_1 输出的电压也反向，使加到直流电动机电枢两端的电压也反向，则 M 反向运转。其过程描述如下：

按下反转启动按钮 $SB_3 \rightarrow KM_2$ 线圈通电→KM_2 常开触头闭合→L_{G1} 反向通电→U_M 反向→M 反向运转。

G—M 调速系统的优点：调速是通过调节励磁电流来实现的，调速时控制量小，控制方便，启动和制动时不需要在电枢回路中串接电阻，能量损耗小。

G—M 调速系统的缺点是设备费用多，机组庞大，噪声大，能量传递效率低。现在已较少采用。

特 别 链 接

直流电动机的机械特性是指电动机的转速与转矩 M 的关系 $n=f(M)$。机械特性是描述电动机运行性能的主要参数。它可以反映电动机的启动，稳定运行，制动及转速调节等工作情况。

机械特性有一个重要的指标是它的硬度，它表示转速随转矩改变而变化的程度，通常用硬度系数 β 表示。

从硬度的观点看，可以把电动机的机械特性分成三种类型。

绝对硬的机械特性，当转矩改变时转速不变，$\beta=\infty$，如图 3-17 直线 a 所示；

硬的机械特性，转速随转矩的改变变化程度不大，如图 3-17 直线 b 所示；

软的机械特性，转速随转矩的改变有较大的变化，如图 3-17 曲线 c 所示。

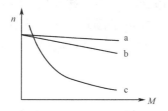

图 3-17　直流电动机的机械特性类型

通常他励和并励直流电动机具有硬的机械特性，而串励直流电动机的机械特性较软。

3.3　并励直流电动机的基本控制线路

并励电动机与他励电动机并无本质区别，只是连接方式不同。并励电动机的励磁绕组与电枢绕组并联。它的特点是励磁绕组匝数多，导线截面较细，励磁电流只占电枢电流的一小部分。转速需保持恒定或需要在广泛范围内进行调速的生产机械，常采用并励直流电动机，如大型车床、磨床、刨床和某些冶金机械等。

3.3.1　并励直流电动机的启动控制

并励直流电动机启动控制线路如图 3-18 所示。图中，FA_1 为过电流继电器，用做直流电动机的短路及过载保护。FA_2 为欠电流继电器，用做励磁绕组的失磁保护。

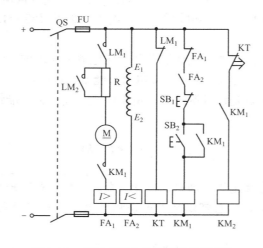

图 3-18　并励直流电动机启动控制线路

启动时先闭合电源开关 QS，励磁绕组获电励磁，欠电流继电器 FA₂ 线圈获电，FA₂ 常开触头闭合，接通控制电路电源；同时时间继电器 KT 线圈获电，KT 常闭触头瞬时断开。然后按下启动按钮 SB₂，接触器 KM₁ 线圈获电，KM₁ 主触头闭合，电动机串电阻器 R 启动；KM₁ 常开辅助触头闭合，实现自锁；KM₁ 常闭辅助触头断开，实现联锁；KT 线圈断电，KT 常闭触头延时闭合，接触器 KM₂ 线圈获电，KM₂ 主触头闭合，将电阻器 R 短接，电动机在全压下运行。

3.3.2 并励直流电动机的正反转控制线路

因为并励直流电动机励磁绕组中的电感很大，若要使励磁电流改变方向，需要较长时间，所以正反转控制不采用改变励磁电流方向的方法。并励直流电动机常用的方法是保持磁场方向不变而改变电枢电流的方向，使电动机反转，如图 3-19 所示。

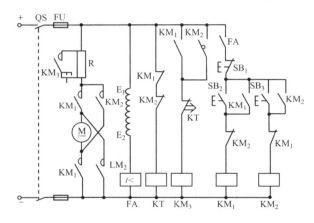

图 3-19 并励直流电动机正反转控制线路

启动时按下启动按钮 SB₂，接触器 KM₁ 线圈获电，KM₁ 常开主触头闭合，使电动机正转。若要反转，则需先按下 SB₁，使 KM₁ 线圈断电，KM₁ 主触头和自锁触头断开，KM₁ 联锁触头闭合。这时再按下反转启动按钮 SB₃，接触器 KM₂ 线圈获电，KM₂ 常开主触头闭合，使电枢电流反向，电动机反转。图中，欠电流继电器 FA 用做失磁保护。

3.3.3 并励直流电动机的调速控制线路

并励直流电动机的调速方法与他励直流电动机基本一致，因为并励直流电动机的转速公式与他励直流电动机相同，即

$$n=(U-I_aR_a)/Ce\phi$$

因此，可在并励直流电动机的电枢回路中串接调速变阻器 R_s 进行调速，如图 3-20 所示。也可以改变并励直流电动机的励磁进行调速，为此在励磁电路中串接调速变阻器 R_s，如图 3-21 所示。

他励直流电动机的三种调速方法中只有以上两种方法适用于并励直流电动机。他励直流电动机改变电枢电压的调速方法，不能用于并励直流电动机，因为这种方法是在励磁保持一定的条件下进行调速的。而在并励直流电动机中改变电枢电压时，它的励磁也会随着改变，不能保持一定。

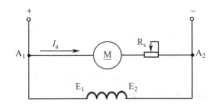

图 3-20 并励直流电动机电枢串电阻调速

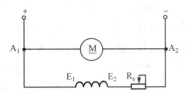

图 3-21 并励直流电动机改变励磁调速

3.3.4 并励直流电动机能耗制动控制线路

并励直流电动机能耗制动控制线路如图 3-22 所示。

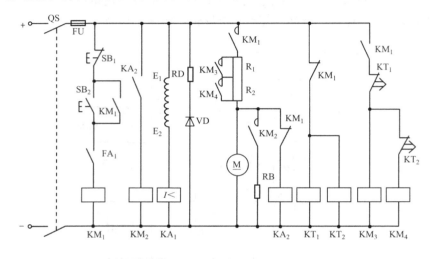

图 3-22 并励直流电动机能耗制动控制线路

启动时合上电源开关 QS，励磁绕组获电励磁，欠电流继电器 FA_1 线圈获电吸合，FA_1 常开触头闭合；同时时间继电器 KT_1 和 KT_2 线圈获电吸合，KT_1 和 KT_1 常闭触头瞬时断开，保证启动电阻器 R_1 和 R_2 串入电枢回路中启动。

按下启动按钮 SB_2，接触器 KM_1 线圈获电吸合，KM_1 常开主触头闭合，电动机 M 串电阻器 R_1 和 R_2 启动，KM_1 的两副常闭触头分别断开 KT_1、KT_2 和中间继电器 KA 的线圈电路；经过一定的整定时间，KT_1 和 KT_2 的常闭触头先后延时闭合。选择时间继电器的整定时间时，应选择使 KT_1 比 KT_2 的延时时间短。接触器 KM_3 和 KM_4 线圈先后获电吸合，电阻器 R_1 和 R_2 先后被短接，电动机正常运行。

进行能耗制动时，按下停止按钮 SB_1，接触器 KM_1 线圈断电释放，KM_1 常开主触头断开，使电枢回路断电，而 KM_1 常闭触头闭合，由于惯性运转的电枢切割磁力线（励磁绕组仍接至电源上），在电枢绕组中产生感应反电动势，使并联在电枢两端的中间继电器 KA 线圈获电吸合，KA 常开触头闭合，接触器 KM_2 线圈获电吸合，KM_2 常开主触头闭合，接通制动电阻器 R_B 回路；这时电枢的感应电流方向与原来方向相反，电枢产生的电磁转矩与原来反向而成为制动转矩，使电枢迅速停转。当电动机转速降低到一定值时，电枢绕组的感应反电动势也降低，中间继电器 KA 释放，接触器 KM_2 线圈和制动回路先后断开，能耗制动结束。

3.4 串励直流电动机的基本控制线路

串励直流电动机的励磁绕组和电枢绕组是相串联的。它的主要特点是具有软的机械特性,即电机转速随负载转矩增加而显着下降。因此串励电动机特别适用于起重机械和运输机械。例如,起重机起吊重物时,负载转矩大,电动机转速低,可保证吊物时的安全;起吊轻物时,负载转矩小,电机的转速高,可提高生产率。

特 别 提 示

使用串励直流电动机时,切忌空载运行,因为它的空载转速很高,过大的惯性离心力会损坏电机,所以,启动时要带的负载不得低于 20%～30%的额定负载。同时,电动机与生产机械间禁止使用皮带传动,以防止皮带滑脱而发生事故。

3.4.1 串励直流电动机的启动控制线路

串励直流电动机的电磁转矩 M 与其电枢电流 I_a^2 成平方比的关系,即 $M \propto I_a^2$。因为这个关系,在同样大的启动电流下,串励直流电动机的启动转矩要比他励或者是并励直流电动机的启动转矩大得多,它具备易启动,带负载能力强、启动时间短等一系列的优点,因此,在带大负载启动的场合,采用串励直流电动机比较好,如电动机车、起吊闸门、内燃机车等。

串励直流电动机较常用的启动方法是电枢回路串电阻启动,可以串入两级电阻启动也可以串入三级电阻启动。图 3-23 所示是串励直流电动机串入两级启动电阻,用时间继电器自动控制的控制线路。

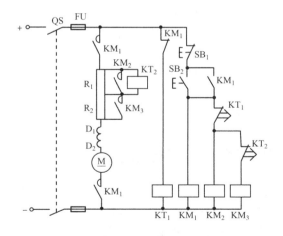

图 3-23 串励直流电动机启动控制线路

工作原理如下:

合上电源开关 QS,时间继电器 KT_1 通电,其常闭触头瞬时断开,使接触器 KM_2、KM_3 在未启动前均断电,从而保证了启动电阻 R_1、R_2 全部串入电枢电路中。

该电路的启动过程如下：

按下启动按钮 SB2，接触器 KM1 线圈通电，其常开主触头闭合，主电路接通。由于刚接通时，R1 两端电压足以使时间继电器 KT2 线圈获电动作，因此使 KT2 的常闭触头瞬时断开。由于 KM1 常闭触头断开，时间继电器 KT1 线圈断电，使 KT1 的常闭延时触头延长一段时间后闭合，接触器 KM2 通电自锁，启动电阻 R1 被短接。与此同时，时间继电器 KT2 被短接，其常闭延时闭合触头随后延时闭合，接触器 KM3 线圈通电自锁，将电阻 R2 短接，电动机全压运行。

如果要让电动机停转，则按下停止按钮 SB1，接触器 KM1 线圈断电，其常开主触头断开，电动机脱离电源，逐渐停转。

3.4.2 串励直流电动机的正反转控制线路

串励直流电动机常采用磁场反接法来实现正反转控制。这种方法是保持电枢电流方向不变而改变磁场方向（即励磁电流的方向）使电动机反转。此法常用于串励直流电动机，因为串励直流电动机电枢绕组两端的电压很高，而励磁绕组两端的电压很低，反接比较容易。内燃机车，电力机车的反转均采用此法，其控制线路如图 3-24 所示。其工作原理可自行分析。

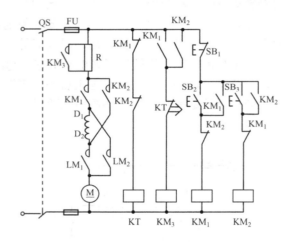

图 3-24　串励直流电动机正反转控制线路

3.4.3 串励直流电动机的调速控制线路

串励直流电动机的调速方法有电枢回路串电阻调速、改变电枢电压调速、改变励磁电流调速，与他励直流电动机的调速方法和调速性能均相似。

需注意的是，串励直流电动机在改变励磁调速时，往往在励磁绕组两端并联上分流电阻 R_s，如图 3-25 所示。

调节分流电阻 R_s 的大小，就可以使励磁绕组中的电流大小发生变化，从而改变电动机的励磁通，达到调节电动机转速的目的。

调速过程如下：

$R_s \downarrow \rightarrow I_s \uparrow \rightarrow I_f \downarrow \rightarrow \Phi \downarrow \rightarrow n \uparrow$

$R_s\uparrow \to I_s\downarrow \to I_f\uparrow \to \Phi\uparrow \to n\downarrow$

其中 I_s 为流过电阻 R_s 的电流，I_f 为电动机励磁电流。

3.4.4 串励直流电动机的制动控制线路

串励直流电动机有两种制动方式：能耗制动和反接制动。

1. 能耗制动

串励直流电动机的能耗制动有自励式和他励式两种。

（1）自励式能耗制动。自励式能耗制动是将运行着的电动机的电源切除，并附加一制动电阻，将励磁绕组和电枢绕组反向串联，构成制动回路，如图 3-26 所示。此时电动机在惯性作用下，处于自励发电状态，使流过电枢的电流方向改变，转矩 M 的方向与转速 n 的方向相反，而成为制动转矩，实现制动。

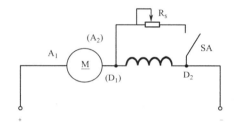

图 3-25 励磁绕组并联分流电阻调速

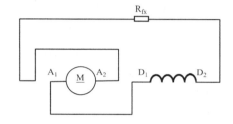

图 3-26 串励直流电动机自励式能耗制动

图 3-27 所示为自励式能耗制动的实际控制线路。图中 QS 是电源开关，KM1 是正向运转控制接触器，KM2 是能耗制动控制接触器，KM3、KM4 是串电阻启动用接触器，SB1 是停止按钮，SB2 是启动按钮，KT1、KT2 是时间继电器，且 KT1 的延时时间比 KT2 的短。R_B 是制动电阻，R1、R2 是启动电阻。

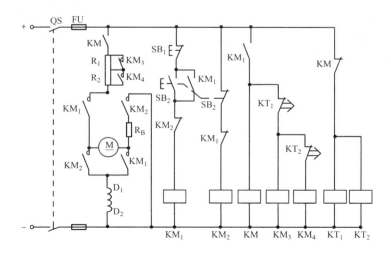

图 3-27 串励直流电动机自励式能耗制动控制线路

该控制线路的工作过程如下：

合上电源开关 QS，时间继电器 KT_1、KT_2 线圈得电，它们的常闭触头瞬时断开，使接触器 KM_3、KM_4 线圈断电，R_1、R_2 串入电枢电路中；KM_2 线圈通电，其常闭触头断开，KM_2 主触头闭合，与励磁绕组 D_1D_2 形成回路，对 D_1D_2 励磁绕组放电。

按下启动按钮 SB_2，其常闭触头断开，接触器 KM_2 线圈断电。同时，SB_2 的常开触头闭合，使正转控制接触器 KM_1 线圈通电，KM_1 的常闭触头断开，实现联锁，进一步保证了能耗制动控制接触器 KM_2 线圈的断电状态。KM_1 常开主触头闭合，使电枢串接启动电阻 R_1、R_2，同时使电源接触器 KM 线圈通电，KM 常开主触头闭合，主回路接通电源，KM 常闭触头断开，使时间继电器 KT_1、KT_2 线圈断电，它们的延时闭合常闭触头要延时闭合。注意，这里的时间继电器 KT_1 的延时闭合常闭触头要先于 KT_2 的延时闭合常闭触头闭合，接触器 KM_3 线圈首先通电，KM_3 主触头闭合，则 R_1 第一个被切除，电动机转速继续上升。一段时间后，KT_2 的延时闭合常闭触头闭合，KM_4 线圈通电，其主触头闭合，R_2 被最后短接，电动机转速上升至正常运转状态，启动过程结束。

按下停止按钮 SB_1，接触器 KM_1 线圈断电，KM_1 常开主触头断开，电枢与 R_1、R_2 脱离，同时电源接触器 KM 线圈断电，KM 常开主触头断开，主回路断电。KM_1 常闭触头闭合，接触器 KM_2 线圈通电，其常闭触头断开，实现联锁，进一步保证 KM_1 线圈断电；其常开主触头闭合，使串励直流电动机电枢接上制动电阻 R_B 后与其励磁绕组反向串联，组成回路，实现自励式能耗制动。

自励式能耗制动的优点是：能耗制动的磁场是由电动机本身的制动电流励磁产生的，所以这种制动用于停车过程中，高速时制动转矩大，制动效果好；缺点是：低速时，制动转矩衰减很快，制动效果差。

（2）他励式能耗制动。串励直流电动机的他励式能耗制动与他励直流电动机的能耗制动相似。在制动时，其励磁绕组由外加的直流电源单独供电，如图 3-28 所示。

此时，电动机的励磁磁通为定值，与制动电流无关。电枢回路中的制动电流产生的制动转矩的方向与电动机的转速方向相反，这样就使电动机中的电能转化为制动电阻上的热能消耗掉，实现迅速停转，完成了能耗制动过程。

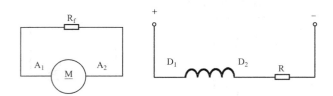

图 3-28 串励直流电动机的他励式能耗制动原理图

2．反接制动

串励直流电动机的反接制动一般在下面两种情况下应用的可能性较大。

（1）运行在转动状态下的电动机电枢被突然反接；

（2）位能负载转矩强迫电动机反转。

由于串励直流电动机的励磁绕组与电枢绕组是串联的，其励磁电流就是其电枢电流，因此，在采用反接制动方法时，必须注意：通过电枢绕组的电流和励磁绕组的电流不能同时反向，一般我们只将电枢绕组反接，如图 3-29 所示。图中 R_Z 是制动电阻，起限制反接制动电流的作用。

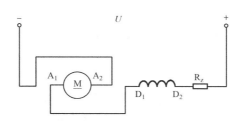

图 3-29　串励直流电动机的反接制动原理图

3.5　直流电动机的保护

在工业生产中，为保证电动机的正常运转，避免由于各种故障的产生而带来的电动机和生产机械的严重损坏，并保证工作人员的人身安全，我们都要在电动机运行线路中加入一定的保护措施。电动机的保护环节是电力拖动系统中不可缺少的组成部分。

直流电动机的保护方法多种多样，有短路保护、过载保护、失压保护、超速保护、零励磁保护等等。下面我们将分别给以简单介绍。

3.5.1　短路保护

电路中产生短路电流，或在数值上出现接近短路电流的情况，将产生强大的电动力而破坏绝缘和机械设备，此时应迅速、可靠地切断电路进行保护。常用的短路保护装置为熔断器和过电流继电器。

3.5.2　过载保护

要使直流电动机拖动系统正常工作，直流电动机的启动电流，制动电流和过载电流均应限制在电动机的过载能力范围之内。如果在运行中电枢电流超过了过载能力范围，则应该立即切断电源实现保护。

过载保护可以通过过电流继电器实现。过电流继电器的线圈串接在电枢回路中，可以得到过电流信号，其常闭触头串接在电动机主回路接触器的线圈回路中，一旦电动机发生过载情况，主回路接触器线圈断电，使电动机脱离电源，从而获得了保护。图 3-30 所示为带有过载保护和零励磁保护的电路，图中 FA_1 为过流继电器，FA_2 为欠电流继电器。

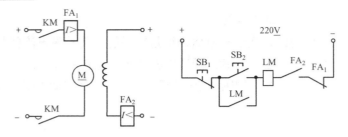

图 3-30　带有过载保护与零励磁保护的电路

3.5.3　零励磁保护

当直流电动机的励磁减弱时，电动机的转速将升高，如果电动机运行过程中励磁电路突然断电，就会造成电动机转速急剧升高，发生"飞车"现象。为了防止"飞车"事故，我们常在励磁电路中串入欠电流继电器（也被叫做零励磁继电器）进行保护。它的保护原理是这样的：有励磁电流时，欠电流继电器 FA_2 吸合，其常开触头串在主接触器 KM 线圈电路中，允许电动机启动，或维持电动机正常运转；当励磁电流过低或励磁电路断电时，零励磁继电器线圈因欠电流而释放，接触器 KM 线圈断电，KM 主触头将电动机电源切断，使电动机停转 FA_2。当电压恢复时，必须再按启动按钮，电动机才能重新启动，从而实现了零压保护，达到了保护目的。

3.5.4　零压和欠压保护

当由于某种原因电源电压突然消失时，就会使电动机停转，而一旦电压恢复，电动机将会自行启动，如果这样，在操作人员毫无思想准备的情况下，往往造成人身及设备事故。因此，在电源电压消失时，应立即切断电动机的电源电路，进行零压保护。

如果因为外部原因如电网负荷大引起电动机电源电压过分降低，将会引起电动机转速大幅度下降，甚至停转。在电动机转速下降时，如果外负载仍保持不变，则电动机电流将增大，易使电动机绕组过热而损坏；此外，还将使控制电器不能正常吸合，甚至发生误动作而造成故障。为了防止电动机在电源过分降低的情况下发生事故，常常引入欠电压保护，它在电压降到一定值时，会自动切断电源、实现保护。常用的零压与欠压保护装置有接触器、欠电压继电器等。

3.5.5　超速保护

当生产机械设备的运行速度超过了允许的速度时，将造成设备损坏和不安全，因此，必须设置超速保护装置来控制转速或切断电源。常用的保护装置有过电压继电器、离心开关、测速发电机、速度继电器等。

电力拖动系统中根据电动机的不同工作情况，往往设置一种或几种保护措施，保护组件也是多种多样，在选用时，应考虑保护组件本身的保护特性、电动机的设置、电路的复杂情况以及保护组件的经济指标等问题，做到合理、经济、保护准确可靠。

阅读教材

永 磁 电 机

永磁电机是在永磁磁场中,通过电磁原理实现机电能量和机电信号的转换。永磁直流电机主磁场的励磁部分是永磁体,它与小功率电磁式直流电机相比,除永磁体代替主磁极外,其他结构基本相同。永磁电机可分为电动机、发电机及信号传感器三大类型。

永磁电机过去常用于录音机、录像机等所需功率很小,机械精度要求较高的场合,现已应用到更广泛的范围。随着 20 世纪 80 年代出现了钕铁硼合金等永磁材料,使永磁电机的性能大大提高,已成为电机中新兴的一族。

目前,永磁场电机的输出功率可以做到小至毫瓦级,大至 1000kW 以上,不仅覆盖了微、小及中型电机的功率范围,且延伸至大功率领域。

永磁电机具有以下优点:

① 体积小、结构简单、质量小;
② 损耗低、效率高、节约能源;
③ 温升低、可靠性高、使用寿命长;
④ 适应性强,特别是电机与电子控制的匹配性好,以致电机组成系统总价便宜。

用途与发展

当前,永磁电机在军事上的应用占绝对优势,几乎取代所有电磁电机。永磁电机在工农业和其他各行业的应用也越来越广。

1. 汽车用永磁电机

汽车用电机是汽车的关键部件之一,一般汽车约需用 15 台电机,高级轿车用量高达 80 台以上。其中包括直流电动机、直流无刷电动机、直流发电机、交流同步发电机和步进电动机 5 类,其中直流电动机主要以永磁电机为主。

2. 电动自行车用永磁电机

永磁无刷直流电机在电动自行车上的应用与有刷高速直流电动机相比,有以下三个方面优势:

① 效率高,永磁无刷电动机直接驱动车轮,没有机械换向的磨擦损耗,故效率可高于 80%。

② 寿命长,免维护,可靠性高,永磁无刷直流电动机结构简洁、坚固,除轴承外,没有磨损件,工作寿命长,是一种高可靠的免维护电机。

③ 成本价格可接受,目前永磁无刷直流电动机,因电子电路较为复杂及有色金属使用较多,造价比有刷直流电机高约 20%,但无刷直流电动机较高的效率,免维护的特点降低了使用成本。永磁无刷直流电动机在电动自行车上的应用代表了一种低能耗高性能的绿色理念。

3. 空调用永磁电机

20 世纪 90 年代中期，直流变频空调器开始采用永磁无刷直流电动机带动空调压缩机和通风机，柜式空调器也正朝着直流变频方式发展。

永磁无刷直流电动机的优点如下：
① 电机结构简单，质量轻，体积小，噪声小；
② 效率高，比交流变频省电 10%；
③ 调速范围宽，结合先进的电脑技术可提高空调器的快速制冷（制热）能力。
④ 启动转矩高，当室内负荷变化和输入交流电压有较大的波动时，能正常启动和运行。

4. 纺织机械用永磁电机

交流永磁同步电机优良的电气性能和调频调速特性使其广泛应用在纺织、印染、针织或化纤机械中。

知识小结

本章首先介绍了几种励磁形式的直流电动机，介绍了直流电动机的启动，调速、制动、反转的控制线路，主要内容见下表。

要求熟悉并掌握直流电动机由继电器、接触器控制的以下一些环节：
（1）各种启动控制线路；
（2）正反转控制线路；
（3）各种调速控制线路；
（4）各种制动线路。

直流电动机的启动方法如表 3-1 所示。

表 3-1　直流电动机的启动方法

启动方法	适用场合	特点
电枢串电阻启动	150W 以下，不经常启动的场合	启动过程不平滑，能量损耗大
降压启动	要求调速性能好的场合	启动平稳，启动时间较长

直流电动机的调速方法，如表 3-2 所示。

表 3-2　直流电动机的调速方法

调速方法	适用场合	特点
电枢回路串电阻调速	功率不太大，机械特性要求不太高的场合，不适于长期工作的电动机	稳定性差，能量损耗大
改变电枢电压调速	用于调速要求高的机械上，不适于并励直流电动机调速	稳定性好，设备多，投资大，占地广，励磁电流小，控制方便，能量损耗小，调速过渡时间长
改变励磁调速	只适用于提高转速的场合	

直流电动机的电力制动方法，如表 3-3 所示。

表 3-3 直流电动机的电力制动方法

制 动 方 法	适 用 场 合	特 点
能耗制动	要求平稳、准确制动的场合	电路简单，能量损耗小，准确、平稳
反接制动	不经常启动与制动，但要求能迅速停车的场合	制动力矩大，能量损耗大

直流电动机的保护方法，如表 3-4 所示。

表 3-4 直流电动机的保护方法

保护方法	故 障 原 因	保 护 元 件
短路保护	电源负载短路	熔断器，自动开关
过载保护	不正确启动，过大的负载转矩，频繁地正反向启动	过流继电器
零压，欠压保护	电源电压突然降低或消失	欠电压继电器，或利用接触器和中间继电器
零励磁保护	直流励磁电流突然减小或消失	欠电流继电器
超速保护	电压过高、弱磁场	过压继电器、测速发电机、离心开关和速度继电器

习　题

3.1 直流电机有哪些主要部件？它们各有什么作用？
3.2 简述直流电动机工作原理。
3.3 直流电动机有几种励磁方式？请分别画出其电路形式。
3.4 直流电动机有哪几种启动方法？简要叙述其工作原理。
3.5 他励或并励直流电动机在启动和运行过程中，为什么不能将励磁电路断开？
3.6 请分析如图 3-31 所示控制电路的工作过程。

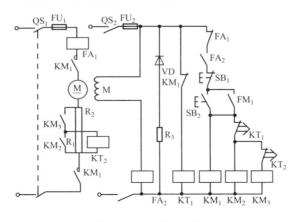

图 3-31　习题 3.6 图

3.7 请分析如图 3-32 所示电路的正反转工作过程。

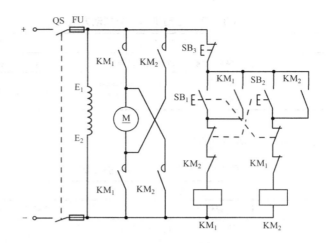

图 3-32 习题 3.7 图

3.8 什么是直流电动机的调速？电动机的速度调节和自然的转速变化是否是同一个概念？调速的方法有哪几种？各有什么优缺点？

3.9 如何使直流电动机反向旋转？一般是采用什么方法使其反转？

3.10 直流电动机电力制动常用的方法有几种？各有什么优缺点？

3.11 如何实现直流电动机的零励磁保护和过载保护？

第4章 常用生产机械控制线路

在工矿企业中,经常需要提升、搬运和输送重物设备,本章介绍几种常用的生产机械,分析它们的组成及工作原理。

4.1 电动葫芦控制线路

电动葫芦是用来提升或下降重物的,并能在水平方向移动的起重运输机械。它具有起重量小、结构简单、操作方便等特点,一般电动葫芦只有一个恒定的运行速度,广泛应用于工矿企业中进行小型设备的安装、吊动和维修中。

常用电动葫芦按其所吊重量分为 0.5t、1t、2t、3t、5t、10t 等。

4.1.1 主要组成及运动形式

常用的 CD 型钢丝绳电动葫芦,如图 4-1 所示。它是由两个结构上相互联系的提升机构和移动装置构成,分别由提升电动机和移动电动机拖动。提升的钢丝绳卷筒由电动机经减速箱拖动,主传动轴和电磁制动器的锥形圆盘相连接。电动葫芦是借助导轮的作用在工字梁上来回移动,而导轮是由另一台电动机经圆柱形减速箱驱动。电动葫芦在行走机构方面设有电磁制动器,并用机械撞块限制前后两个方向的移动行程。

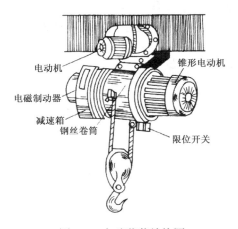

图 4-1 电动葫芦结构图

4.1.2 工作原理

电动葫芦的控制线路如图 4-2 所示。电源由电网经刀开关 QS,熔断器 FU 和滑线(或软电缆）供给主电路和控制电路。

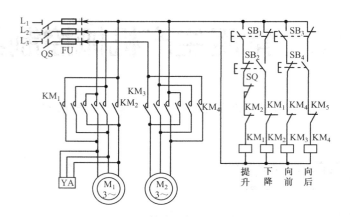

图 4-2 电动葫芦控制线路

提升机构由电动机 M_1 带动滚筒旋转，滚筒上卷的钢丝绳一端带有吊钩，用以吊住重物上升或下降。提升时按下按钮 SB_1，SB_1 的常闭触头分断，KM_2 不得电，其常开闭合，使接触器 KM_1 线圈得电，KM_1 辅助常闭触头断开，实现联锁，使 KM_2 不通电。主触头闭合，M_1 正转，实现提升重物。为了在提升过程中保证安全，同时使提升的重物可靠而又准确地停止在空中，在提升电动机上装有特制的断电型电磁制动器 YA。

当按下 SB_2 时，由于 SB_1 的复位，KM_1 线圈失电，主触头恢复原断开状态，同时 KM_3 线圈得电，KM_2 的常闭辅助触头分断，与 KM_1 实现联锁；其主触头闭合，M_1 反转，使重物下降。

同理，分别按下 SB_3 和 SB_4，通过 M_2 的正反转，实现电动葫芦的前后移动。

由于人在地面上操作，观察不到上端情况，所以在提升机构上端装有限位开关 SQ，当重物上升到最上端时，SQ 被撞开，接触器 KM_1 断电，自动切断电源。电动葫芦的提升、下降及前后运动均采用点动控制，保证操作者离开按钮时，电动葫芦能自动断电。为了防止电动机正反向同时通电，采用了接触器的电气互锁与按钮复式联锁。

4.2 皮带输送机控制线路

皮带输送机广泛应用在工矿企业中，作为短途运输工具，其特点是电动机带动皮带循环运转，不需要调速和反转，货物置于皮带上随皮带走。

图 4-3 所示是固定式皮带运输示意图。电机采用三相异步电动机拖动，使传动轮运动，带动皮带在托棍上运行。本节以三条皮带输送机为例，分析其控制线路及工作原理。

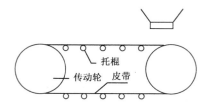

图 4-3 皮带输送机工作示意图

4.2.1 电气要求

三条皮带输送机的工作示意图如图 4-4 所示。如果皮带较长，装载货物多且重，可以采用启动转矩大的双鼠笼异步电动机或用绕线式异步电动机。特殊情况下，可采用特殊电动机。启动顺序为 3 号—2 号—1 号。这可以防止货物在皮带上堆积。停车顺序为 1 号—2 号—3 号。这样可保证停车后皮带上不残存货物。当 2 号或 3 号出现故障时，必须将 1 号停下，以免继续进料。

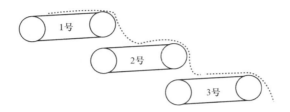

图 4-4 三条皮带输送机示意图

4.2.2 控制线路分析

图 4-5 所示是三条皮带输送机构的控制线路。

1. 主电路

M_1、M_2、M_3 分别为 1 号、2 号、3 号皮带的拖动电机，由 KM_1、KM_2、KM_3 的主触头控制。启动顺序为 M_3—M_2—M_1，停止顺序为 M_1—M_2—M_3。三台电动机分别装有熔断器和热继电器，进行短路保护和过载保护。QS 为电源开关。

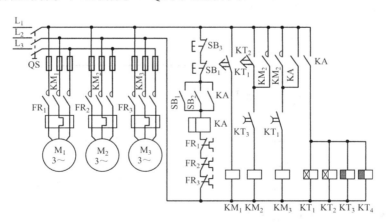

图 4-5 皮带输送机控制线路

2. 控制线路

SB_1、SB_2 是为实现两地控制而采用的两套启动按钮，$KT_1 \sim KT_4$ 为时间继电器，其中 KT_1 和 KT_2 是通电延时型，KT_3 和 KT_7 是断电延时型。SB_3、SB_4 是停车按钮，同样能够实现两地控制。

（1）启动过程。按下 SB_1（SB_2），中间继电器 KA 通电吸合并自锁，常开触头闭合，使四个时间继电器 $KT_1 \sim KT_4$ 线圈通电吸合，其中 KT_4 通电瞬时闭合，KM_3 线圈通电吸合，其常开触头闭合自锁，常开主触头闭合，M_3 首先启动；KT_3 通电瞬时闭合，但 KT_2 通电需延时才能闭合，经过一段延时，KM_2 线圈通电，常开触头闭合自锁，主触头闭合，M_2 启动；KT_1 通电后延时吸合，使 KM_1 通电吸合，M_1 最后启动。只要适当选择 $KT_2 \sim KT_1$ 的延时闭合时间，就可以保证启动按 $M_3 - M_2 - M_1$ 顺序进行。

（2）停止过程。按下 SB_3（或 SB_4），中间继电器 KA 断电释放，常开触头分断后，$KT_1 \sim KT_4$ 都断电。由于 KT_1 是瞬时断开，所以 KM_1 失电，主触头断开，M_1 首先停转；KT_2 也是瞬时断开，但 KT_3 需延时后断开，KM_2 失电，触头分断，M_2 停转；KT_4 需延时后断开，KM_3 失电，M_3 停转。同样 $KT_3 \sim KT_4$ 的延时断开时间选择合适，也能保证停车按 $M_1 - M_2 - M_3$ 的顺序进行。

皮带输送机的电气设备如表 4-1 所示。

表 4-1 皮带输送机电气设备表

代　号	名称及用途	代　号	名称及用途
M_1	1号皮带电动机	FR_2	M_2 过载保护
M_2	2号皮带电动机	FR_3	M_3 过载保护
M_3	3号皮带电动机	SB_1、SB_2	启动按钮
QS	电源开关	SB_3、SB_4	停止按钮
KM_1	控制 M_1 的接触器	KT_1	通电延时时间继电器
KM_2	控制 M_2 的接触器	KT_2	通电延时时间继电器
KM_3	控制 M_3 的接触器	KT_3	断电延时时间继电器
FR_1	M_1 过载保护	KT_4	断电延时时间继电器

4.3　桥式起重机控制线路

起重机是从事起吊与空中搬运的起重机械。起重设备有多种多样，分别在不同的场合下使用。如车间用的电动单梁吊车和电动双梁吊车，露天货场的龙门吊车，建筑工地的塔式吊车等。本节以 15/3t 桥式起重机为例，分析起重设备的电气控制特点与维修。

4.3.1　桥式起重机的结构及运动形式

桥式起重机主要由桥梁（大车）、装有升降机构和移动机构的小车、大车移动机构、主滑线、辅助滑线和操纵室等组成。其结构示意图如图 4-6 所示。

第4章 常用生产机械控制线路

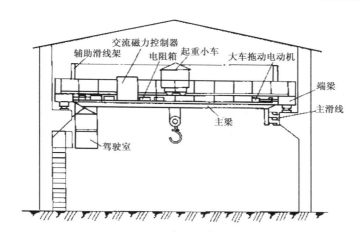

图 4-6 桥式起重机示意图

1．桥架

桥架是起重机的基体，由主梁、端梁等部分组成。主梁横跨在车间中间，两端有端梁。桥架可沿车间长度铺设的轨道上纵向移动。主梁上铺有小车移动的轨道，小车可以横向移动。

2．大车

大车移动机构由大车电动机、制动器、传动轴和车轮等部分组成。拖动方式有一台电动机经减速装置拖动大车的两个主动轮同时移动，或者采用两台电动机经减速装置分别拖动大车的两个主动轮同时移动。

3．小车

小车又称跑车，由小车架、提升机构、小车移动机构和限位开关等组成。小车移动机构由小车电动机经减速箱拖动小车横向移动，两端有缓冲装置和限位开关保护。提升机构由提升电动机经减速箱拖动卷筒，通过钢丝绳使重物上升或下降。15t 以上的桥式起重机有主钩和副钩。

综上所述，起重机的运动主要有：大车实现纵向移动，小车实现横向移动，提升实现升降运动。

4.3.2 桥式起重机对电力拖动的要求

桥式起重机的电动机经常处于有载状态下的频繁启动、制动、反转和变速等操作。由于工作环境比较恶劣，所以对起重机的电动机、提升机构和移动机构的电力拖动提出了一定要求。

（1）为满足起重机有载启动，要求电动机启动转矩大，启动电流小。为满足起重机的各种运行速度，要求电动机有一定的调速范围，所以选用绕线式异步电动机。

（2）空钩或轻载时能快速升降，重载时升降要慢，具有合理的升降速度。提升开始或重物下降至预定位置附近时，需要低速。

（3）提升的第一挡作为预备级，用来消除传动间隙，使钢丝绳张紧，避免过大的机械冲击。

（4）在负载下降时，根据负载大小，自动转换运行到电动状态、倒拉反接状态或再生制动状态。

（5）有完备的保护环节，短路、过载和终端保护。采用电气和电磁机械双重制动。

4.3.3 电气控制线路分析

图 4-7 所示是一台 15/3t 桥式起重机的电气控制线路。

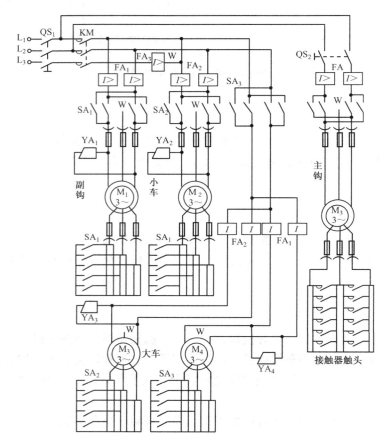

图 4-7　15/3t 桥式起重机的电气控制线路

该起重机共有五台电动机，大车两侧的主电动机分别由两台规格相同的电动机 M_3、M_4 同速拖动，用一台凸轮控制器 SA_3 控制，YA_3、YA_4 为制动电磁铁；M_2 是小车电动机，由凸轮控制器 SA_2 控制，YA_2 为制动电磁铁；M_1 是副钩电动机，起吊重量为 3t，随小车移动，由凸轮控制器 SA_1 控制，YA_1 为制动电磁铁；M_5 是主钩电动机，起吊重量为 15t，随小车移动，由主令控制器 SA_4 控制，YA_5 为制动电磁铁。

1. 主电路的保护控制线路

图 4-8 所示是吊车的保护联锁控制电路。

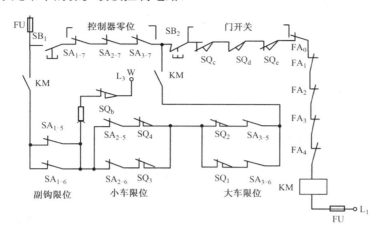

图 4-8 吊车保护联锁控制电路

图中 SB_1 是启动按钮，SB_2 是紧急开关，吊车工作时 SB_2 触头是闭合的，只有在紧急情况下才断开。SQ_c、SQ_d 和 SQ_e 是舱口安全开关和横梁栏杆门安全开关，吊车在工作状态时，门是关闭的，三个开关触头是闭合的。按启动按钮 SB_1，KM 线圈得电，其常开主触头闭合，为电动机启动做准备；另外其常开辅助触头闭合，实现自锁。

（1）M_3、M_4 的主电路。吊车载有一定重量的货物在车间上空行走，要求工作特别可靠。M_3、M_4 两台电机同速拖动大车，都带有机械抱闸装置，分别由电磁铁 YA_3 和 YA_4 控制。当电动机通电时，电磁铁线圈得电，将机构抱闸松开，电动机可自由转动。当电动机断电时，电磁铁线圈失电，机械抱闸装置抱闸制动，这样保证电动机在无电时，总是处于制动状态，特别在运行中突然停电，电动机马上被制动，保证安全。

图中限位开关 SQ_1 和 SQ_2 安装在大车两侧，在大车行走的主滑线两端各有一块挡铁，当桥式起重机行走到终端时，挡铁碰撞限位开关 SQ_1 或 SQ_2 时，其常闭触头断开，切断 M_3、M_4 电源，电动机制动，大车停止运行。FA_3、FA_4 分别串接在电动机两相电路中，为两台电动机的过电流保护，只要有一相电流超过限定值，就可使 FA_3 或 FA_4 动作，切断电源，将 M_3、M_4 抱闸制动。

（2）电动机 M_2 的主电路。电动机 M_2 用来拖动小车，使之在小车轨道上行走，用凸轮控制器 SA_2 控制，电磁铁 YA_2 控制机械抱闸，用来制动 M_2。限位开关 SQ_3 和 SQ_4 安装在小车两头，副滑线两端各有一块挡铁，当小车行走到终端时，挡铁碰撞限位开关，SQ_3 或 SQ_4 其常闭触头断开，M_2 制动停转。FA_2 为 M_2 的过电流保护。

（3）电动机 M_1 的主电路。电动机 M_1 用来驱动副钩，由凸轮控制器 SA_1 控制，电磁铁 YA_1 控制机械抱闸装置。限位开关 SQ_b 为上限开关，当副钩上升到上限位置时，SQ_b 动作，切断副钩控制电路，副钩停止上升。FA_1 为 M_1 的过电流保护。

（4）电动机 M_5 的主电路。电动机 M_5 用来驱动主钩，提升大于 3t 小于 15t 的重物。由于主钩电动机的容量大,不能用凸轮控制器而用主令控制器控制。

(5)主电路的电源及保护。三相总电源开关 QS_1,大车、小车和副钩电源由接触器 KM 控制,主钩电源由开关 QS_2 控制。

SQ_c、SQ_d、SQ_e 其常开触头串接在控制电路中,如图 4-8 所示,当驾驶门或栏杆门打开时,常开触头断开,控制电路断电,任何电动机均不能启动。只有在门及栏杆都关好后,SQ_c、SQ_d、SQ_e 才闭合,允许操作。

紧急开关 SB_2 串接在主接触器线圈电路中,当发生紧急情况时,拉开 SB_2,所有电动机制动停止。

2. 凸轮控制器及控制线路

大车、小车和副钩电动机由于容量较小,采用凸轮控制器进行控制。

(1)凸轮控制器。凸轮控制器是一种手动控制器,其结构如图 4-9 所示。转动手柄时,凸轮随绝缘方轴转动,当凸起部分顶住滚子时,动静触头分开;当凸轮转动到凹处与滚子相碰时,动触头受到弹簧的作用而压在静触头上,动静触头闭合,电路接通。凸轮控制器通过触头的通断来变换电动机主电路的接法及转子电阻值,从而达到控制电动机启动、停止、正转、反转、变速及安全保护的作用。

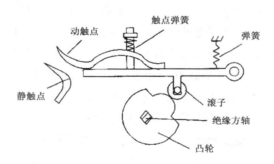

图 4-9 凸轮控制器结构示意图

(2)凸轮控制器的控制线路。以小车电动机的凸轮控制器的控制线路为例,分析其控制过程,图 4-10 为小车控制电路。从图中看出,凸轮控制器有 12 对触头,按其作用可分为三部分,其中 SA_{2-1}、SA_{2-2}、SA_{2-3} 和 SA_{2-4} 四对触头用于主电路中,以控制电动机 M_2 的正转、反转和停止;S_{2-5}、S_{2-4}、S_{2-3}、S_{2-2} 和 S_{2-1} 五对触头用于转子电路中,来切换转子外接电阻,达到控制电动机启动电流及改变转速的目的;SA_{2-5},SA_{2-6} 和 SA_{2-7} 三对触头接于控制电路中用于安全保护。其中 SA_{2-5} 和 SA_{2-6} 两对限位触头与对应的限位开关 SQ_3、SQ_4 联合起着"联锁"作用;SA_{2-7} 是一对零位常闭触头,用来保证零位启动。在图 4-8 中,小车的 SA_{2-5},SA_{2-6} 对应于大车为 SA_{3-5},SA_{3-6},对应于副钩则为 SA_{1-5},SA_{1-6}。

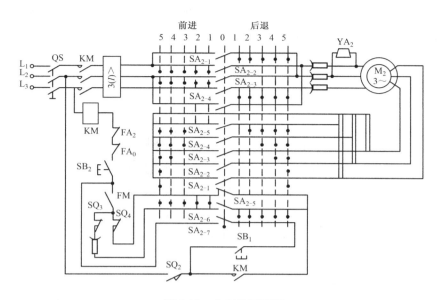

图 4-10 小车控制线路

凸轮控制器有 11 个位置，中间"0"代表零位，左边五个位置是控制电动机正向启动和运转，这时小车前进；右边五个位置是控制电动机反向启动和运转，此时小车后退。当手柄置于零位时，安全门开关 SQ_c 合上，紧急开关 SB_2 合上。按下启动按钮 SB_1，接触器 KM 通电吸合，三相电源接通，做好启动准备。

当手柄转到正转前进方位置"1"时，触头 SA_{2-2}、SA_{2-3} 接通，电动机 M_2 通电，但因转子中外接电阻全部串在转子电路中，如图 4-11 所示，电动机低速启动；当手柄转到位置"2"时，触头 S_{2-5} 接通，SA_{2-2}、SA_{2-3} 仍保持闭合，转子中电阻被短接一段，如图 4-11 所示，电动机转速升高。如此下去，当达到位置"5"时，触头 $S_{2-1}\sim S_{2-5}$ 全部接通，转子电阻全部被切除，电动机转速上升到最高。

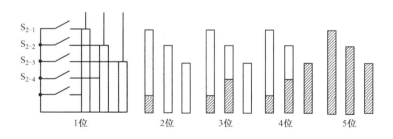

图 4-11 小车转子电阻分段

电动机反向运转时，从位置"1"到位置"5"，转子电阻切换情况和正转一样，不再分析。需要说明 SA_{2-1} 和 SA_{2-4} 接通，电机定子换向，所以电动机反转。

当停电或手柄在零位时，电磁铁 YA_2 失电，电动机处于制动停止状态。

3．主令控制器及控制线路

主钩电动机由于容量较大，操作频率高，而凸轮控制器触头容量小，所以用主令控制器控制接触器，再由接触器控制主钩电动机的启动、调速、换向和制动。

（1）主令控制器。主令控制器是用来频繁切换复杂的多回路控制线路的主令电路。其结构示意如图 4-12 所示。

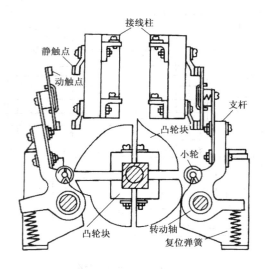

图 4-12　主令控制器工作原理图

图中凸轮盘固定于方形转轴上，固定触头的接线柱接向被控制的电路，桥式动触头固定于能绕轴转动的支杆上。当转动手柄使凸轮块达到推压小轮的位置时，被压的小轮带动杠杆向外张开，使桥式动触头离开固定触头，于是控制回路断开。当凸轮离开小轮时，在复位弹簧的作用下，触头闭合，操作回路接通。通过安装一串形状不同的凸块，可以使触头按一定顺序闭合与断开。用它来控制电路，就可获得按一定顺序进行控制的电路。

（2）主令控制器的控制线路。图 4-13 所示是主令控制线路。

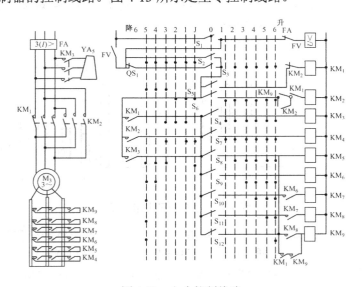

图 4-13　主令控制线路

对于主钩电动机 M_5 的转子附加电阻的切除，采用了三相平衡切除法。主钩的上升和利用凸轮控制器基本相似，是通过接触器 $KM_4 \sim KM_9$ 来实现控制的。主钩上升有六个位置，即 1～6，可以得到六个不同的上升速度。

主钩的下降也有六个位置，在位置"J"、"1"、"2"挡时，电动机相序接法与提升时相同，但转子串入较大的外接电阻，得到较小的下降速度，这种方法往往在重载下降时使用。位置"3"、"4"、"5"为强力下降位置，用于轻负载的快速强力下降。表 4-2 所示是主令控制器的触头分合表。当接通电源后，将主令控制器的手柄置"0"位，触头 S_1 闭合，电压继电器 FV 通电吸合，其常开触头闭合自锁，为主钩电动机 M_5 做好启动准备。

表 4-2　主令控制器触头分合表

触点	下降						零位	起升					
	强力			制动									
	5	4	3	2	1	J		1	2	3	4	5	6
S_1							+						
S_2	+	+	+	+	+	+							
S_3								+	+	+	+	+	+
S_4	+	+	+	+	+			+	+	+	+	+	+
S_5	+	+	+										
S_6				+	+	+		+	+	+	+	+	+
S_7			+		+	+			+	+	+	+	+
S_8	+	+	+			+			+	+	+	+	+
S_9	+	+								+	+	+	+
S_{10}	+										+	+	+
S_{11}	+											+	+
S_{12}	+												+

注：+表示闭合。

① 控制器手柄置于下降至准备挡"J"。触头 S_1 断开，FV 由于自锁仍然吸合。触头 S_2、S_6、S_7、S_8 闭合，接触器 KM_2、KM_4 和 KM_5 通电吸合，电动机 M_5 按正相序进行正转，由于 KM_4、KM_5 的吸合，转子电阻的最初两段被切除。S_4 开路，KM_3 未得电，制动电磁铁 YA_5 仍处在抱闸制动状态。位置"J"用于吊起重物在空中停留或移动时，为防止制动不可靠而打滑，所以使电动机正转产生一个向上的提升力并制动，克服重物的下降力。

② 控制器手柄置于"1"。触头 S_2、S_4、S_6、S_7 闭合，接触器 KM_2、KM_3 和 KM_4 通电吸合，电磁抱闸 YA_5 通电，将抱闸装置松开，电动机可自由转动。由于 S_8 断开，KM_5 失电，转子串入电阻增加，电动机的上升力减小，这时重物产生的下降力大于电动机的上升力，重物做制动低速下降。

③ 控制器手柄置于"2"。触头 S_2、S_4、S_6 闭合，S_7 断开，KM_4～KM_9 都不得电，转子电阻全部接入，电动机上升力进一步减小，重物仍做制动低速下降，但下降速度比"1"快。

④ 控制器手柄置于"3"。触头 S_2、S_4、S_5、S_7、S_8 闭合，KM_1 通电吸合，由于 S_6 断开，KM_2 失电，电动机工作于反转下降状态。KM_4、KM_5 通电吸合，切除最初两段转子附加电阻，控制器手柄在此位置时强迫下降，下降速度与所载负载大小有关。KM_2 和 KM_1 换接，即电动机由正转改为反转过程，KM_3 始终导电，电磁抱闸松开。

⑤ 控制器手柄置于"4"。触头 S_2、S_4、S_5、S_7、S_8、S_9 闭合，接触器 KM_1 闭合，KM_2 失电，KM_3～KM_6 均通电吸合，转子电阻在位置"3"的基础上又切除一段，电动机下降速度提高。

⑥ 控制器手柄置于"5"。触头 S_2、S_4、S_5、$S_7 \sim S_{12}$ 都闭合，接触器 KM_1、$KM_3 \sim KM_9$ 均通电吸合，转子电阻全部切除，电动机转速最高，负载加速下降。但如果负载较重，转子转速大于同步转速，起下降制动的作用。

综上所述，主令控制器置于"J"、"1"、"2"时，电动机加正向相序电压。"J"为准备挡；"1"、"2"为低速下降挡，当轻载时不但不能下降，反而会提升，所以负载太轻时，用副钩而不能用主钩。位置"3"、"4"、"5"时，电动机加反向相序电压，轻载时"5"挡下降速度最快，而重载时，"3"挡速度最快，"5"挡速度最慢，因电动机在此位置时工作于再生发电制动状态。

（3）联锁与保护。当负载较重时，处于再生发电制动下降状态，这时若由下降位置"5"转换成下降位置"J"、"1"、"2"时，为了避免在经过"3"、"4"位置时造成过快的下降速度，采用了 KM_9 和 KM_1 常开触头串联，使 KM_9 线圈电路形成自锁。当中途经过"3"、"4"位时，由于自锁回路保证 KM_9 仍然通电，转子电路只接入常串电阻，不致造成下降速度过快。串入 KM_1 在于使自锁电路在下降后三个位置，接触器 KM_1 通电吸合起作用，而对于提升操作时，KM_1 始终断电，自锁电路切断，不影响提升速度。

接触器 KM_2 常开触头和 KM_9 的常开触头相并联，当 KM_1 断电，KM_9 断电后，KM_2 才能通电并自锁，保证只有在转子电阻全部接入时，才能进入反接制动，以防止在反接制动过程中造成过大的冲击电流。

在下降位置"2"与"3"转换时，接触器 KM_1 和 KM_2 进行换接，由于二者之间电气和机械的联锁，必然出现一个释放，另一个尚未吸上的现象，为此将 KM_3 与 KM_1、KM_2 三对常开触头并联，用 KM_3 进行自锁，保证 KM_3 通电，电磁抱闸 YA_5 始终松开，否则会出现换挡时，由于 KM_3 断电，高速下进行机械制动，引起强烈震动。

另外，主令控制器有零位保护，通过电压继电器 FV 实现的。过电流继电器 FA 实现过载保护，利用限位开关 SQ_a 来实现主钩的提升限位保护。

表 4-3 所示为 15/3t 桥式起重机主要电气设备表。

表 4-3　15/3t 桥式起重机主要电气设备表

代　号	名称及用途	代　号	名称及用途
M_1	副钩电动机	KM	电源接触器
M_2	小车电动机	$FA_0 \sim FA_4$	过电流继电器，起过电流保护作用
M_3、M_4	大车电动机	F_A	M_5 的过电流保护
M_5	主钩电动机	KM_1、KM_2	M_5 正、反转控制
YA_1	M_1 制动电磁铁	KM_3	制动
YA_2	M_2 制动电磁铁	KM_4、KM_5	M_5 预备级用
YA_3、YA_4	M_3、M_4 制动电磁铁	$KM_6 \sim KM_9$	M_5 加速级用
YA_5	M_5 制动电磁铁	FV	电压继电器，失压保护
SA_1	副钩凸轮控制器	SQ_a	主钩上升限位
SA_2	小车凸轮控制器	SQ_b	副钩上升限位
SA_3	大车凸轮控制器	SQ_c	舱口安全开关
SA_4	主钩主令控制器	SQ_d、SQ_e	横梁栏杆安全开关
QS_1	电源开关	SQ_1、SQ_2	大车限位
SB_1	启动按钮	SQ_3、SQ_4	小车限位
SB_2	紧急开关		

4.3.4 电气线路故障及维修

桥式起重机是一种典型的生产机械，它的电机与电器的故障维修与其他电气设备相似，但对电器运行的可靠性要求较高，在此把常见故障及排除方法列于表4-4，供学习时参考。

表4-4 桥式起重机常见故障及排除方法

故障现象	故障原因	排除方法
（一）电动机		
电动机均匀发热	1.通电持续率超过规定值 2.被驱动的机械有卡阻、润滑不良等故障 3.电源电压过低	1.减轻负载 2.查机械自由转动情况，对症处理 3.减小负载或升高电压
操作控制器失灵，电动机不转	1.线路中无电 2.缺相 3.控制器的动、静片接触不良 4.电刷与滑线接触不良或断线 5.转子开路	1.用表检查有无电压 2.用表检查哪里造成缺相 3.用表检查控制器触头接触是否良好 4.调整电刷与滑线的接触 5.转子有断线或电刷接触不良
电动机输出功率不足，转速慢	1.制动器未松开 2.转子或定子电路中的启动电阻未安全切除 3.有机械卡阻现象 4.电网电压下降	1.检查调整制动器 2.检查控制器，使接触器按控制线路动作 3.排除机械故障 4.消除电压下降原因或调整负荷
电刷产生火花超过规定等级或滑环被烧毛	1.电刷接触不良或有油污 2.电刷接触太紧或太松 3.电刷牌号不准确	1.修复电刷，保证接触良好 2.调整电刷弹簧 3.更换电刷
电动机在空载时转子开路，或带负载后转速变慢	1.转子电阻开路 2.转子绕组有两处接地 3.绕组有部分短路或端部接线处有短路	1.查转子电路 2.用兆欧表检查，并修补破损 3.降低电压，比较各处发热程度，排除短路故障
电动机在运转中有异常响声	1.轴承缺油或滚珠烧毛 2.转子磨定子铁心 3.有异物入内	1.加油、更换轴承 2.更换轴承 3.进行清除
（二）交流电磁铁		
响声很大	1.电磁铁过载 2.铁心表面有油污 3.电压过低 4.短路环断裂 5.铁心面不平	1.调整弹簧压力或调整电磁铁运动轨道 2.用汽油擦净 3.检查电网电压 4.更换 5.修整铁心平面
电磁铁断电后衔铁不复位	1.机构被卡住 2.铁心面有油污粘住 3.寒冷时润滑油冻结	1.整修机构 2.清除铁心面的油污 3.处理润滑油

续表

故障现象	故障原因	排除方法
(三) 交流接触器及继电器		
线圈过热或烧坏	1.线圈过载 2.线圈有匝间短路 3.动、静铁心闭合后有间隙 4.电压过高或过低	1.减小动触头上弹簧压力 2.更换线圈 3.检查间隙的原因,排除故障 4.调整电压
衔铁噪音大	1.铁心与衔铁的接触不良或衔铁歪斜 2.短路环损坏 3.触头弹簧压力过大 4.电源电压低	1.清除铁心面上的油污、锈蚀,修整铁心面 2.更换短路环 3.调整弹簧 4.调整电压
衔铁吸不上或吸不到底	1.电源电压过低或波动过大 2.可动部分被卡住 3.线圈断线或烧坏,线圈支路有接触不良或断路点 4.触头压力过大	1.调整电源 2.排除卡住故障 3.检查修复线路或更换线圈 4.将触头调整合适
衔铁不释放或释放缓慢	1.触头压力过小 2.触头熔焊 3.可动部分被卡住 4.反力复位弹簧损坏 5.铁心中剩磁过大 6.铁心面有油污	1.调整触头压力 2.排除故障,更换触头 3.排除卡住故障 4.更换反力弹簧 5.更换铁心 6.清除油污
触头过热或磨损过大	1.触头压力过小 2.接触不良 3.操作频率过高,电磨损和机械磨损增大	1.调整触头压力弹簧 2.清理、修复触头 3.更换触头
(四) 操作线路		
合上电源开关,熔断器熔断	操作电路中有一相接地短路	检查对地绝缘,消除接地故障
电源接触器不能接通	1.线路无电压 2.刀开关未合好 3.紧急开关未合或未合好 4.安全开关未压或未压好 5.控制手柄未置零位 6.过电流继电器触头未合好 7.FU_1断路 8.KM线圈断路 9.零位保护和安全联锁触头电路断开	1.用表检查有无电压 2~7.检查各电器元件,排除故障 8.检查KM线圈支路或更换 9.检查线路,找出断路点
合上接触器KM后,过电流继电器动作和接触器释放	1.控制器的电路接地 2.接触器的灭弧罩未紧固好,造成相间短路	1.逐一检查接地点 2.上紧螺钉,如灭弧罩有缺口,则应更换
控制器合上后,过电流继电器动作	1.整定值偏小 2.定子线路中有接地故障 3.机械部分有卡阻现象	1.重新调整整定值 2.用当然欧表查找绝缘损坏的地方 3.排除机械卡阻

续表

故障现象	故障原因	排除方法
电动机只向一个方向转动	1. 终端开关有一只失灵 2. 检修时接错线	1. 检查终端开关，修复 2. 检查线路，重新接好
起重机改变原有运转方向	检修时将相序搞错	恢复相序
终端开关动作而相应电动机不断电	1. 终端开关的触头发生短路现象 2. 杠杆动作，触头不动作	1. 检查短接点，排除 2. 开关传动机构失灵
（五）控制器		
控制器有卡轧或移动	1. 滑动部分有故障 2. 定位机构滑移	1. 检修 2. 调整、固定定位机构
触头之间火花过大	1. 动、静片接触不良、烧毛 2. 过载	1. 调整、修复 2. 调整负荷

阅读教材

疏松桂：中国自动电力拖动学创始人之一

作为自动控制及系统可靠性专家，疏松桂是中国自动电力拖动学科的创始人之一，控制系统可靠性研究与教育的开拓者之一。他长期从事工业、国防方面的控制系统及其可靠性研究，取得了一批创造性的科技成果，指导了国防和生产实践，为中国自动化科学技术的发展作出了重大贡献。

1911 年 6 月，疏松桂出生于安徽省桐城县北乡，1935 年考取武汉大学电机系，毕业后，去宜宾电厂工作两年半，1942 年回武汉大学任助教、讲师等职，讲授电工学、电机设计、电仪与测法等课程。

在贫困环境中长大的疏松桂深深懂得自己的学习机会来之不易，他勤奋刻苦，靠奖学金和贷金读完大学。八年抗日战争给中国人民带来了沉重的灾难，也使疏松桂强烈地意识到科学的重要性，为了将来能更好地报效祖国，他远渡重洋，到美国田纳西大学电机系留学，翌年毕业获硕士学位。又申请得卡乃基理工学院研究员基金，一年后获得另一个硕士学位。1951 年回国受阻，去克里夫兰麦克公司任电气工程师，从事高炉电气设计工作。1954 年年初转入电气控制器制造公司任发展工程师，从事电磁起重器、电控力矩制动器研制工作。在此期间，疏松桂通过各种渠道了解祖国的情况，一直盼望能早日回到祖国的怀抱。

1955 年 10 月，疏松桂终于回到祖国的怀抱，这才是他真正实现平生理想的开始。疏松桂回国后在中国科学院长春机电所工作，并参加筹建中国科学院自动化研究所。1957 年到自动化所，任自动电力拖动研究室主任、研究员。1957 年承担国家 12 年科学规划中有关电力拖动的科研任务，年底任国家科委组织的电力拖动调查组组长，到东北三省、山西、广州、南平、上海等地，对有关钢铁厂、造纸厂和水泥厂的电力拖动情况和存在的问题进行了调查，收集重要课题 100 多个，由有关科研、高校和设计单位分别承担研究工作。疏松桂主要研究电机平滑调速，自动电力拖动系统并负责组织全国有关单位研究三峡通航电力拖动问题（包括升船机及船闸）。当时，国内只有一个自动化研究所，疏松桂对中国提前完成 12 年科学规划中自动电力拖动的科研任务起了开拓和推动的作用。

1960年疏松桂加入中国共产党，决心为社会主义建设做出更大的贡献。根据国家需要，调到二机部从事原子弹的研制工作。同年6月到北京核武器研究所，任设计部副主任兼自动控制研究室主任，组织全室人员和一些协作单位，全面开展原子弹自动引爆系统的研制。经过二年多的努力，完成核航弹全套自动引爆系统的研制任务，于1963年秋在某基地成功地进行了空投试验，证明各种引信系统及保险系统都按预定程度工作无误。1964年年初，疏松桂随设计部转移到青海高原核武器研制基地，参加中国第一颗原子弹大会战，仍任九院设计部副主任，分工负责引爆控制系统研制，并于10月赴罗布泊参加原子弹爆炸试验，圆满地完成了这项重大任务。随后疏松桂又提出核导弹头引爆控制系统方案，布置全套系统及部件的研制工作，取得1966年10月导弹核武器成功。关于核航弹引爆控制系统改进与定型问题，通过多次实弹空投热试验成功后，又于1967年10月进行第一颗氢弹爆炸试验。此后两弹研制逐渐定型生产，装配部队。1970年年底疏松桂转到三线，任九院五所副所长，继续搞引爆控制系统的研制工作，1973年疏松桂奉命组织编写"11次核试验引爆控制系统及其元部件总结"工作。

1975年年初疏松桂调入第二机械工业部科技情报研究所任第四情报室主任，创办《国外核武器动态》期刊，撰写"核弹头杀伤效果的评论"文章三篇，并向三军专业人员学习班作了专题讲座。

1978年秋疏松桂调回中国科学院自动化所，负责天文卫星姿态控制系统的研制，领导与组织：系统总体设计、系统总装与试验、星上控制计算机、执行部件（飞轮和喷气系统）和检测部件（陀螺和太阳角计等）五个研究室开展工作。经过几年努力，完成了样机，通过鉴定合格，安排了生产。其后从事自动控制系统及其可靠性的研究，先后承担四个国家自然科学基金和指导两项"七五计划"课题并结合培养研究生工作，按期完成了任务。

近10年来，疏松桂先后获得国家级奖三项（其中特等奖一项），部委级奖七项。

为中国核武器的研制作出了重大贡献

1960年起疏松桂调到二机部九院，负责核武器自动引爆控制系统的研制。从北京核武器研究所到西北核武器研制基地，再转到三线基地，15年间先后完成塔上核试验、空投航弹、导弹核弹头的研制工作，经过十余次地面及空中核爆炸试验，都符合设计要求准确无误地工作。为了保证准确和安全，疏松桂提出了自动转换装置和自动同步测试线路，对保证产品质量起到决定性作用。他从提出方案到讨论定型都一直进行可靠性研究。15年内的十余次试验每次都准确无误，符合要求，这和疏松桂作为中国可靠性研究的开拓者在各个阶段的不断努力进取分不开的。1973年疏松桂奉命领导一个总结小组，编写"11次核试验引爆控制系统及其元部件总结"工作，约一年时间，完成了"引爆系统分析与设计"、"银锌电池"、"同步装置"、"无线电引信"、"物理引信"、"低压部件"、"地测设备"、"遥测设备"等八卷，审核定稿。

疏松桂从事核武器工作18年，作出了重大的贡献，在"原子弹的突破和武器化"研究任务中负责完成了"核武器自动引爆控制系统"的研究工作。并因此在1985年获得"国家科学技术进步奖特等奖"。他同时还完成了"核弹头杀伤效果的评论"研究成果，获"国防科委科技成果四等奖"。由于疏松桂在国防科研战线的多年奋斗，他在1988年又获"献身国防事业（26年）"的荣誉证章和证书。

推动了中国自动电力拖动的研究

1956—1960 年疏松桂在中国科学院自动化所，从事自动电力拖动的研究，他率领国家科委电力拖动专题调查组，到中国南北各地摸清国内情况，收集 100 多个现场课题，由有关科研单位和高校分工协作，全面展开国家 12 年科学规划专题的研究工作，疏松桂在任自动电力拖拉研究室主任期间（1957—1960）年，指导全室人员（包括两名研究生）着重研究交直流电机平滑调速问题，并组织有关单位合作（如华中工学院、清华大学、一机部电器科学研究院、电气传动设计研究所、冶金部黑色冶金设计院、铁道部铁道科学研究院等），承担三峡高坝通航自动电力拖动任务，对升船机同步电力拖动（包括直流同步随动系统及交流电轴系统两个方案）进行了深入的研究。先后召开三次研究成果报告会，宣读 50 多篇文章，进行了可行性论证。特别是他本人还研究开发一种新的"双绕组平滑调速感应电动机"，于 1960 年 10 月由中国科学院技术科学部召开一次现场会议，进行试验表演和宣读总结报告。这项科研成果在当时是开拓性的，对中国自动电力拖动的发展和 12 年科学规划中该课题的提前完成起到促进和推动的作用。

开拓了控制系统可靠性研究工作

疏松桂于 1978 年回到中国科学院自动化所，致力于控制系统及其可靠性的研究，前 5 年主要是负责天文卫星姿态控制系统的研究。本项研制任务从开始制定方案起就将系统性能质量与可靠性要求相结合进行设计。因此，对系统及其部件都考虑到冗余措施和容错技术，将系统可靠性理论应用于工程设计。

疏松桂从 20 世纪 60 年代开始研制核武器引爆控制以来就注意系统可靠性问题，18 年后回到中国科学院自动化所，集中精力，深入研究这个问题。结合研究生培养，先后完成四项国家自然科学基金和几项国家计划任务，从理论到实际取得了大量可喜的成果。除指导学生完成 20 余篇学位论文和几十篇文章外，他本人还发表了五十几篇文章，一本专著《控制系统可靠性分析与综合》和另外三本书。这些成就有不少是创造性的成果和开拓性的工作。

为中国培养了一批从事自动化技术的人才

疏松桂在出国前曾在武汉大学执教七年，回国后招收了中国首批副博士研究生。1963 年在哈尔滨军事工程学院第一次开讲"核武器自动引爆控制系统"课程。1978 年又为三军（海军、二炮及空军）讲授"核弹头杀伤效果和评论"。1978 年又开始培养研究生，近 10 年来已有 9 名学生获得硕士学位，16 名学生获博士学位（其中半数是有副导师协助培养的），其中一名学生获得中国科学院院长奖学金优秀论文奖，大多数毕业论文被答辩委员会评为优秀学位论文。

疏松桂在晚年工作中，获得中国科学院"优秀研究生导师"荣誉证书和"老有所为精英奖"，同时获国家级"全国老有所为精英奖"。

此外，疏松桂是中国自动化学会筹备人之一，先后担任常务理事、副理事长、理论委员会副主任、主任、自动化学报副主编、编委。多年来为中国自动化学科发展作出了重要贡献。

知识小结

本章讲述了几种工矿企业中应用广泛的典型生产机械：简单介绍了电动葫芦和皮带输送机的工作原理，以 15/3t 桥式起重机为例详细分析了电气设备的工作过程。学习本章时要理论联系实际，组织现场参观。

电动葫芦以 CD 型钢丝绳电动葫芦为例分析了组成及提升和下降的控制过程。

皮带输送机主要介绍其组成及电气控制要求，着重分析了主电路及控制电路启动与停止的控制过程。

桥式起重机主要讲述了结构、各部分的运动形式及要求，分析了主电路的保护控制线路、凸轮控制器的结构、工作原理及控制线路、主令控制器的结构、工作原理及控制线路，主要分析了主钩下降的控制过程。简单介绍了桥式起重机电气线路常见故障及排除方法。

习 题

4.1 分析电动葫芦运输机构的工作原理。

4.2 电动葫芦采取了哪些保护措施？

4.3 皮带输送机的启动顺序和停车顺序是怎样的？为什么？

4.4 在皮带输送机控制电路中，四个时间继电器的作用各是什么？如果延时时间不对，将产生什么后果？

4.5 为什么起重机采用绕线式三相异步电动机？

4.6 吊车启动必须具备哪些条件？

4.7 主钩为何采用主令控制器控制接触器，再由接触器控制电动机，而不采用凸轮控制器控制？

4.8 为什么采用手柄置零位的方式启动？

4.9 试分析主钩上升"1"的控制过程。

4.10 在图 4-13 中，（1）接触器 KM_1 和 KM_9 两个常开触头串联有何作用？（2）接触器 KM_2 线圈电路中，常开触头 KM_2 和常闭触头 KM_9 并联有何作用？

4.11 主钩控制电路中，在下降控制的 J、1、2 三挡，为什么让电动机作上升的方向转动？

第5章 典型机床控制线路

机床是将金属毛坯加工成机器零件的机器，它是制造机器的机器，所以又称为"工作母机"或"工具机"，习惯上简称机床。但凡属精度要求较高和表面粗糙度要求较细的零件，一般都需在机床上用切削的方法进行最终加工。在一般的机器制造中，机床所担负的加工工作量占机器总制造工作量的40%~60%。

电气控制系统是机床的重要组成部分，通过电气控制系统可以实现对电力拖动系统的启动、正反转、制动和调速等运动的控制和对拖动系统的保护。

在机床电气线路中，把电动机及其启动电器、主熔断器、热继电器的热元件和同它们相连接的接触器的主触头等组成的电路叫做主电路，也叫主回路，一次回路，大电流电路等。除主电路以外的电路，如继电器和接触器的线圈、辅助触头、按钮开关、热继电器的动断触头以及其他电气元件组成的电路叫做控制电路，也叫辅助回路，二次回路，小电流电路等。

分析机床电气控制系统时需注意以下几个问题：

（1）要了解机床的主要技术性能及机械传动、液压和气动的工作原理。

（2）弄清各电动机的安装部位、作用、规格和型号。

（3）初步掌握各种电器的安装部位、作用以及各操纵手柄、开关、控制按钮的功能和操纵方法。

（4）注意了解与机床的机械、液压发生直接联系的各种电器的安装部位及作用。如行程开关、撞块、压力继电器、电磁离合器、电磁铁等。

（5）分析电气控制系统时，要结合说明书或有关的技术资料对整个电气线路划分成几个部分逐一进行分析。例如，各电动机的启动、停止、变速、制动、保护及相互间的联锁等。

本章就常用的几种典型机床进行分析，介绍机床的主要结构、运动形式、电气控制特点，着重分析电气控制线路，从中找出规律，以提高阅读电气原理图的能力，培养维修技能。

5.1 普通卧式车床电气控制线路

卧式车床是机床中应用最广泛的一种，它可以用于切削各种工件的外圆、内圆、端面、螺纹（螺丝，长的又称螺杆）和定型表面，并可以装上钻头、铰刀等进行钻孔和铰孔等加工。本节以CW6163B型万能卧式车床为例来进行分析。

5.1.1 主要结构及运动形式

如图5-1所示，普通车床主要由床身、主轴变速箱、进给箱、溜板箱、刀架、尾架、丝杠和光杠等部分组成。图5-2所示为CW6163B型万能卧式车床的实物图。

车床的主运动是工件的旋转运动，它是由主轴通过卡盘或顶尖带动工件旋转。车床的进给运动是刀架的纵向或横向直线运动，其传动线路是由主轴电动机经过主轴箱输出轴、挂轮箱传动到进给箱，进给箱通过丝杠将运动传入溜板箱，再通过溜板箱的齿轮与床身上的齿条或通过刀架下面的光杠分别获得纵横两个方向的进给运动。主运动和进给运动都是由主电动机 M_1 带动的。

CW6163B 型万能卧式车床可加工最大工件的回转半径为 630mm，工件的最大长度可根据床身的不同分为 1500mm 或 3000mm 两种。

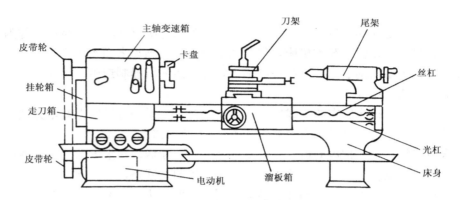

图 5-1　普通车床构造示意图

图 5-2　CW6163B 型万能卧式车床实物图

5.1.2　电气控制线路的特点

根据车床的结构和加工工艺要求，车床的电气控制有以下特点：

（1）主电动机一般选用三相异步电动机，不进行电气调速而通过变速箱使用机械调速。

（2）为了车削螺纹，主轴要求正、反转。其正、反转的实现是通过机械方法来实现的。

（3）主电动机的启动、停止采用按钮操作，其启动采用直接启动方式。

（4）车削加工时，需要冷却液冷却工件，因此必须有冷却泵电动机。主电动机停止时，冷却泵电动机也停止工作。

（5）主电动机和冷却泵电动机要有必要的短路和过载保护。当任何一台电动机过载时，两台电动机都不能工作。

（6）有安全的局部照明装置。

5.1.3　电气控制线路分析

图 5-3 所示是 CW6163B 型万能卧式车床的电气原理图。

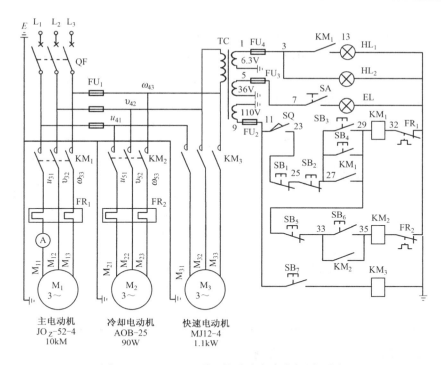

图 5-3　CW6163B 型万能卧式车床电气原理图。

1. 主电路

整机的电气系统由 3 台电动机组成，M_1 为主运动和进给运动电动机，M_2 为冷却泵电动机，M_3 为刀架快速移动电动机。三台电动机均为直接启动，主轴制动采用液压制动器。

三相交流电通过自动空气开关 QF 将电源引入，交流接触器 KM_1 为主电动机 M_1 的启动用接触器。热继电器 FR_1 为主电动机 M_1 的过载保护电器，M_1 的短路保护由自动开关中的电磁脱扣来实现。电流表 A 监视主电动机的电流。

特别提示

> 为了充分利用电动机，机床工作时，可以通过调整切削用量，使电流表的电流等于主电动机的额定电流，以提高功率因数和生产效率。

熔断器 FU_1 为 M_2、M_3 电动机的短路保护。M_2 电动机的启动由交流接触器 KM_2 来完成，FR_2 为它的过载保护。同样 KM_3 为 M_3 电动机的启动用接触器，因快速电动机 M_3 短时工作，可不设过载保护。

2. 控制、照明及显示电路

控制变压器 TC 二次侧 110V 电压作为控制回路的电源。为便于操作和事故状态下的紧急停车，主电动机 M_1 采用双点（两地）控制，即它的启动和停止分别由装在床头操纵板上的按钮 SB_3 和 SB_1 及装在刀架拖板上的 SB_4 和 SB_2 进行控制。当主电动机过载时 FR_1 的动断触点断开，切断了交流接触器 KM_1 的通电回路，电动机 M_1 停止。行程开关 ST 为机床的限位保护。

冷却泵电动机 M_2 的启动和停止由装在床头操纵板上的按钮 SB_6 和 SB_5 控制。快速电动机由安装在进给操纵手柄顶端的按钮 SB_7 控制，它与交流接触器 KM_3 组成点动控制环节。

信号灯 HL_2 为电源指示灯，HL_1 为机床工作指示灯，EL 为机床照明灯，SA 为机床照明灯开关。表 5-1 所示为该机床的电气元件目录表。

表 5-1　CW6163B 型卧式车床电器元件目录表

符　号	名称及用途	符　号	名称及用途
QF	自动空气开关，用做电源引入及短路保护用	FR_1	热继电器，用做主电动机过载保护用
$FU_1 \sim FU_4$	熔断器，用做短路保护	FR_2	热继电器，用做冷却泵电动机过载保护用
M_1	主电动机	KM_1	接触器，用做主电动机启动、停止用
M_2	冷却泵电动机	KM_2	接触器，用做冷却泵电动机启动、停止用
M_3	快速电动机	KM_3	接触器，用做快速电动机启动、停止用
$SB_1 \sim SB_4$	主电动机启停按钮	SB_7	快速电动机电动按钮
$SB_5 \sim SB_6$	冷却泵电动机启停按钮	TC	控制与照明变压器
HL_1	主电动机启停指示灯	SQ	行程开关，用做进给限位保护用
HL_2	电源接通指示灯	SA	机床照明灯开关

5.1.4　电气线路故障分析与维修

1. 主电动机 M_1 不能启动

引起主电动机不能启动的现象有以下几种情况：

（1）按下启动按钮时不能启动。

（2）运行中突然自行停车，并且不能再启动。

（3）按下启动按钮，熔断器就烧毁。

（4）按下启动按钮，主电机不转，并发出嗡嗡声。

（5）按下停止按钮停转后，再按启动按钮，不能再启动。

检查方法：首先应重点检查主回路熔断器以及控制回路熔断器是否熔断。如有熔断，则更换熔断器后便能启动。若未熔断，则应检查 FR_1 和 FR_2 是否动作过。若已动作过，则应查找出动作原因。

热继电器 FR 经常是由于规格选择不当，或是由于机械部分被卡住，或者由于频繁启动的大电流使电动机过载，而造成热继电器脱扣。找到原因排除后，将热继电器复位，就可以重新启动。如果热继电器没有动作过，则应检查接触器 KM 线圈的引线是否有松动，三对主触头接触是否良好。

经过上述检查，没有发现问题，则应将主电机引线拆下，合上电源开关，使控制线路带电，进行接触器动作试验。按下按钮 SB_3，若接触器不动作，则断定故障在控制电路。例如 SB_1、SB_3 的触头接触不良，接触器线圈引出线断线等，都会使接触器不能通电动作，应及时查清原因，排除故障。有时会发生由于触头没有调整好，导致位置偏移、松动、机械卡阻或触头氧化、油污以及压力不足等原因而引起的故障，可能会自然消失，但会重复发生，对于这些问题应及时检查排除。

经过检查如果控制线路完好，电动机仍不能转动，则故障一般在主电路上。除熔断器熔断和接触器触头接触不良以外，应考虑电动机断线或其内部故障、电源电压过低以及连接线断线等。

2. 主电动机缺相运行

按启动按钮 SB_3 或 SB_4，主电动机不能启动或转动很慢，且发出嗡嗡声，或电机在运行中突然发出嗡嗡声。这种状态一般是由于缺相运行造成的。

特别提示

当出现这类现象时，应立即切断电动机电源，否则将烧毁电动机。

造成这类故障的原因是三相电源中有一相断线，如三相熔断器中有一相熔断；三相开关中某一相接头处接触不良；三相接触器有一对触头接触不良；电动机接线盒内的接线有脱落现象等。通过检查排除故障，主电动机就可正常工作。

3. 主电机能启动但不能自锁

按下启动按钮，电动机启动，但松开启动按钮，主电机停止运转。

故障原因是接触器常开辅助自锁触头接触不良或连接线松脱，使电路不能实现自锁。应接好连接线，检修接触器常开辅助触头。

4. 主电机不能停转

主电动机启动后，当按下停止按钮 SB_1 或 SB_2 时，主电动机不能停转。

故障原因一般是由于接触器的三对主触头被电弧熔焊造成的，这时应切断电源开关 QF，电动机停转，更换接触器或触头。还有一种可能是停止按钮常闭触头被卡住，不能断开，也会造成主电动机不能停转，必须修复或更换停止按钮。

5. 冷却泵电动机或快速电动机不能启动

若冷却泵电动机或快速电动机不能启动，应首先检查熔断器 FU_1，如果熔丝已熔断，应更换熔丝。另外还需检查接触器 KM_2、KM_3 主触头是否损坏或接触不良，排除以上故障，仍不能启动，应考虑是电动机内部故障，应修复或更换。

6. 照明灯不亮

先检查灯泡是否已坏，熔断器 FU_3 是否熔断，灯开关是否正常，照明变压器原副绕组的接线端是否良好。排除以上故障，仍不亮，则应考虑照明变压器内部绕组有故障。

5.1.5 车床安全操作规则流程

（1）工作前按规定润滑机床，检查各手柄是否到位，并开慢车试运转五分钟确认一切正常方能操作。

（2）卡盘夹头要上牢，开机时扳手不能留在卡盘或夹头上。

(3) 工件和刀具装夹要牢固，刀杆不应伸出过长（镗孔除外）；转动小刀架要停车，防止刀具碰撞卡盘、工件或划破手。

(4) 工件运转时，操作者不能正对工件站立，身不靠车床，脚不踏油盘。

(5) 高速切削时，应使用断屑器和挡护屏。

(6) 禁止高速反刹车，退车和停车要平稳。

(7) 清除铁屑，应用刷子或专用钩。

(8) 用锉刀打光工件，必须右手在前，左手在后；用砂布打光工件，要用"手夹"等工具，以防绞伤。

(9) 一切在用工、量、刃具应放于附近的安全位置，做到整齐有序。

(10) 车床未停稳，禁止在车头上取工件或测量工件。

(11) 车床工作时，禁止打开或卸下防护装置。

(12) 临近下班，应清扫和擦试车床，并将尾座和溜板箱退到床身最右端。

阅读材料

机床的发展简史（一）

公元前二千多年出现的树木车床是机床最早的雏形。1501 年左右，意大利人列奥纳多·达芬奇曾绘制过车床、镗床、螺纹加工机床和内圆磨床的构想草图，其中已有曲柄、飞轮、项尖和轴承等新机构。中国明朝出版的《天工开物》中也载有磨床的结构。

工业革命导致了各种机床的产生和改进，十八世纪的工业革命推动了机床的发展。1797 年，英国人莫兹利创制成的车床由丝杠传动刀架，能实现机动进给和车削螺纹，这是机床结构的一次重大变革。莫兹利也因此被称为"英国机床工业之父"。

19 世纪，由于纺织、动力、交通运输机械和军火生产的推动，各种类型的机床相继出现。1817 年，英国人罗伯茨创制龙门刨床；1818 年美国人惠特尼制成卧式铣床；1876 年，美国制成万能外圆磨床；十九世纪最优秀的机械技师惠特沃斯，设计了测量圆筒的内圆和外圆的塞规和环规。建议全部的机床生产业者都采用同一尺寸的标准螺纹。后来，英国的制定工业标准协会接受了这一建议，从那以后直到今日，这种螺纹作为标准螺纹被各国所使用。

随着电动机的发明，机床开始先采用电动机集中驱动，后又广泛使用单独电动机驱动。二十世纪初，为了加工精度更高的工件、夹具和螺纹加工工具，相继创制出坐标镗床和螺纹磨床。同时为了适应汽车和轴承等工业大量生产的需要，又研制出各种自动机床、仿形机床、组合机床和自动生产线。

19 世纪末到 20 世纪初，单一的车床已逐渐演化出了铣床、刨床、磨床、钻床等，这样就为 20 世纪前期的精密机床和生产机械化和半自动化创造了条件。

由于汽车、飞机及其发动机生产的要求，在大批加工形状复杂、高精度及高光洁度的零件时，迫切需要精密的、自动的铣床和磨床。由于多螺旋线刀刃铣刀的问世，基本上解决了单刃铣刀所产生的振动和光洁度不高而使铣床得不到发展的困难，使铣床成为加工复杂零件的重要设备。

为了研制高效率的磨床，适应汽车工业的发展要求，为此，美国人诺顿于 1900 年用金刚砂和刚玉石制成直径大而宽的砂轮，以及刚度大而牢固的重型磨床。磨床的发展，使机械制造技术进入了精密化的新阶段。

5.2 摇臂钻床电气控制线路

钻床是用来对工件进行钻孔、扩孔、铰孔、镗孔及攻螺纹等加工的。它的种类很多,有立式钻床、台式钻床、摇臂钻床、各种专用钻床等。其中应用最广泛的是摇臂钻床,本节以 Z35 型摇臂钻床为例分析其电气控制线路。

5.2.1 主要结构及运动形式

摇臂钻床由底座、内外立柱、摇臂、钻轴箱(主轴箱)、主轴和工作台等部分组成。结构图如图 5-4 所示。图 5-5 所示为 Z35 摇臂钻床的实物图。

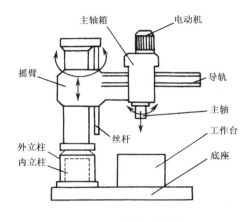

图 5-4 钻床结构示意图

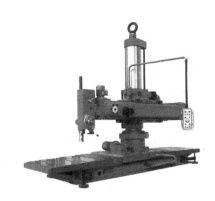

图 5-5 Z35 摇臂钻床实物图

Z35 摇臂钻床共有四台电动机,即主轴电动机 M_1、摇臂升降电动机 M_3、立柱夹紧与松开电动机 M_4 和冷却液泵电动机 M_2。

摇臂钻床的主运动是主轴带动钻头的旋转运动;进给运动是钻头的上下移动;辅助运动是主轴箱沿摇臂导轨水平移动、摇臂沿外立柱上下移动和摇臂连同外立柱一起相对于内立柱的回转。

钻床的外立柱套在固定于底座的内立柱上,可绕内立柱回转 360°。摇臂通过套筒借助于丝杆与外立柱滑动配合,可沿外立柱上下移动,并与外立柱一起相对内立柱回转。主轴箱是一个复合部件,它包括主轴部件以及主轴旋转和进给运动的全部传动、变速和操作机构,并包括主轴电动机。主轴箱可沿摇臂上的水平导轨做径向移动(手动)。在加工工件时,可利用夹紧机构将主轴箱紧固在摇臂导轨上,外立柱紧固在内立柱上,摇臂紧固在外立柱上,然后进行加工。

5.2.2 电气控制线路的特点

根据摇臂钻床的结构和加工工艺要求,摇臂钻床的电气控制有以下特点:
(1) 摇臂钻床的主轴旋转运动和进给运动由一台交流异步电动机拖动,主轴的正反向旋转运动是通过机械转换实现的,故主电动机只有一个旋转方向。

(2)摇臂上升、下降是由摇臂升降电动机正、反转实现的,要求摇臂升降电动机能双向启动,并且与主轴电动机联锁。

(3)立柱的松紧也是由电动机的转向来实现的,要求立柱松紧电动机能双向启动。

(4)冷却泵电动机要求单向启动。

(5)为了操作方便,采用十字开关对主轴电动机和摇臂升降电动机进行操作。

(6)为了操作安全,控制电路的电源电压为127V。

5.2.3 电气控制线路分析

图 5-6 所示是 Z35 摇臂钻床电气原理图。

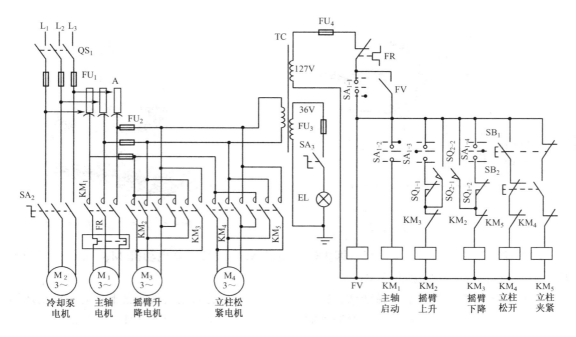

图 5-6 Z35 摇臂钻床电气原理图

1. 主电路

主电路由 M_1、M_2、M_3、M_4 四台电动机,KM_1、KM_2、KM_3、KM_4、KM_5 的主触头,FU_1、FU_2 及 FR 等组成。主轴电动机 M_1 只做单方向运转,由接触器 KM_1 的常开主触头控制;冷却泵电动机 M_2 是通过转换开关 SA_2 直接控制的;摇臂升降电动机 M_3 和立柱松紧电动机 M_4 都需要做正反向运动,各由两只接触器 KM_2、KM_3 和 KM_4、KM_5 控制。四台电动机中只有主轴电动机 M_1 通过热继电器 FR 实现过载保护,电动机 M_3 和 M_4 都是短时运行,所以不设过载保护。熔断器 FU_1 作总短路保护,电动机 M_3 和 M_4 通过熔断器 FU_2 做短路保护。冷却泵电动机 M_2 容量较小,不单设过载保护和短路保护。

2. 控制电路

Z35 摇臂钻床控制电路中采用十字开关 SA 操作，它有控制集中的优点。十字开关 SA_1 由十字手柄和四个微动开关 $SA_{1-1} \sim SA_{1-4}$ 组成，根据工作时的需要，将手柄分别扳到五个不同的位置，即左、右、上、下和中间位置，操作手柄每次只可扳在一个位置上。当手柄处在中间位置时，全部处于断开状态。各个位置的工作情况如表 5-2 所示。

表 5-2 十字开关操作说明

手 柄 位 置	接通微动开关的触点	工 作 情 况
中	都不通	停止
左	SA_{1-1}	零压保护
右	SA_{1-2}	主轴运转
上	SA_{1-3}	摇臂上升
下	SA_{1-4}	摇臂下降

特别提示

> 为了避免十字开关手柄扳在任何工作位置时接通电源而产生误动作，所以设有零压保护环节。每次合电源或工作中电源中断后又恢复时，必须将十字开关向左扳一次，使零压继电器 FV 通电吸合并自锁，然后再扳向工作位置才能工作。

当机床工作时，十字开关不在左边，这时若电源断电，FV 失电，其自锁触头分断；电源恢复时，FV 不会自行吸合，控制电路仍不通电，以防止工作中电源中断又恢复而造成的危险。

摇臂升降电动机 M_3 的控制过程分析。

摇臂钻床正常工作前，摇臂应夹紧在立柱上，因此在摇臂上升或下降之前，首先应松开夹紧装置，当摇臂上升或下降到指定位置时，夹紧装置又必须将摇臂夹紧。这种松开—升降—夹紧的过程是由电气和机械机构联合配合下实现自动控制的。

现以摇臂上升为例，分析全过程的控制情况。

先将十字开关 SA_1 扳向左，给控制回路送电，再将十字开关扳向上边，微动开关触点 SA_{1-3} 闭合，接触器 KM_2 线圈得电，其常开主触头闭合，电动机 M_3 正向运转，通过机械传动，使辅助螺母在丝杆上旋转上升，带动了夹紧装置松开，触头 SQ_{2-2} 闭合，为摇臂上升后的夹紧动作做准备。

摇臂松开后，辅助螺母将继续上升，带动一个主螺母沿丝杆上升，主螺母则推动摇臂上升。当摇臂上升到预定高度时 SQ_{1-1} 断开，将十字开关扳到中间位置，SA 不通，上升接触器 KM_2 断电，其常闭辅助触头恢复闭合，常开主触头分断，电动机 M_3 停转，摇臂即停止上升。由于摇臂上升时触头 SQ_{2-2} 闭合，所以 KM_2 失电后，下降接触器 KM_3 得电吸合，其常开主触头闭合，M_3 即反转，这时电动机通过辅助螺母使夹紧装置将摇臂夹紧，但摇臂并不下降。当摇臂完全夹紧时，SQ_{2-2} 触头随即断开，接触器 KM_3 断电，电动机 M_3 停转，摇臂上升动作全过程结束。

摇臂下降过程可参照上升过程自己分析。Z_{35} 摇臂钻床电气设备表如表 5-3 所示。

特 别 提 示

> 为了使摇臂上升或下降不致超过所允许的极限位置,故在摇臂上升和下降的控制回路中分别串入行程开关 SQ_{1-1} 和 SQ_{1-2} 的常闭触头。当摇臂上升或下降到极限位置时,由机械机构作用,使 SQ_{1-1} 或 SQ_{1-2} 常闭触头断开,切断 KM_2 或 KM_3 的回路,使电动机停止转动,从而起到了终端保护的作用。

3. 照明电路

照明电路的电源由变压器 TC 提供 36V 的安全电压,照明灯 EL 由开关 SA_3 控制,熔断器 FU_3 做短路保护。为保证安全,EL 一端必须接地。

表 5-3 Z35 摇臂钻床电气设备表

代 号	名称及用途	代 号	名称及用途
M_1	主轴电动机	KM_3	接触器,M_3 反转控制
M_2	冷却泵电动机	KM_4	接触器,M_4 正转控制
M_3	摇臂升降电动机	KM_5	接触器,M_4 反转控制
M_4	立柱松紧电动机	FR	热继电器,M_2 过载保护
QS_1	电源总开关	FV	零压继电器,失压保护
SA_1	十字开关,控制 M_2、M_3	SB_1	按钮, M_4 正转点动
SA_2	冷却泵电动机开关	SB_2	按钮, M_4 反转点动
SA_3	照明灯开关	SQ_1	摇臂升降限位开关
FU_1	熔断器,保护整个电路	SQ_2	摇臂夹紧限位开关
FU_2	熔断器,M_3、M_4 短路保护	TC	控制变压器
FU_3	熔断器,保护照明电路	EL	照明灯
KM_1	熔断器,控制 M_2	A	汇流排
KM_2	接触器,M_3 正转控制		

5.2.4 电气线路故障分析与维修

1. 主轴电动机不能启动

引起主轴电动机不能启动的原因有以下几种情况:
(1) 熔断器 FU_1 的熔丝烧断,只须更换熔丝即可。
(2) 微动开关 SA_{1-2} 损坏或接触不良,应予修复或更换。
(3) 电源电压过低,不能启动,可通过测量电源电压进行判断。
(4) 零压继电器 FV 的触头接触不良或接线松脱,造成控制电路无电压,应修复或更换。
(5) 接触器 KM_1 的主触头接触不良或接线松脱,应修复或更换。

2. 主轴电动机不能停转

当十字开关扳向中间时,主轴电动机不能停转,这类故障大多是由于 KM_1 的主触头熔焊在一起造成的,更换主触头即可排除。

3. 摇臂上升（或下降）后不能完全夹紧

主要是因行程开关触头 SQ_{1-2} 和 SQ_{2-2} 过早分断，致使摇臂未夹紧就停止了夹紧工作。应调整 SQ_{2-1} 和 SQ_{2-2} 的位置，故障即可排除。

4. 摇臂升降后不能按需要停止

原因是限位开关 SQ_{2-1} 或 SQ_{2-2} 过早闭合。例如，当十字开关扳到向上时，KM_2 得电，主触头闭合，M_3 通电正转，通过传动装置使摇臂先放松后上升，此时应该是 SQ_{2-2} 闭合，但由于 SQ_{2-1} 和 SQ_{2-2} 的位置未调好，而使 SQ_{2-1} 接通，结果将十字开关扳回中间时，不能切断接触器 KM_2 的线圈电路，上升运动继续进行，甚至到了极限位置，限位开关也不能将它切断，可能引起机床的运动部件与已装夹好的工件相撞的事故。此时应立即切断电源总开关 QS_1，使摇臂上升运动停止。

5. 摇臂升降电动机正反转重复不停

这类故障可使摇臂夹紧与放松反复不止。故障原因也是由于 SQ_{2-1} 和 SQ_{2-2} 的位置调整不当引起的。检修时，在调整好机械部分后，应对限位开关进行仔细调整，使它们之间的距离不要太近。另外，三相电源的进线相序应符合升降运转的规定，不可接反。

6. 立柱松紧电动机不能启动

产生的原因有按钮 SB_1 或 SB_2 接触不良；接触器 KM_4 或 KM_5 的触头接触不良；熔断器 FU_2 熔丝已断；滑线连接点松脱或断线等。通过故障现象判断和检查故障原因即可排除。

7. 立柱松紧电动机工作后不能切断电源

这是由于接触器 KM_4 或 KM_5 的主触头熔焊造成的。发现这类故障，应及时切断总电源，更换主触头，以防电动机过载而烧毁。

8. 液压系统故障

液压系统故障主要原因是离合器电磁阀或油路堵塞等。

5.2.5 钻床的安全操作规则流程

（1）工作前必须全面检查各部操作机构是否正常，将摇臂导轨用细棉纱擦拭干净并按润滑油牌号注油。

（2）摇臂和主轴箱各部锁紧后，方能进行操作。

（3）摇臂回转范围内不得有障碍物。

（4）开钻前，钻床的工作台、工件、夹具、刃具，必须找正，紧固。

（5）正确选用主轴转速、进刀量，不得超载使用。

（6）超出工作台进行钻孔，工件必须平稳。

（7）机床在运转及自动进刀时，不许变换速度，若变速只能待主轴完全停止，才能进行。

（8）装卸刀具及测量工件，必须在停机中进行，不许直接用手拿工件钻削、不得戴手套操作。

（9）工作中发现有不正常的响声，必须立即停车检查排除故障。

阅读材料

机床的发展简史（二）

在 1920 年以后的 30 年中，机械制造技术进入了半自动化时期，液压和电器元件在机床和其他机械上逐渐得到了应用。1938 年，液压系统和电磁控制不但促进了新型铣床的发明，而且在龙门刨床等机床上也推广使用。20 世纪 30 年代以后，行程开关——电磁阀系统几乎用到各种机床的自动控制上。第二次世界大战以后，由于数控和群控机床和自动线的出现，机床的发展开始了自动化时期。

世界第一台数控机床（铣床）诞生（1951 年）的方案，是美国的帕森斯在研制检查飞机螺旋桨叶剖面轮廓的板叶加工机时向美国空军提出的，在麻省理工学院的参加和协助下，终于在 1949 年取得了成功。1951 年，他们正式制成了第一台电子管数控机床样机，成功地解决了多品种小批量的复杂零件加工的自动化问题。以后，一方面数控原理从铣床扩展到铣镗床、钻床和车床，另一方面，则从电子管向晶体管、集成电路方向过渡。1958 年，美国研制成能自动更换刀具，以进行多工序加工的加工中心。

世界第一条数控生产线诞生 1968 年，英国的毛林斯机械公司研制成了第一条数控机床组成的自动线，不久，美国通用电气公司提出了"工厂自动化的先决条件是零件加工过程的数控和生产过程的程控"，于是，到 20 世纪 70 年代中期，出现了自动化车间，自动化工厂也已开始建造。

1970—1974 年，由于小型计算机广泛应用于机床控制，出现了三次技术突破。第一次是直接数字控制器，使一台小型电子计算机同时控制多台机床，出现了"群控"；第二次是计算机辅助设计，用一支光笔进行设计和修改设计及计算程序；第三次是按加工的实际情况及意外变化反馈并自动改变加工用量和切削速度，出现了自适控制系统的机床。

经过 100 多年的风风雨雨，机床的家族已日渐成熟，真正成了机械领域的"工作母机"。

5.3 万能铣床电气控制线路

铣床的种类很多，有立铣、卧铣、龙门铣和仿形铣等。它们的加工性能及使用范围各不相同，本节以 X62W **万能升降台铣床**为例，分析中小型铣床电气控制线路的特点。

5.3.1 主要结构及运动形式

如图 5-7 所示，铣床主要由床身、主轴、刀杆、悬梁、工作台、回转盘、横溜板和升降台等部分组成。X62W 万能铣床共有三台电动机，即主轴电动机、工作台进给电动机和冷却液泵电动机。X62W 万能铣床的实物图如图 5-8 所示。

铣床的主运动是铣刀的旋转运动，进给运动是工件相对于铣刀的移动。悬梁可以沿水平方向移动，刀杆支架可以在悬梁上水平移动，以便安装不同的心轴。在床身前有垂直导轨，升降台可沿它上下移动。溜板装在升降台的水平导轨上，作平行于主轴轴向的横向运动。溜板上部又有可转动的部分。工作台在溜板上部可转动部分的导轨上作垂直于主轴轴线方向的纵向移动。

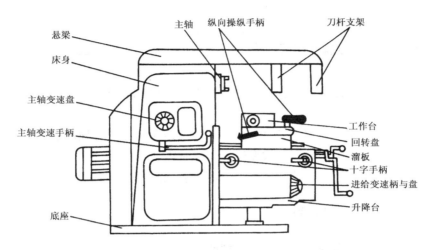

图 5-7　X62W 万能铣床结构示意图

图 5-8　X62W 万能铣床实物图

5.3.2　电气控制线路的特点

根据万能铣床的结构和加工工艺要求，万能铣床的电气控制有以下特点：

（1）主轴电动机的正向转动和反向转动用电源相序转换开关 SA_4 实现，省掉一个反向转动接触器。

（2）主轴电动机采用反接制动，可以使主轴迅速停车和准确定位。为限制较大的制动电流，在反接制动的主电动机电路中串入限流电阻。

（3）工作台能够进行六个方向的进给运动，并能在六个方向上快速移动。快速移动由快速牵引电磁铁通过机械挂挡来实现。

（4）为了扩大其加工能力，在工作台上可加圆形工作台，圆工作台的回转运动由进给电动机经传动机构驱动。

（5）主轴电机、进给电机和冷却泵电机都具有可靠的短路保护和过载保护。

（6）为防止刀具和机床的损坏，要求只有主轴旋转后才允许有进给运动和进给方向的快速移动。

（7）为降低加工表面粗糙度，只有进给停止后主轴才能停止或同时停止，该机床采用了主轴和进给同时停止的方式。但由于主轴运动惯性大，实际上就保证了进给运动先停止、主轴运动后停止的要求。

（8）六个方向的进给运动同时只有一种运动产生，该机床采用了机械操纵手柄和行程开关相配合的办法来实现六个方向进给运动的互锁。

（9）主轴运动和进给运动采用变速孔盘和主轴变速手柄来进行速度选择，为保证变速齿轮进入良好啮合状态，两种运动都要求变速后作瞬时点动。

（10）当主电动机或冷却泵电动机过载时，进给运动必须立即停止，以免损坏刀具和机床。

5.3.3　电气控制线路分析

图 5-9 所示是 X62W 万能铣床的电气原理图。

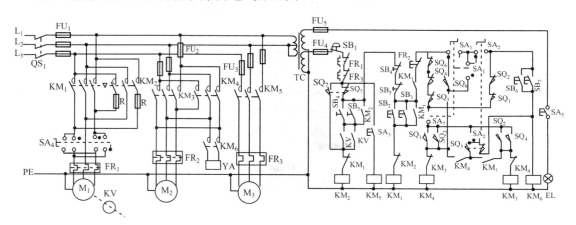

图 5-9　X62W 万能铣床电气原理图。

1. 主电路

QS_1 是电源总开关，熔断器 FU_1 为总电源的短路保护。M_1 是主轴电动机，通过换相开关 SA_4 与接触器 KM_1、KM_2 进行正反转控制、反接制动及瞬时控制，由机械方式实现变速。FR_1 对 M_1 进行过载保护。M_2 是工作台进给电动机，由接触器 KM_3、KM_4 的常开主触头实现正反转控制，FR_2 对 M_2 进行过载保护。冷却泵电动机 M_3 只要求正转，FR_3 为 M_3 的过载保护。FU_2、FU_3 分别为 M_2 和 M_3 的短路保护。速度继电器 KV 对 M_1 进行反接制动控制。

2. 控制电路

以工作台进给电动机的控制为例,分析不同方向的控制情况。转换开关 SA_2 是控制工作台进给运动的,有上、下、左、右、前、后六个方向的运动。

(1) 工作台的上下和前后运动的控制。该控制是由工作台升降与横向操作手柄控制的,这种手柄是复式的,有两个完全相同的手柄分别装在工作台左侧的前后方。手柄的联动机构与限位开关 SQ_3、SQ_4 相连接,SQ_4 控制向上和向后运动,SQ_3 控制向下和向前运动。操作手柄有五个位置,分为向上、向下、向前、向后和中间,五个位置是联锁的。如表 5-4 所示,工作台的上下限及横向运动的终端保护是利用工作台上的挡铁撞动十字手柄来控制的。

表 5-4 手柄不同位置的工作情况

手柄位置	工作台运动方向	离合器接通的丝杆	限位开关动作	接触器动作	电动机运转
向上	向上进给或快速向上	垂直丝杠	SQ_4	KM_3	M_2 正转
向下	向下进给或快速向下	垂直丝杠	SQ_3	KM_4	M_2 反转
向前	向前进给或快速向前	横向丝杠	SQ_3	KM_4	M_2 反转
向后	向后进给或快速向后	横向丝杠	SQ_4	KM_3	M_2 正转
中间	升降或横向停止	横向丝杠	------	------	------

工作台进给控制电路的电源只有在主轴电动机启动以后才能接通。其控制电路如图 5-10 所示。

工作台向上的控制:主轴电动机 M_1 启动后,将手柄扳到向上位置,连动机构一方面接通垂直传动丝杆的离合器,为丝杆转动作准备;另一方面使 SQ_4 动作,其常开触头闭合,常闭触头分断,KM_3 线圈得电,其主触头闭合,M_2 正转,工作台向上运动。

工作台向后的控制:M_1 启动后,将手柄扳至向后位置,联动机构将垂直传动丝杆脱开,而接通横向传动丝杆离合器,SQ_4 动作闭合,KM_3 通电,M_2 正转,工作台向后运动。

工作台向下的控制:M_1 启动后,将手柄扳至向下位置,联动机构将横向传动丝杠脱开,接通垂直传动丝杆,并使限位开关 SQ_3 动作,KM_4 吸合,M_2 反转,工作台向下运动。

工作台向前的控制:手柄扳到向前位置时,联动机构将垂直传动丝杆松开,接通横向传动丝杆,限位开关 SQ_3 动作,接触器 KM_4 得电吸合,M_2 反转,工作台向前运动。

(2) 工作台的左右运动的控制。工作台的左右运动由工作台纵向操作手柄控制,此手柄也是复式的,一个安装在工作台底部的顶面中央部位,另一个安装在工作台底部的左下方,它有三个位置:向左、向右、零位。工作台左右运动是由复合限位开关 SQ_1、SQ_2 和接触器 KM_3、KM_4 控制,通过 M_2 的正反转实现的。左右运动的行程可调整安装在工作台两端的挡铁来控制,当工作台纵向运动到极限位置时,挡铁撞动纵向操作手柄,使它回到零位,工作台停止运动,实现纵向终端保护。

图 5-11 所示是工作台左右运动控制线路。

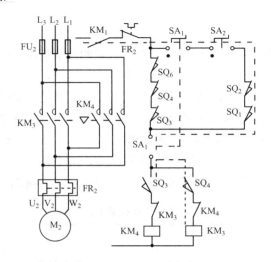

图 5-10 工作台上下前后运动控制电路

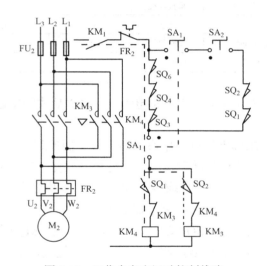

图 5-11 工作台左右运动控制线路

工作台向左运动：M_1 启动后，手柄扳向左位，使限位开关 SQ_2 动作，其常开触头闭合，常闭触头分断，接触器 KM_3 通电吸合，M_2 正转，工作台向左运动。

工作台向右运动：手柄扳向右位，限位开关 SQ_1 动作，其常开触头闭合，接触器 KM_4 通电吸合，M_2 反转，工作台向右移动。

（3）工作台的快速移动。为提高劳动生产率，在不作铣切加工时，工作台能快速移动，其控制方式多采用手动快速行程控制。工作台的快速控制由进给电动机 M_2 拖动，它在纵向、横向及垂直六个方向都可以实现快速移动控制。主轴电动机 M_1 启动后，进给操作手柄选在需要位置，工作台的速度和方向选定并做进给移动时，按下快速移动按钮 SB_6 或 SB_7，接触器 KM_6 线圈通电，其常开主触头闭合，接通牵引电磁铁 YA，通过杠杆合上摩擦离合器，减少了中间的传动，使工作台按原方向快速移动，松开 SB_6 或 SB_7，电磁铁 YA 断电，摩擦离合器断开，快速移动停止。

3．照明电路

变压器将 380V 的交流电降为安全电压，供照明用。照明电路由开关 SA_5 控制，灯泡 EL 一端接地，熔断器 FU_5 做照明电路的短路保护。

X62W 万能铣床的电气设备如表 5-5 所示。

表 5-5　X62W 万能铣床电气设备表

代　号	名称及用途	代　号	名称及用途
M_1	主轴电动机 7.5kW	SA_4	M_1 电源换相开关
M_2	工作台进给电动机 1.5kW	SA_5	照明灯转换开关
M_3	冷却泵电动机 0.125kW	SB_1	按钮，紧急停车
KM_1	接触器，控制 M_1 启动	SB_2	按钮，M_1 启动
KM_2	接触器，控制 M_1 制动	SB_3	按钮，M_1 启动
KM_3	接触器，控制 M_2 正转	SB_4	按钮，M_1 制动
KM_4	接触器，控制 M_2 反转	SB_5	按钮，M_1 制动
KM_5	接触器，控制 M_3	SB_6	按钮，工作台快速移动
KM_6	接触器，控制 YA	SB_7	按钮，工作台快速移动
TC	降压变压器（380V/36~127V）	R	电阻器，限制制动电源
SQ_1	限位开关，向右进给	FR_1	热继电器，M_1 过载保护
SQ_2	限位开关，向左进给	FR_2	热继电器，M_2 过载保护
SQ_3	限位开关，向前向下进给	FR_3	热继电器，M_3 过载保护
SQ_4	限位开关，向后向上进给	FU_1	熔断器，总短路保护
SQ_5	限位开关，进给变速冲动	FU_2	熔断器，M_2、M_3 短路保护
SQ_6	限位开关，进给变速冲动	FU_3	熔断器，变压器短路保护
SQ_7	限位开关，主轴变速冲动	FU_4	熔断器，控制电路短路保护
QS_1	电源总开关	FU_5	熔断器，照明电路短路保护
SA_1	圆工作台转换开关	KV	速度继电器，反接制动控制
SA_2	工作台自动手动转换开关	EL	照明灯（36V）
SA_3	冷却泵转换开关		

5.3.4　电气线路故障分析与维修

1．主轴停车时没有制动作用

故障原因是速度继电器 KV 常开触头不能按旋转方向正常闭合，在停车时失去制动作用。速度继电器的常见故障有推动触头的胶木摆杆断裂失去控制作用；继电器轴上圆销弯曲、磨损或弹性连接元件损坏；螺丝销钉松动或打滑；永久磁铁转子的磁性消失；动触弹簧调节得过紧，会造成反接制动电路过早被切断，制动效果不明显。通过检查，采用不同的方法排除故障。另外还需考虑主轴制动电磁离合器线圈是否烧断。

2．主轴停车后产生短时反向旋转

这类故障大多是由于速度继电器弹簧调整得过松，使触头分断太迟，导致在反接的惯性作用下，主轴电动机停止后，会出现短时反转现象。只要将触头弹簧重新调整适当，即可排除。

3. 按停止按钮后主轴不停

由于主轴电动机启动、制动频繁，造成接触器 KM_1 主触头熔焊。另外制动接触器 KM_2 的主触头中有一相接触不良，也会造成主轴不停。按下按钮后，KM_1 失电，KM_2 动作，由于 KM_2 主触头只有两相接通，电动机不会产生反向转矩，M_1 仍按原方向转动。检查方法是按下制动按钮 SB_4，KM_1 能释放，KM_2 能吸合，说明控制电路工作正常，但无法制动，可断定 KM_2 主触头有一相接触不良。

4. 工作台控制电路故障

（1）工作台不能作向上进给运动。检查接触器 KM_3 是否动作，限位开关 SQ_4 是否接通，KM_4 常闭联锁触头是否良好，热继电器是否动作过。按此顺序检查，查找故障点，若都正常，最后检查操作手柄扳动的位置是否正确，如手柄位置正确无误，则是机械磨损操纵不灵，使相应的电器元件动作不正常造成的。如发现此类故障，应与装配钳工配合修理。

（2）工作台向左向右不能进给。应先检查向前向后进给是否正常。如正常，说明进给电动机 M_2 主回路及接触器 KM_3、KM_4 及限位开关 SQ_1、SQ_2 都正常。此时应检查 KM_4 控制电路上的 SQ_3、SQ_4 和 SQ_6 三对触头，这三对触头中只要有一对接触不良或损坏，就会使工作台向左或向右不能进给。

特别提示

SQ_7 是变速冲动开关中经常因变速时手柄扳动过猛而损坏。

（3）工作台各方向都不能进给。应首先检查控制电路电压是否正常，若不正常应查找原因。若正常可扳动操作手柄至任一运动方向，观察其相应接触器是否吸合。在主回路中，常见故障有接触器主触头接触不良，电动机接线脱落等。

（4）工作台不能快速进给。常见的原因是牵引电磁铁电路不通，多数是由于线头脱落、线圈损坏或机械卡死等原因造成的。如果按下 SB_6 或 SB_7 后，牵引电磁铁吸合正常，故障大多是杠杆卡死或离合器摩擦片间隙调整不当。

5.3.5 铣床安全操作规则流程

（1）装卸工件，必须移开刀具，切削中头、手不得接近铣削面。
（2）使用旭正铣床对刀时，必须慢进或手摇进，不许快进，走刀时，不准停车。
（3）快速进退刀时注意旭正铣床手柄是否会打人。
（4）进刀不许过快，不准突然变速，旭正铣床限位挡块应调好。
（5）上下及测量工件、调整刀具、紧固变速，均必须停止旭正铣床。
（6）拆装立铣刀，工作台面应垫木板，拆平铣刀扳螺母，用力不得过猛。
（7）严禁手摸或用棉纱擦转动部位及刀具，禁止用手去托刀盘。

阅读材料

我国数控车床的发展

我国数控车床经过 30 余年的发展，形成经济型卧式数控车床（平床身卧式数控车床）、普及型数控车床（斜床身数控卧式车床和数控立式车床）和中高档数控车床（3 轴控制以上）三种形式。经济型卧式数控车床，普遍采用平床身结构和立轴四工位方刀架，约占数控车床产量 90%。普及型数控车床生产量不到数控车床产量的 10%。中高档数控车床，即车削中心和车铣复合中心，约占数控车床生产的 0.02%。

经济型数控车床，价格低廉，售价仅 10 万元人民币左右，不到普及型数控车床的 1/3，设备费用投入较少，可以广泛的满足企业发展初期的需要，特别是受到民营企业的欢迎，仍是我国当前数控车床的主流产品。普及型数控车床，即 2 轴控制的卧式数控车床（斜床身）和立式数控车床，国产产品得到了用户认可，基本可以满足用户需要。车削中心等 3 轴控制以上的中高档数控车床，国产机床市场占有率较低。

"十五"期间国产数控机床发展很快。通过技术引进和合作生产、消化吸收和自主创新，我国已掌握了数控车床设计和制造技术。从产品水平上看，我国已能自行开发设计各种中高档数控车床，国际上最热门的、水平最高的双主轴、双刀架 9 轴控制车铣复合中心，我国已有多家企业开发试制成功，有的已被国内用户选购和出口国外。国产中高档数控车床品种得到快速发展，一批国内急需，长期依赖于进口的中高档数控车床开发试制成功，如上海明精机床有限公司的 HM—024 双主轴双刀塔车削中心、沈阳数控机床有限责任公司的 HTM 系列车铣复合中心、大连机床集团有限责任公司的 CHD25 车铣复合中心、武汉重型机床集团有限公司的加工直径 $\Phi 8$ 米七轴五联动数控重型立式车铣复合中心和加工直径 $\Phi 16$ 米 CKX53160 数控立式单柱移动车铣复合中心、齐重数控装备有限公司开发了加工直径 $\Phi 16.2$ 米超重数控龙门移动立式车铣复合机床等。一批国际跨国公司在国内的合资或独资企业生产和提供国际先进水平的中高档数控车床，如大连因代克斯机床有限公司的 TNA 系列车削中心、宁夏小巨人机床有限公司的 QUICKTURN NEXUS 系列车削中心等等。

我国数控车床经过多年的发展，特别是近几年迅速的发展，与国际先进水平的差距在逐年缩小。但是，要注意到，在我国生产的数控机床中，不包括经济型数控车床，即为普及型以上的数控车床，其市场占有率是很低的，2005 年按台数计，仅为 33%、按金额计，仅为 27%。为了缩小国外数控车床的发展和我国数控车床的差距，我国机床行业正采取多种措施，积极开发已试制成功的中高档数控车床国内市场，积极开发国内汽车、航空航天、船舶、军工和高新技术行业急需的，国内又处于空白的高速高效、高精度、大功率高扭矩的数控车床新品种。

5.4 卧式镗床电气控制线路

镗床是一种孔加工的机床，主要用来加工精度、光洁度要求较高的孔和保证各孔间的距离。镗床的种类很多，按结构可分为卧式镗床、立式镗床、坐标镗床和专用镗床等。其中卧式镗床应用较多，本节以 T68 卧式镗床为例分析电气控制线路。

5.4.1 主要结构及运动形式

T68 卧式镗床主要由床身、前立柱、镗头架、工作台、后立柱、尾架、上溜板和下溜板等部分组成，其结构如图 5-12 所示。T68 卧式镗床实物图如图 5-13 所示。

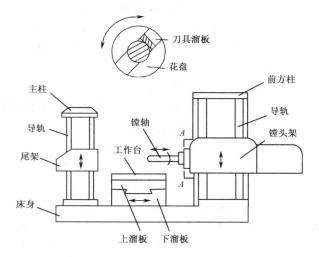

图 5-12　T68 卧式镗床结构示意图

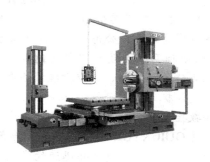

图 5-13　T68 卧式镗床实物图

T68 卧式镗床共有两台电动机，即主轴电动机 M_1 和快速移动电动机 M_2。

镗轴的旋转运动与花盘的旋转运动是卧式镗床的主运动。镗轴的轴向进给，花盘刀具溜板的径向进给，镗头架的垂直进给，工作台的横向进给与工作台的纵向进给是卧式镗床的进给运动。工作台的回转，后立柱的水平移动及尾架的垂直移动是辅助运动。

5.4.2 电气控制线路的特点

镗床的加工工艺范围广，因而调速范围大，运动多，对电气控制线路的要求是：

（1）主轴电动机为双速电动机，用以拖动机床的主运动和进给运动，接法是三角形—双星形。

（2）主轴电动机要求能正反转、正反转点动、反接制动。

（3）主轴电动机低速时可直接启动，在主轴电动机高速转动之前要保证先接通低速转动电路，经过一段延时再自动转换到高速。

（4）为保证变速后变速齿轮进入良好啮合状态，在主轴变速和进给变速时主轴电动机应能够低速断续冲动。

（5）机床各部分的快速移动由快速移动电动机 M_2 控制。

5.4.3 电气控制线路分析

T68 卧式镗床的电气控制线路如图 5-14 所示。

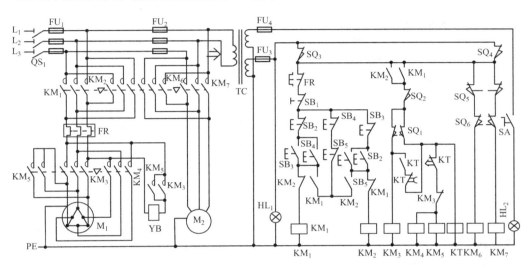

图 5-14　T68 卧式镗床电气控制线路

1．主电路

QS_1 是电源开关，FU_1 为总短路保护。主轴电动机 M_1 由接触器 KM_1 和 KM_2 的常开主触头控制其正反转，FR 是 M_1 的过载保护。主轴电动机是一台双速电动机，KM_3、KM_4 和 KM_5 做三角形—双星形变速切换。当 KM_3 常开触头闭合时，定子绕组为三角形接法，M_1 为低速；当 KM_4、KM_5 常开触头闭合时，定子绕组为双星形接法，M_1 为高速。YB 为主轴制动电磁铁。快速移动电动机 M_2，由接触器 KM_6 和 KM_7 控制其正反转，由于 M_2 为短时工作，所以不设过载保护。

2．控制电路

1）主轴的控制

主轴电动机 M_1 由接触器 KM_1、KM_2、KM_3、KM_4、KM_5、按钮 SB_1、SB_2、SB_3、SB_4、SB_5、时间继电器 KT 及限位开关 SQ_1、SQ_2 等组成。双速电动机的变速由限位开关与调速手柄联动控制。

（1）主轴电动机的正反转及点动控制。按下正转控制按钮 SB_3，其常闭触头分断，常开触头闭合联锁，接触器 KM_1 通电吸合，常开触头闭合自锁，常开主触头闭合，为 M_1 通电启动正转做准备。

按下反转按钮 SB_2，其常闭触头分断联锁，切断 KM_1 控制电路，常开触头闭合，接触器 KM_2 通电吸合，其常开辅助触头闭合自锁，常开主触头闭合，为 M_1 通电启动反转做准备。

主轴的点动控制在 M_1 低速或高速运转的前提下，由点动按钮 SB_4 或 SB_5 控制，当按下按钮时，其常闭触头先分断，切断了 KM_1 或 KM_2 的自锁回路，使 M_1 正向启动或反向启动时都不能自锁，放下按钮后，KM_1 或 KM_2 断电释放，电动机 M_1 也随即停转，将按钮按到底，其常开触头闭合，恢复通电，M_2 随即又起动实现了点动控制。

（2）低速控制

将主轴变速手柄扳在低速挡，SQ_1 不动作，常闭触头仍闭合，常开触头仍分断。按正转启动按钮 SB_3，KM_1 线圈得电。其常开自锁触头闭合自锁。常开主触头闭合为 M_1 启动作准备。常开辅助触头闭合，KM_3 线圈得电。第一，KM_3 辅助触头闭合，使 YB 线圈得电，松开制动轮。第二，KM_3 主触头闭合，主轴电动机 M_1 被接成三角形接法而低速正向运转。第三，KM_3 的常闭联锁触头分断，使 KM_4 和 KM_5 高速控制电路切断。

（3）高速控制

将主轴变速手柄扳在高速挡，将限位开关压合，SQ_1 的常闭触头断开，常开触头闭合。按正转启动按钮 SB_3，KM_1 线圈得电，其常闭触头断开，常开自锁触头闭合自锁；常开主触头闭合为 M_1 启动做准备；常开辅助触头闭合，时间继电器 KT 线圈得电，常开瞬时触头闭合，KM_3 线圈通电，M_1 被接成三角形而低速启动。经过一段延时，时间继电器 KT 的延时开启常闭触头延时分断，KM_3 线圈失电，使 KM_3 的主触头分断，M_1 切除三角形接法，同时 KM_3 常闭触头复位闭合，KT 延时闭合的常开触头延时闭合，则 KM_4、KM_5 线圈得电，制动轮保持松开状态；由于 KM_4、KM_5 的常开主触头闭合，M_1 接成双星形而高速运转，实现了低速启动而高速运转的控制过程。

反转时按 SB_2，工作过程同正转控制，在此不再分析。

（4）主轴的停止和制动

主轴的停止是按停止按钮 SB_1，切断 KM_1 或 KM_2 的控制回路，则 KM_1 或 KM_2 因断电而释放，切断了 M_1 的电源，与此同时，电动机进行机械制动。

本图采用了电磁操作的机械制动装置。图中 YB 是机械制动电磁铁线圈，不论是电动机 M_1 处在正转或反转，电磁铁线圈均通电吸合，松开电动机轴上的制动抱闸，电动机即自由启动。当按下停止按钮 SB_1 时，电动机 M_1 和制动电磁铁 YB 线圈同时断电，在弹簧的作用下，使制动抱闸紧压电动轴，进行制动，电动机很快停转。

需要说明，在有些 T68 卧式镗床中还采用了速度继电器 KV 的反接制动控制方式。

2）变速冲动

主轴变速和进给变速是通过变速操纵盘实现的。当主轴在工作过程中，欲要变速，不用按停止按钮，就可以直接进行变速。主轴变速时，将主轴变速操作盘的操作手柄拉出，这时与变速手柄有机械联系的限位开关 SQ_2 被压切断，接触器 KM_3、KM_4、KM_5 断电，使主轴电动机停车。这时转动变速操纵盘，选好速度后，推回调速手柄，SQ_2 自动恢复到原状态，电动机 M_1 便自行启动工作。

进给变速时的操作和控制与主轴变速时的操作和控制相同，只是在进给变速时，拉出的操作手柄是进给变速操作手柄，限位开关 SQ_2 被压而断开，电动机停车。在进给速度选好后，将变速手柄推回，SQ_2 恢复原状态，KM_3、KM_4，KM_5 得电而使电动机自动工作。

当变速手柄推不上时，可来回推动，使手柄轴通过弹簧装置作用于限位开关 SQ_2 使主轴电动机产生冲动，带动齿轮组冲动，以利齿轮顺利啮合。

3）快速移动电动机 M_2 的控制

为了缩短辅助时间，提高工作效率，机床各部分的快速移动单独采用电动机 M_2 拖动，通过不同的齿轮、齿条、丝杆的不同连接来实现各运动方向的快速移动。各部件的快速移动由快速移动手柄操纵，压下 SQ_5 或 SQ_6，使快速移动接触器 KM_6 或 KM_7 通电动作，快速移动电动机 M_2 实现正向或反向的快速移动。

4）机械和电气的联锁保护

为了防止在工作台和主轴箱自动进给时又将主轴和转盘刀架扳到自动进给的误操作，采用了与工作台和主轴箱进给操作手柄有机械联锁的限位开关 SQ_4。当操作手柄处于"进给"的位置时，联锁限位开关 SQ_4 的常闭触头是断开的。限位开关 SQ_3 也有一个机械结构与主轴及转盘刀架进给操作手柄相连，同样当操作手柄处于"进给"位置时，SQ_3 的常闭触头也是断开的。当这两个手柄的任一个处在"进给"位置时，电动机 M_1 和 M_2 都可以启动。但是当工作台或主轴箱在工作进给时，再将主轴或转盘刀架扳在工作进给位置时，主轴电动机 M_1 将自动停止，快速移动电动机 M_2 也无法启动，从而达到联锁保护。

T68 卧式镗床电气设备表如表 5-6 所示。

表 5-6　T68 卧式镗床电气设备

代　号	名称及用途	代　号	名称及用途
M_1	主轴电动机　5.5/7.5kW 1460/2880r/min	SQ_1	限位开关，M_1 变速控制
M_2	快速移动电动机　2.5kW 1460r/min	SQ_2	限位开关，变速联锁
KM_1	接触器，M_1 正转控制	SQ_3	限位开关，主轴与平旋盘联锁
KM_2	接触器，M_1 反转控制	SQ_4	限位开关，工作台与主轴箱联锁
KM_3	接触器，M_1 低速控制	SQ_5	限位开关，快速移动正转控制
KM_4	接触器，M_1 高速控制	SQ_6	限位开关，快速移动反转控制
KM_5	接触器，M_1 正转控制	TC	降压变压器
KM_6	接触器，M_2 正转控制	FR	热继电器，M_1 过载保护
KM_7	接触器，M_2 反转控制	FU_1	熔断器，总短路保护
KT	时间继电器，M_1 变速延时	FU_2	熔断器，M_2 短路保护
YB	制动电磁铁，主轴制动	FU_3	熔断器，指示电路短路保护
SB_1	按钮，停止	FU_4	熔断器，控制电路短路保护
SB_2	按钮，M_1 反转启动	HL	电源指示灯
SB_3	按钮，M_1 正转启动	EL	照明灯
SB_4	按钮，M_1 正转点动	QS_1	电源总开关
SB_5	按钮，M_2 反转点动		

5.4.4　常见故障及排除方法

T68 卧式镗床采用继电器——接触器控制，常见故障的判断及排除和车、铣、磨床大致相同，不再分析。但由于镗床的机械—电气联锁较多，又采用了双速电动机，在运行中会出现一些特有的故障。

1. 主轴电动机不能低速启动或仅能单方向低速运动

出现该故障应从镗床的保护电路、主轴正反转控制电路、制动装置及变速操纵盘去检查。熔断器 FU_1 或 FU_2 或 FU_3 熔断、热继电器 FR 动作后未复位，停止按钮 SQ_1 触头接触不良等原因均能造成主轴电动机不能启动。变速操纵盘未置于低速位置，即 SQ_1 常闭触头未闭合；变速联动手柄拉出未推回，使 SB_2 常闭触头断开；机械电气联锁保护操作手柄误置于"进给"位置，使 SQ_3 常闭触头断开；机械电气联锁保护操作手柄误置于"进给"位置，使 SQ_3 常闭触头断开；或者各手柄位置正确，但所压合的 SQ_1、SQ_2、SQ_3 中有个别触头接触不良，以及 KM_1、KM_2 常开辅助触头闭合时接触不良，都能使 KM_3 线圈不能通电，造成主轴电动机不能低速启动。另外主电路中有一相熔断，KM_3 主触头接通不良或者制动电磁铁出现故障而不能松闸等，也会造成主轴电动机不能低速启动。

主轴电动机仅一个方向能低速启动，通常是由于控制正反转的 SB_2 或 SB_3 及 KM_1 或 KM_2 的主触头接触不良，或线圈断线、连接导线松脱等造成的。

2. 主轴能低速启动，但不能高速运转

该故障产生的主要原因是由于时间继电器 KT 和限位开关 SQ_1 的故障，造成主轴电动机不能切换到高速运转。时间继电器线圈开路、推动装置偏移、胶木推杆被卡阻或推杆断裂损坏而不能推动开关，致使常闭触头不能延时断开，常开触头不能延时闭合；变速操作盘置于"高速"位置，虽压合开关 SQ_1，但触头接触不良都会造成 KM_4、KM_5 不能通电吸合，使电动机不能从低速挡自动转换到高速挡运转。

3. 进给部件不能快速移动

快速移动是由 M_2 及接触器 KM_6、KM_7 和限位开关 SQ_5、SQ_6 实现的。当出现不能快速移动的故障时，应该首先检查限位开关的触头是否接触良好，KM_6、KM_7 的主触头接触是否良好，另外还需检查机械机构是否正常。

5.4.5 钻床安全操作规则流程

（1）工作前必须全面检查各部操作机构是否正常，将摇臂导轨用细棉纱擦拭干净并按润滑油牌号注油。

（2）摇臂和主轴箱各部锁紧后，方能进行操作。

（3）摇臂回转范围内不得有障碍物。

（4）开钻前，钻床的工作台、工件、夹具、刃具，必须找正，紧固。

（5）正确选用主轴转速、进刀量，不得超载使用。

（6）超出工作台进行钻孔，工件必须平稳。

（7）机床在运转及自动进刀时，不许变紧固换速度，若变速只能待主轴完全停止，才能进行。

（8）装卸刃具及测量工件，必须在停机中进行，不许直接用手拿工件钻削，不得戴手套操作。

（9）工作中发现有不正常的响声，必须立即停车检查排除故障。

阅读材料

我国机床知名生产厂家和典型产品

1. 北京第一机床厂

从 1960 年北京第一机床厂试制 X212 龙门铣床以来,至今已有四十多年的历史,尤其是 1984 年至今的 27 年间,其在引进世界上生产数控龙门镗铣床著名厂家德国瓦德里希科堡公司的先进技术及合作生产的基础上,通过消化吸收和科研攻关,不但成功地合作生产了 8 台重型和超重型龙门加工中心和数控龙门镗铣床,而且掌握了其中的关键核心技术,实现了技术创新和技术进步。到目前为止,北京第一机床厂制定了全系列龙门产品的发展规划,并根据市场需求按产品模块化设计原则开发出动梁、定梁、工作台移动式、龙门移动式,规格范围在工作台宽度 1000~5000mm,工作台长度 2000~28000mm 的轻型、中型、重型、超重型产品,已累计销售达 120 台,其中,重型和超重型产品 50 多台。近二年,北京第一机床厂为兵器工业提供了一批重型加工设备,开发了 XHA2140×120 动梁龙门加工中心和 XKA2140×80 数控龙门镗铣床。其中 XHA2140×120 是目前国内自行开发制造的规格最大的动龙门加工中心。其主要技术指标:工作台尺寸 4000mm×12000mm,主功率 60/84kW,刀库容量 60 把。这两种产品不但采用了早已成熟的多项先进的关键技术,例如,多功能宽调速大功率滑枕式镗铣头;静压蜗杆——涂层成型蜗母条传动技术;动平衡检测和补偿技术;刀具倾角自动调整机构等十几项,而且还攻克了动梁升降同步驱动检测调整技术;机械手立、卧双向换刀技术;多功能附件铣头自动装卸等多项新技术,尤其是机床标准采用高于国际标准的德国科堡企业标准,从而使这两种产品达到当代国际先进水平。

2. 济南二机床集团有限公司

从 1992 年开始,引进著名机床制造商法国福斯特里纳公司的先进技术,进行长期合作生产以来,开发了工作台移动式、龙门架移动式、定梁、动梁等多种形式的数控龙门镗铣床和龙门加工中心。2002 年在上海举办的第二届中国数控机床展览会上,济南二机床集团有限公司首次推出 XHV2720×60 定梁龙门移动式五轴联动龙门加工中心,至今已能小批量生产供应市场。2005 年生产的 XHV2420 五轴联动定梁龙门加工中心,采用铣头油雾润滑冷却、横梁预应力反变形控制等关键技术。并利用谐波减速传动机构,自行开发了 B、C 轴双回转摆角铣头,实现五轴联动功能。双摆角头主电机功率 20kW,电主轴转速 12000r/min,B 轴回转角度±110°,C 轴回转角度±200°。为了确保机床的传动精度,X、Y、Z 三轴采用精密光栅尺控制,B、C 轴采用高精度角度编码器控制,从而实现全闭环控制。目前,济南二机床集团有限公司生产的五轴联动龙门加工中心和数控龙门镗铣床,已经被水泵业、轨道客车等用户所认可。

3. 沈阳机床(集团)有限责任公司

多年来,一直以生产钻镗床著称的沈阳机床(集团)公司旗下的中捷机床有限公司、中捷摇臂钻床厂,近年来,通过引进国外龙门五面加工制造技术,消化、吸收,大力开发适合我国国情的龙门五面数控加工机床,在 CIMT2005 和 CCMT2006 机床展览会上,都推出多台五轴联动和五面加工龙门加工中心和数控龙门镗铣床。2005年沈阳机床（集团）公司，一年就生产各种规格的龙门加工中心和数控龙门镗铣床135台，是历史性的突破。为推动我国龙门产品产业化发展，做出了较大贡献。在2006年中国数控机床展览会上，沈阳机床集团的中捷机床有限公司，展出GMC2580u桥式龙门五轴镗铣加工中心，配置意大利菲迪亚双摆角铣头，实现五轴联动功能。该机床工作台尺寸2500mm×8000mm，主轴转速240～24000r/min，主电机功率42/55kW，主轴头B轴转角+95°～110°，C轴转角±200°。机床采用高架式横梁移动布局形式，主轴转速高，功率大，是航空航天工业的钛合金框架零件和大型壁板模具加工的理想设备。在同一展会上，沈阳机床集团的沈阳第一机床厂和并购的德国希斯公司联合生产制造的GTM320140龙门移动式车铣加工中心，产品配置复合旋转工作台和水平移动龙门，工作台最大加工直径3200mm，工作台转速车/铣0～180/0～4r/min，工作台及X/Z轴均采用静压导轨，机床为内镶滑枕结构，镗铣滑枕截面280mm×240mm，并采用双主轴电机驱动，镗铣主轴电机52KW，镗铣主轴转速（1挡/2挡）520/3150r/min。该产品实现车铣复合加工功能，也反映了国产龙门加工中心和数控龙门镗铣床开始向复合化功能发展。

4. 桂林机床股份有限公司

多年来，通过与北京航空航天大学、华中科技大学、清华大学等国内名校进行卓有成效的产学研合作和请国外专家讲课等协作形式，开发出具有自主知识产权的自动万能铣头，并利用自动万能铣头，成功开发了五轴联动数控龙门铣床。自2001年在第七届中国国际机床展览会上，展出采用华中数控系统的国内首台具有自主知识产权的五轴联动数控龙门铣床以来，已开发多台五轴联动产品。在今年上海中国数控机床展览会上，又推出XK2320/4-5X五轴联动数控龙门铣床一台，该产品工作台尺寸2000mm×4000mm，自动万能铣头主电机功率28kW，主轴转速10000r/min，B轴转角±100°，C轴转角±370°，机床横向导轨采用获国家专利的双错位滚动与滑动复合导轨。

5. 宁波海天精工机械有限公司

隶属于宁波海天集团公司的宁波海天精工机械有限公司，是机床行业的新兵，但是起点较高，通过引进国外先进技术，目前主要生产龙门加工中心、卧式加工中心，落地镗铣床和数控车床四大系列产品。2005年仅生产工作台宽度630～1500mm四种规格的龙门加工中心多达150台，已形成产业化。2005年在第九届中国国际机床展览会上，该公司第一次参展并推出HTM－850G龙门加工中心，该产品工作台尺寸850mm×1500mm，主轴最高转速6000r/min，主电机功率11/15kW，机床采用全防护，布局结构紧凑，外观造型较合理，适于中小件和有色金属件的模具加工。该类机床性价比较高，所以受到模具行业用户的欢迎。到2008年，海天精工亦能生产门宽4～5m动梁动柱重型数控龙门镗铣床，长度达到18m。一台3.5m门宽，3m×12m工作台的动梁定柱龙门加工中心已经交付大连橡塑集团使用，各项精度指标均达到国内一流水平，受到用户的好评。

5.5 机床电气控制线路的安装与维修

在熟悉了机床电气控制线路的原理之后，根据不同机床对电气控制线路的不同要求，依

5.5.1 机床对电气控制线路的基本要求

（1）不同的机床对电气控制线路有不同的要求，因此机床的电气控制线路既有共性的要求，又有不同机床的特殊要求，在分析电气控制线路时，必须搞清楚这些特殊要求是如何实现的。

（2）要有各种保护措施。不同的机床，对于保护有不同的要求，如短路保护、过载保护、欠压保护、欠流保护、限位保护等。

（3）成本要低。所使用的电器元件要尽量少，容量选择要适当，导线截面积不要过大，布线要经济合理。

（4）使用维修方便。平时好用，坏了好修。

5.5.2 机床电气控制线路的安装步骤

（1）开箱后，按照箱内电气设备明细表检查各电气设备的数量和质量以及电气元件是否有短缺；规格是否符合明细表要求；外观检查有无损伤；检查元器件的所有触头是否光滑，接触面是否良好，操作机构和复位机构是否灵活，绝缘电阻是否符合要求等。

（2）对机床电路进行分析。分析方法和步骤是：

① 首先从原理图入手，在主电路中找出该机床共有几台电动机和其他设备，以及它们分别受哪些接触器控制的。分析每台电动机的启动方法，有无反转、调速、联锁和制动等。

② 由主电路每台电动机或其他设备的接触器主触头的文字符号，在控制线路中找出相对应的线圈。

③ 把控制线路中每个接触器线圈小回路中所串并联的元件如接触器、继电器的触头以及按钮、转换开关、限位开关的接触头都找出来，分析相互间的关系，弄清动作顺序，什么情况下动作，什么情况下不动作。

④ 分析机床电路中的保护装置及照明、指示信号电路等，在什么情况下起作用，通过哪些元件起作用。

（3）根据电动机额定功率的大小，选配主电路连接导线的规格。

（4）根据电动机控制电路小回路数选配导线，一般每一个控制小回路选配一种颜色的导线，便于安装、识别和检查。

（5）安装电源开关，安装后取出熔丝，待用。

（6）安装电气控制箱。

① 按照原理图编号顺序，将接触器排列成一行或两行，置于箱内的一侧。如果接触器数量很多，也可以排列成几行，并将相应的热继电器安装在该接触器的下方。把照明、指示信号的电路、熔断器安装在另一侧，并作好与原理图上相同的字母标记。为了便于接线和日后维修，控制箱内所有的进线和出线都要通过接线板连接。接线板的节数应根据进出电气控制导线根数和导线流过的电流进行选配和组装。接线板上也要根据连接导线的号码进行编号。

② 根据编号连接各电气元件。连接线所有的转折处要弯成直角，所有走线不应交叉，

应平整地贴在箱底。

③ 按照主电路进线和出线的顺序，依次从接线板的右端至左端或从上至下，将进出线端接在接线板上，其他出线安排在另一侧。

④ 临时安装限位开关、按钮，并与控制箱中相对应的点连接，接通控制电路电源，经通电试验，观察接触器的吸合情况，是否符合原理图的要求。

⑤ 按照安装图的要求，在机床上安装电动机和其他控制电器及信号指示、照明装置等。

⑥ 安装接地保护线，测试绝缘电阻。

⑦ 接通电源，观察电动机的转向是否正确，如正确，安装好传动装置。

⑧ 调整好时间继电器的延时时间和热继电器的整定电流。

⑨ 进行机床不带负荷试车。检查机床电气线路是否符合机床操作要求，有限位控制的要检查其限位功能。指示、信号及照明电路是否完好，转速是否符合要求。

5.5.3 机床电气控制线路的试车

机床电气控制线路按照要求全部安装完毕后，必须经过试车与调整后，才能投入生产。但必须注意，在试车与调整时，各电器元件参数一般不要变动。需要调整的根据情况作个别调整。试车前必须熟悉电气设备和机床电气系统的性能，掌握试车顺序，严格按安全操作规程进行。试车前作好以下几项准备工作：

（1）准备好试车调整用的仪表，如转速表、兆欧表、万用表、交流电流表等。

（2）先进行电气设备的外部检查，如电动机有无卡死现象，所有电器元件触头的接触是否良好，外部接线是否正确，内部电路及电动机磁场电路有无松脱现象等。

（3）检查电动机和电器元件及控制电路的绝缘电阻是否符合规定。

（4）逐次检查电器动作是否符合电气原理图的要求。

（5）凡有夹紧、升降等试验要谨慎小心，一定要与装配钳工配合好，检查合格后，才能进行试验。有联锁装置的电路，要试验联锁是否符合原理图的要求。

5.5.4 机床电气控制线路的维护

为保证机床电气设备的安全运行，必须坚持经常性的维护保养。对机床电气设备的维护一般包括电动机、电器控制箱和限位开关等。

1．电动机部分

检查轴承中有无润滑油，滚珠或滚珠轴承是否发出响声，电动机有无异常响声，传动机构是否正常运行，电动机有无过热现象；检查电动机的转速，绕线式异步电动机的滑环上有无火花，直流电动机的换向器上有无火花等。擦试清扫电动机外表，按照不同车间的要求定期维护。

2．电器控制箱部分

擦试控制箱内外积尘，检查各连接点的导线是否松脱，清除各动静触头上的电弧痕迹，接触器和继电器的线圈是否过热。电路接点接触不良是机床电气故障常见原因之一，日常维护中应特别注意接触器、继电器、接线端子接点的维护。

3．限位开关

检查限位开关进线孔是否堵塞，试验限位开关能否起限位保护作用。

另外，在维护中，还应检查各类信号指示装置和照明装置是否良好，接地线是否完好。

5.5.5 机床电气控制线路故障分析和维修

机床在运行中一旦发生故障，应立即切断电源，停车进行检修。一般的检查和分析方法如下。

1．了解

向机床操作者了解故障的详细情况和具体的故障现象。

2．分析

根据故障现象，从原理图上分析故障的原因，可能发生在电路的哪一部分。

3．检查

根据分析，属于电动机或用电设备的故障，应检查电动机或用电设备。属于控制线路的，应首先进行一般的外观检查，检查控制线路的各电气元件，如开关、熔断器、接触器、继电器、电容、电阻等有无破裂、变色、烧痕、接线头脱落等。同时用万用表检查线路有无断线、线圈是否烧毁、触头是否熔焊。

外观检查找不到故障时，将电动机从电路中切除，对控制电路逐步检查，进行通电吸合试验，观察机床电气各电器元件是否按要求顺序动作，发现哪部分有问题，就在哪部分找，缩小故障点范围，直至全部故障排除为止。

有些电器元件的动作是由机械或液压推动的，应会同机修人员进行检查处理。

排除故障后，要注意总结经验，积累资料，做好维修记录。

知识小结

本章讲述了几种常用机床的电气控制线路和故障分析。由于各类机床型号不止一种，即使同一种型号，制造厂家不同，其控制线路也有差别。通过典型机床控制电路的学习，要求抓住各类机床的特点，学会分析机床电气原理图和常见故障的方法，并能举一反三。

CW6163B 型万能卧式车床的电气控制线路较简单，主要分析了启动和停止的控制。

Z35 摇臂钻床主要分析了十字开关的控制以及摇臂升降电动机的控制过程。

X62W 万能铣床主要分析了工作台的上下左右前后六个方向的工作过程的控制。

T68 卧式镗床主要介绍了主轴的启动与点动、低速与高速、停止与制动、变速冲动以及快速移动等控制过程。

本章分析了各种机床的常见故障，最后介绍了一般机床电气设备的安装、日常维护及维修方法。

习 题

5.1 分析机床电气控制系统时要注意哪些问题？

5.2 CW6163B 型卧式车床电路中，如果接触器主触点中有一个触点接触不良，将产生什么现象？如何解决？

5.3 分析 CW6163B 型卧式车床主电动机不能停转的原因主要有哪些？

5.4 Z35 摇臂钻床有哪几个坐标方向的运动？如何来实现？

5.5 在 Z35 摇臂钻床控制电路中

（1）零压继电器的功能是什么？

（2）限位开关 SQ_1、SQ_2 各起什么作用？

（3）升降运动和主轴旋转不能同时进行，靠什么来实现的？

5.6 某工厂在检修 Z35 摇臂钻床时，经试车发现，当十字开关扳向摇臂下降时，M_3 启动，于是摇臂往上升方向移动，立即把十字开关扳回中间位置，但摇臂仍上升，撞向终端开关，摇臂仍停不下来。此时应如何处理？并分析故障原因。

5.7 在 X62W 万能铣床中：

（1）工作台能实现哪几个方面的进给运动？

（2）主轴的变速冲动是如何实现的？

（3）工作台是怎样实现快速进给的？

（4）分析电路中的联锁电路的作用。

5.8 X62W 万能铣床的主轴正反转都正常，但停车时按下停止按钮，主轴不能停车。试分析故障原因。

5.9 T68 镗床控制电路中，时间继电器 KT 有何作用？其延时长短有何影响？

5.10 在 T68 镗床控制电路中：

（1）双速电动机高低速是如何接法？

（2）分析主轴的变速操作过程。

（3）位置开关 SQ_2 的作用是什么？

5.11 T68 镗床低速能启动而高速不能启动的原因是什么？

实训一 组合开关的拆装与维修

1. 实训目的

（1）熟悉组合开关的内部结构。

（2）掌握组合开关常见故障的检修。

2. 实训器材

（1）组合开关（HZ10-10/3 型）一只；

（2）万用表一块；

(3) 平口螺丝刀、十字花螺丝刀各一把；
(4) 0 号砂布（或砂纸）一张。

3．实训步骤

(1) 松去手柄紧固螺钉，取下手柄。
(2) 松去支架上的紧固螺母，取下顶盖、转轴、弹簧和凸轮等操纵机构。
(3) 抽出绝缘杆，取下绝缘垫板上盖。
(4) 拆卸三对动、静触头。
(5) 检查触头有无烧毛，如有烧毛，应用 0 号砂布或砂纸进行修整，更换损坏的触头。
(6) 检查转轴弹簧是否松脱，检查消弧垫是否严重磨损，根据情况调换新的。
(7) 装配组合开关按拆卸的逆顺序进行。
(8) 装配时，应注意活动触头和固定触头的相互位置是否正确及叠片连接是否紧密。
(9) 已修复和装配好的组合开关，进行 10 次通断的试运行，如不合格应重新装配。

4．实训思考

(1) 组合开关中开关的分断和闭合的速度与手柄旋转速度是否有关？为什么？
(2) 合开关的转轴弹簧松脱或断裂，会产生什么后果？

5．效果评价

项目内容	配 分	评分标准	扣 分	得 分
拆卸与装配	20 分	损坏零件，每只扣 20 分		
装配与修理质量	80 分	1.手柄转动不灵活扣 40 分 2.通断实验（万用表检查） 每次接触不良扣 60 分		
文明生产		每违反一次扣 5 分		
工时	120 分钟	每超过 5 分钟扣 5 分		
开始时间		结束时间	实际工时	
评分				

实训二　交流接触器的拆装与维修

1．实训目的

(1) 熟悉交流接触器的内部结构。
(2) 掌握交流接触器的常见故障的检修。

2．实训器材

(1) 流接触器（CJ0-20 型）一只；
(2) 用表一只；
(3) 尖嘴钳一把；

（4）平口螺丝刀与十字花螺丝刀各一把；

（5）小锉刀一把。

3．实训步骤

（1）松去灭弧罩上的固定螺钉，取下并检查灭弧罩有无炭化现象。如有，用锉刀或小刀刮掉，并将灭弧罩内吹刷干净。

（2）用尖嘴钳取下三副主触头的触头压力弹簧和三个主触头的动触头，检查触头磨损状况，决定是否需要修整或调换触头。

（3）松去底盖上的紧固螺钉，取下盖板。

（4）取出静铁心，铁皮支架和缓冲弹簧，用尖嘴钳拔出线圈与连接桩头之间的连接线。

（5）从静铁心上取出线圈，反作用力弹簧，动铁心和胶木支架。

（6）检查动静铁心接合处是否紧密，决定是否修整；检查短路环是否完好。

（7）维修完毕，将各零部件揩擦干净。

（8）装配按拆卸的相反顺序进行。

（9）装配后，进行 10 次通断试运行，检查主、辅触头的接触电阻。

4．注意事项

（1）拆卸时，要备盛放零部件的容器，以免零件失落。

（2）拆卸弹簧时要防止其崩出。

（3）拆装过程中，不允许硬撬。

（4）拆装灭弧罩时，应避免碰撞。

（5）注意安全操作。

5．实训思考

（1）交流接触器的铁心上装有一短路铜环，它有什么作用？

（2）交流接触器灭弧方式及灭弧原理？

6．效果评价

项目内容	配 分	评 分 标 准	扣 分	得 分
拆卸与装配	20 分	损坏或失落零件，每只扣 20 分		
装配与修理质量	80 分	1. 吸合有噪声扣 40 分。 2. 吸合时动铁心被卡住扣 60 分。 3. 通断实验（万用表查）接触不良每次扣 60 分		
文明生产		每违反一次扣 5 分		
工时	200 分钟	每超过 10 分钟扣 10 分		
开始时间		结束时间	实际工时	
评分				

实训三　三相异步电动机的直接启动和点动控制

1．实训目的

（1）通过对三相异步电动机点动和自锁控制线路的实际安装接线，掌握把电气原理图变换成安装接线图的知识。

（2）通过实验进一步加深理解点动控制和自锁控制的特点。

2．实训器材

（1）小容量三相异步电动机一台，U_N=380V（Y100L_{2-4}，4极，3kW）；

（2）三相电源开关（QS），HZ1-25/3，25A，一只；

（3）熔断器（FU_1），RL160/20，20A，三只；

（4）熔断器（FU_2），RCIA-5，5A，两只；

（5）启动按钮（SB_1），LA_2，一只；

（6）停止按钮（SB_2），LA_2，一只；

（7）交流接触器（KM），CJO-10，一只；

（8）热继电器（FR）JR10-10，一只；

（9）线底板一只；

（10）导线若干。

3．实训步骤

（1）按实验图1所示的带有自锁正向启动的线路，进行安装接线。

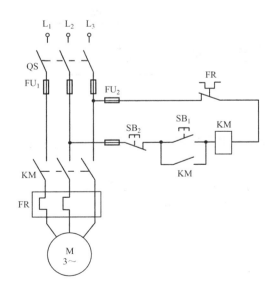

实验图1

注意：接线柱上的压紧螺钉要拧紧，选配导线要根据电动机的额定电流选择，电动机外壳上要安装接地线,测量绝缘电阻合格后通电运行,操作时应注意安全。

(2) 经指导教师检查无误后,通电试验。

① 合上电源开关 QS。

② 按动启动按钮 SB_1,电动机应启动,松开后电动机应继续转动。

③ 按钮 SB_2,电动机应停转。

④ 切断电源(打开 QS),在与 SB_1 并联的辅助触头(自锁触头)上插入小纸片,重新按动启动按钮 SB_1,电动机应点动运行。

4. 实训思考

(1) 画出插入小纸片以后的等效控制线路图。

(2) 试比较点动控制线路与自锁控制线路,结构上的主要区别是什么?功能上的主要区别是什么?

(3) 在自锁正转启动线路中,如何使电动机只能点动运行,试分析故障。

(4) 如自锁正转启动线路中,空载操作试验正常,但带负荷试车时,按 SB_1 发现电动机嗡嗡响不能启动,分析故障原因。

5. 效果评价

项目内容	配 分	评 分 标 准	扣 分	得 分
布线	20 分	不平整或交叉每处扣 10 分		
接线正确	50 分	接线错误每处扣 40 分		
安装质量	30 分	螺丝未拧紧每只扣 20 分		
文明生产		每违反一次扣 10 分		
工时	120 分钟	每超过 5 分钟扣 10 分		
开始时间		结束时间	实际工时	评分

实训四 三相异步电动机的正反转控制

1. 实训目的

(1) 通过对三相异步电动机正反转控制线路的安装,掌握由电路原理图接成实际操作电路的方法。

(2) 掌握三相异步电动机正反转的原理和方法。

(3) 掌握双重联锁的正反转控制线路接线特点。

2. 实训器材

(1) 三相异步电动机(M)(Y100L2-4,4 极 3kW/380V),一台;

(2) 电源开关(QS):HZ1-25/3,25A,一只;

(3) 熔断器(FU_1):RL1-60/20,20A,三只;

(4) 熔断器(FU_2)RCIA-5,5A,两只;

(5) 启动按钮（SB_1、SB_2）LA_2，两只；
(6) 停止按钮（SB_3）LA_2，一只；
(7) 正转交流接触器（KM_1）CJO-10，一只；
(8) 反转交流接触器（KM_2）CJO-10，一只；
(9) 热继电器（FR）JR10-10，一只；
(10) 导线若干。

3．实训步骤

(1) 按元件明细表配齐并检查元件，根据电动机额定电流选配导线。

(2) 按照实验图 2 接线。

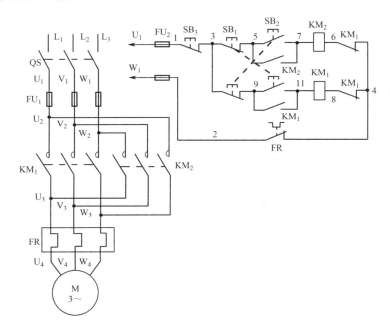

实验图 2

(3) 测验绝缘电阻，请指导老师检查后通电运行。

① 合上电源开关 QS。

② 按下按钮 SB_1，观察并记录。

③ 将 SB_2 按下一半（即不按到底），观察记录。

④ 将 SB_2 按到底，观察并记录。

⑤ 将 SB_1 按下一半，观察并记录。

⑥ 将 SB_1 按到底，观察并记录。

按下 SB_3 停转，断开电源 QS，用导线将 KM_1、KM_2 两个联锁触头短接。然后重新合上 QS，继续下列实验。

⑦ 按下 SB_1，观察记录。

⑧ 按下 SB_2，观察记录。

⑨ 同时按下 SB_1、SB_2 观察并记录。

实验记录

内容 步骤	电机 转向	KM_1自 锁触头	KM_1联 锁触头	KM_2自 锁触头	KM_2联 锁触头	SB_1常 开触头	SB_1常 闭触头	SB_2常 开触头	SB_2常 闭触头	备注
（1）										
（2）										
（3）										
（4）										
（5）										
（6）										
（7）										
（8）										
（9）										

4．实训思考

（1）接触器常开辅助触头的功能是什么？

（2）接触器常闭辅助触头的功能是什么？

（3）将联锁触头短接后，还有联锁作用吗？哪个元件起联锁作用？

5．效果评价

项目内容	配 分	评分标准	扣 分	得 分
布线	20分	布线不平整或交叉，每处扣10分		
接线正确	50分	接线错误扣40分		
安装质量	30分	1. 螺丝未拧紧，每只扣20分。 2. 安装时损坏、损伤导线或元件每只扣30分。		
文明生产		每违反一次扣10分		
开始时间		结束时间	实际工时	评分

注：每项最高分不超过该项配分

实训五　三相异步电动机的 Y-△降压启动控制

1．实训目的

（1）通过对三相异步电动机 Y-△降压启动控制线路的安装，进一步掌握电路的原理及各元器件的作用。

（2）进一步熟悉由原理电路图到实际接线的方法。提高实际接线、操作的能力。

（3）学会查找、检查、判断故障的方法。

2. 实训器材

(1) 三相异步电动机（Y100L2-4，4极，3kW380V），一台；
(2) 电源开关（HZ1-25/3，25A），一只；
(3) 熔断器（RL1-60/20，20A），三只；
(4) 熔断器（RL1-15/6，6A），两只；
(5) SB_1 启动按钮 LA_2，一只；
(6) SB_2 停止按钮 LA_2，一只；
(7) KM 接触器 CJO-10，一只；
(8) KM_Y 接触器 CJO-10，一只；
(9) $KM_\triangle$ 接触器 CJO-10，一只；
(10) KT 时间继电器 JSF4A，一只；
(11) FR 热继电器 JR10-10，一只；
(12) 导线若干。

3. 实训步骤

(1) 按元件明细表配齐元件，并检查各元件。
(2) 按照实验图3接线。
(3) 测量绝缘电阻后，在指导老师检查后通电运行。
① 合上 QS。
② 按下 SB_1 按钮，仔细观察电动机的运行情况，细心听继电器的工作情况。
(4) 接好线后测量并记录。
① 用万用表 $R\times1\Omega$ 挡测量 L_1、L_2 两端，合上 QS，切断 FU_2，按下 KM 和 KM_Y 的触头架，记录测量结果，说明现象原因。
② 用万用表测 L_2、L_3 两端，合上 QS，切断 FU_2，按下 KM，$KM_\triangle$ 的触头架，记录测量结果，说明现象原因。
③ 切断 FU_1，用万用表测量 L_1、L_3 端，合上 QS，按下 SB_1，记录测量结果。
④ 切断 FU_1，用万用表测量 L_1、L_3 端，合上 QS，按下 KM 触头架，记录测量结果。

测量记录

	测 量 结 果	原 因 分 析
(1)		
(2)		
(3)		
(4)		

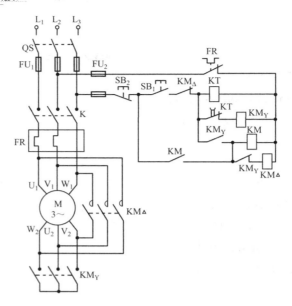

实验图3

4．实训思考

（1）试说明如何测量 KY_Y、$KM_\triangle$ 的联锁功能。

（2）如果时间继电器通电后不能延时动作，将会有何现象？如何处理？

5．效果评价

项目内容	配　分	评 分 标 准	扣　　分	得　　分
布线	30分	布线不平整或交叉每处扣5分		
安装质量	30分	1．螺丝未拧紧，每只扣5分 2．导线绝缘受损或损坏元件，每只扣5分		
接线正确	30分	有一处不正确扣30分		
测量正确	10分	方法不正确扣5分，测量结果不正确扣5分		
文明生产		每违反一次扣10分		
工时	180分钟	每超过10分钟扣10分		
开始时间		结束时间　　　实际工时　　　评分		

实训六　三相异步电动机的反接制动控制

1．实训目的

（1）进一步了解反接制动的原理。

（2）掌握速度继电器的安装调速方法。

（3）通过实际安装接线，进一步掌握反接制动控制线路的组成，学会查找，排除故障的方法。

2．实训器材

（1）电动机（MY90S-2，2 极，1.5kW，380V），一台；

（2）三相电源开关（QS）（HZ1-25/3，25A），一只；

（3）熔断器（FU）（RL1-60/20，20A），三只；

（4）熔断器（FU_2）（RCIA-5，5A），两只；

（5）启动按钮（SB_1）LA_2，一只；

（6）复合按钮（SB_2）LA_2，一只；

（7）交流接触器（KM_1，KM_2）CJ0-10，两只；

（8）热继电器（FR）JR10-10，一只；

（9）速度继电器（KA）JY_1，100～600r/min，一只；

（10）导线若干。

3．实训步骤

（1）备齐各元件并逐个检查。

（2）计算限流电阻 R 值。

（3）调整速度继电器使之在 150r/min 时动作。

（4）按实验图 4 连接线路，布线要规整、美观、接线处要可靠。

（5）接线后，通电之前先用万用表测试。

① 用万用表测试 L_1 和 L_2 两端.合上电源开关 QS，切除 FU_1，按下 KM_2 触头架，记录测量结果，说明原理。

② 检查反接制控制、检查方法自述，并记录结果。

③ 检查主电路接线是否正确，检查方法自定，并记录。

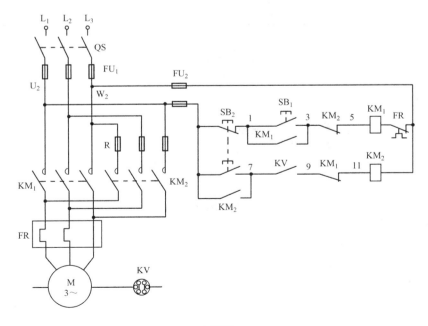

实验图 4

测 量 记 录

步 骤	测量数据及现象	原因分析
（1）		
（2）		
（3）		
限流电阻 R		

（6）上述测量完毕，测电动机的绝缘电阻，在指导老师检查后，再通电试车。

4．实训思考

（1）电动机启动正常、按下反接制动按钮后电动机断电继续惯性运转，无制动作用，分析其原因。

（2）按停止按钮，电动机制动，但电动机的转速仍很高，不能很快停车，分析其原因。

5．效果评价

项目内容	配 分	评 分 标 准	扣 分	得 分
布线	20 分	布线不整，有交叉扣 10 分		
安装质量	40 分	接线错误扣 20 分，螺钉不紧扣 10 分，损坏零件扣 10 分.		
速度继电器整定	20 分	整定速度过高扣 10 分		
测试	20 分	1. 不正确扣 10 分 2. 分析原理错误扣 10 分		
文明生产		每违反一次扣 10 分		
工时	240 分钟	每超过 10 分钟扣 10 分		
开始时间		结束时间　　　　实际工时	评分	

实训七　直流电动机的正反转控制

1．实训目的

（1）掌握他励直流电动机正反转控制的方法；
（2）进一步理解正反转的控制原理及效果。

2．实训设备

（1）直流电动机一台，1kW，200V，1000r/min；
（2）公用直流电源，电压 200V；
（3）滑动电阻两个，R_1：0.5A，500Ω；R_2：6A，92Ω；
（4）双刀单投开关，两只；
（5）直流电流表一只，100mA。

3．实训线路

实验线路如实验图 5 所示.

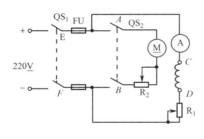

实验图 5

4．实训步骤

按实验图接线，经老师检查无误后，进行实验。

（1）合上开关 QS_1，调节滑线电阻器 R_1，使励磁电流为额定值。

（2）闭合电源开关 QS_2 之前，先将 R_2 调至适当位置，然后再合上 QS_2，启动电动机，观察电动机的旋转方向。

（3）断开电源，将开关 QS_2 的两个端点 A 和 B 换接；然后依次合上 QS_1、QS_2，启动电动机，观察其旋转方向。

（4）断开电源，将 A 和 B 换到原来位置，再将励磁绕组的端点 C 和 D 换接，合上电源，观察电动机的旋转方向。

（5）断开电源，将 C 和 D 也换到原来状态，将开关 QS_1 的两端点 E 和 F 换接，合上电源后，观察电动机的旋转方向。

5．实训记录

步骤 内容	2	3	4	5
转向				
转速				

6．实训思考

采用改变电枢电流方向和改变励磁电流方向的方法均可改变电动机的旋转方向。问：实际正反转控制若采用后者，容易出现什么危险？

7．效果评价

分数 内容 步骤	布线	接线准确	安装质量	文明操作	工时每步 10 分钟
1	3	4	3	8	2
2	3	4	3	8	2
3	3	4	3	8	2
4	3	4	3	8	2
5	3	4	3	8	2

实训八 直流电动机的启动控制

1．实训目的

（1）掌握他励直流电动机用时间继电器控制的串二级电阻启动的控制电路，其原理、接线和操作方法。

（2）了解电枢回路串电阻启动控制的控制过程。

2．实训设备

（1）直流电动机一台，1kW，200V，1000r/min；

（2）公用直流电源，电压200V；

（3）电阻器两个，R_1：0.5A，500Ω；R_2：6A，92Ω；

（4）双刀单投开关，两只；

（5）直流接触器三只，C20-40/20；

（6）按钮两只，LA2；

（7）时间继电器JS7-10A，两只；

（8）导线若干。

3．实训线路

实验线路如实验图6所示。

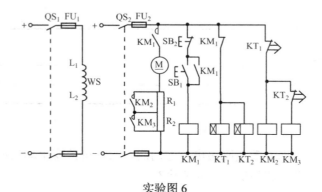

实验图6

4．实训步骤

按实验图接线，经老师检查无误后，进行实验。

（1）合上电源开关QS_1、QS_2。

（2）按下启动按钮SB_1，电动机电枢绕组串入全部启动电阻接通电源，进入启动状态。观察电动机逐级切除电阻的启动过程，直到电动机进入正常运转状态。

（3）按下停止按钮SB_2，电动机脱离电源，停止运转。

5．实训思考

详细说明用时间继电器控制的串二级电阻启动的控制电路的工作原理。

6. 效果评价

项目内容	配 分	评 分 标 准	扣 分	得 分
步线	20 分	步线不整，有交叉扣 10 分		
安装质量	40 分	接线错误扣 20 分 螺丝不紧扣 10 分 损坏零件扣 10 分		
时间继电器整定	20 分	整定速度过高扣 10 分		
测试	20 分	1. 不正确扣 10 分 2. 分析原因错误扣 10 分		
文明生产		每违反一次扣 10 分		
工 时	180 分钟	每超过 10 分钟扣 10 分		
开始时间		结束时间		实际工时		评分	

反侵权盗版声明

电子工业出版社依法对本作品享有专有出版权。任何未经权利人书面许可，复制、销售或通过信息网络传播本作品的行为；歪曲、篡改、剽窃本作品的行为，均违反《中华人民共和国著作权法》，其行为人应承担相应的民事责任和行政责任，构成犯罪的，将被依法追究刑事责任。

为了维护市场秩序，保护权利人的合法权益，我社将依法查处和打击侵权盗版的单位和个人。欢迎社会各界人士积极举报侵权盗版行为，本社将奖励举报有功人员，并保证举报人的信息不被泄露。

举报电话：（010）88254396；（010）88258888
传　　真：（010）88254397
E-mail：　dbqq@phei.com.cn
通信地址：北京市万寿路 173 信箱
　　　　　电子工业出版社总编办公室
邮　　编：100036